"十三五"国家重点出版物出版规划项目

材料科学研究与工程技术系列图书

传输原理（第3版）

Principle of Transmission

● 主编　吉泽升　朱荣凯　许红雨
● 主审　徐　瑞　荣守范

哈尔滨工业大学出版社

内 容 简 介

本书将动量传输、热量传输和质量传输分为三篇共 13 章进行阐述,涵盖了流体力学、传热学和传质学的内容。本书将三种传输现象统一到一个通用表达式中,从物理学和数学的角度阐明动量传输、热量传输和质量传输之间的相似性;将每章的学习要点提炼出来,作为学习指导放于各章内容的前面;实验指导书、原始记录表、实验报告也都编排到书中;各章均有例题并附习题;书末附有大量附录可供查阅。

本书可作为高等学校材料成型及控制工程专业、金属材料工程专业、材料科学与工程专业、化工工程专业及相关专业的本科生教材,也可作为研究生、教师和工程技术人员的参考书。

图书在版编目(CIP)数据

传输原理/吉泽升,朱荣凯,许红雨主编.—3 版.—
哈尔滨:哈尔滨工业大学出版社,2021.9(2023.7 重印)
ISBN 978—7—5603—9512—8

Ⅰ.①传… Ⅱ.①吉…②朱…③许… Ⅲ.输运理
论—高等学校—教材 Ⅳ.①O414.22

中国版本图书馆 CIP 数据核字(2021)第 116318 号

策划编辑 杨 桦
责任编辑 李长波 庞亭亭
封面设计 卞秉利
出版发行 哈尔滨工业大学出版社
社 址 哈尔滨市南岗区复华四道街 10 号 邮编 150006
传 真 0451—86414749
网 址 http://hitpress.hit.edu.cn
印 刷 哈尔滨市工大节能印刷厂
开 本 787 mm×1092 mm 1/16 印张 16.5 字数 391 千字
版 次 2002 年 12 月第 1 版 2021 年 9 月第 3 版
2023 年 7 月第 3 次印刷
书 号 ISBN 978—7—5603—9512—8
定 价 50.00 元

前　言

"传输原理"是高等学校材料成型及控制工程专业、金属材料工程专业、材料科学与工程专业、化工工程专业及相关专业的一门专业基础课,对于专业教学及人才培养具有十分重要的作用。本书是"十三五"国家重点出版物出版规划教材,可作为相关专业本科生教材,也可作为研究生、教师和工程技术人员的参考书。

本书分三篇共13章内容,打破了原来流体力学、传热学和传质学的界限,将动量传输、热量传输和质量传输统一到一个通用表达式中,从物理学和数学的角度阐明三种传输之间的相似性,用对照的方法研究三种传输过程,以便理解和自学;将每章的学习要点提炼出来,作为学习指导放于各章内容的前面,便于学生对主要内容的掌握;实验指导书、原始记录表、实验报告也都编排到了本书当中,可以节省学生画表、画图的时间,实验时填入数据即可;书后附有大量附录可供查阅。

本次修订本着不改变原书基本结构和脉络的原则,对教师在教学过程中发现讲解和推演不够透彻的部分以及学生反馈难于理解的内容进行了一些充实和改写。为了更好地普及现代化教学手段,适应多媒体教学的发展,给教师教学创造方便条件,特别设计并配置了详细的PPT讲稿。

这次修订在征得原编者同意的基础上,邀请了长期使用该教材的许红雨、张晓华参加编写,具体分工为:绪论、第9章由哈尔滨理工大学吉泽升编写,第1～3章由哈尔滨理工大学李丹编写,第5章、第6章、实验由哈尔滨理工大学许红雨编写,第7章、第8章由哈尔滨工程大学朱荣凯编写,第4章、第10～13章、附录由哈尔滨理工大学张晓华编写。全书由吉泽升统稿,由吉泽升、朱荣凯、许红雨任主编,燕山大学徐瑞、佳木斯大学荣守范任主审。

由于编者水平有限,此次修订后仍难免存在不足之处,敬请读者和专家指正!

编　者
2021 年 7 月于哈尔滨

主 要 符 号

a 加速度,m/s^2
　　热扩散率,m^2/s
A 面积,m^2
b 蓄热系数,$W/(m^2 \cdot ℃ \cdot s^{1/2})$
　　宽度,m
c 质量热容,$J/(kg \cdot K)$
　　物质的量浓度,mol/m^3
C 辐射系数,$W/(m^2 \cdot K^4)$
c_f 摩擦阻力系数
c_p 质量定压热容,$J/(kg \cdot K)$
c_V 质量定容热容,$J/(kg \cdot K)$
d 直径,m
d_e 当量直径,m
D 扩散系数,m^2/s
D_{AA} 自扩散系数,m^2/s
D_{AB} 互扩散系数,m^2/s
e 自然对数的底
E 比能,J
　　辐射能量,W/m^2
F 力,N
g 重力加速度,m/s^2
G 重力,N
　　总辐照强度,W/m^2
h 高度,m
　　对流换热系数,$W/(m^2 \cdot ℃)$
h_w 全流程总水头损失,J/m^3 或 J/kg
h_l 沿程水头损失,m 流体柱 或 J/m^3
h_r 局部水头损失,J/m^3 或 m 流体柱
j 质量通量密度(相对于质量平均速度),$kg/(m^2 \cdot s)$
J 摩尔通量密度(相对于摩尔平均速度),$mol/(m^2 \cdot s)$
k_c 对流传质系数,m/s
l 长度,m
$\bar{l}$ 分子平均自由程,m

L 厚度或特征长度,m
m 质量,kg
M 摩尔质量,kg/mol
　　动量,$N \cdot s$
n 质量通量密度(相对于静止坐标),$kg/(m^2 \cdot s)$
N 摩尔通量密度(相对于静止坐标),$mol/(m^2 \cdot s)$
p 压强,Pa 或 N/m^2
p_a 大气压强,Pa 或 N/m^2
P 压力,N
q 热流密度,W/m^2
Q 热量,J
　　体积流量,m^3/s
r 半径,m
R 摩尔气体常数,$J/(mol \cdot K)$
　　水力半径,m
　　冲击力,N
R_T 热阻,$m^2 \cdot ℃/W$
t 时间,s
T 温度,K 或 $℃$
u 瞬时速度,m/s
v 速度,m/s
　　质量体积,m^3/kg
V 体积,m^3
w 质量分数,$\%$
W 质量力,N
x 摩尔分数,$\%$
X 单位质量力 x 轴分量,N
Y 单位质量力 y 轴分量,N
Z 单位质量力 z 轴分量,N
z 高度(水头),m
α 热辐射吸收比,$\%$
　　角度,$(°)$
　　动能修正系数
α_V 体积膨胀系数,K^{-1} 或 $℃^{-1}$

γ	重度，N/m^3	ν	运动黏度（动量扩散系数），m^2/s
κ_T	等温压缩率，Pa^{-1}	ρ	密度，kg/m^3
δ	厚度（或边界层厚度），m		热辐射反射比，$\%$
Δ	绝对粗糙度，m	σ	正应力（或表面张力），Pa
ε	热辐射，发射率（黑度），$\%$		辐射常数，$W/(m^2 \cdot K^4)$
ξ	局部阻力系数	τ	剪应力，Pa
μ	动力黏度，$Pa \cdot s$		热辐射透射比，$\%$
θ	角度，$(°)$		曲折因数
Θ	无量纲温度	Φ	热流量，W
λ	沿程阻力系数	φ	角度，$(°)$
	热导率，$W/(m \cdot K)$		角系数
	辐射波长，m		体积分数，$\%$
		ω	孔隙度，$\%$

特 征 数

$$Ar = \frac{gL^3}{\nu^2} \cdot \frac{\rho - \rho_0}{\rho}, 阿基米德数$$

$$Bi = \frac{hL}{\lambda}, 毕渥数$$

$$Bi^* = \frac{k_c L}{D_{AB}}, 传质毕渥数$$

$$Eu = \frac{\Delta p}{\rho v^2}, 欧拉数$$

$$Fo = \frac{at}{L^2}, 傅里叶数$$

$$Fo^* = \frac{Dt}{L^2}, 传质傅里叶数$$

$$Fr = \frac{gL}{v^2}, 弗劳德数$$

$$Ga = \frac{gL^3}{\nu^2}, 伽利略数$$

$$Gr = \frac{\alpha_V gL^3 \Delta T}{\nu^2}, 格拉晓夫数$$

$$Ho = \frac{vt}{L}, 均时性数$$

$$Le = \frac{a}{D_{AB}}, 路易斯数$$

$$Nu = \frac{hL}{\lambda}, 努塞尔数$$

$$Pe = RePr = \frac{vL}{a}, 贝克来数$$

$$Pr = \frac{\nu}{a}, 普朗特数$$

$$Re = \frac{vL}{\nu}, 雷诺数$$

$$Sc = \frac{\nu}{D_{AB}}, 施密特数$$

$$Sh = \frac{k_c L}{D_{AB}}, 舍伍德数$$

$$St = \frac{Nu}{RePr} = \frac{h}{\rho v c_p}, 斯坦顿数$$

$$St^* = \frac{Sh}{ReSc} = \frac{k_c}{v}, 传质斯坦顿数$$

目　录

第一篇　动量传输

第二篇　热量传输

第三篇　质量传输

实　验

附　录

绪　　论

传输过程是物理量从非平衡状态向平衡状态转移的过程,是自然界和工程技术中普遍存在的现象。比如自然界中阳光的传播、空气的流动、衣服的晾干等就是自然界中的传输现象;在工程技术领域,如冶金、化工、能源、制冷、动力、环保等领域都普遍存在传输现象。

在传输过程中,所传输的物理量一般为动量、热量、质量等。动量传输是指在垂直于实际流体流动方向上,动量由高速度区向低速度区的转移;热量传输是指热量由高温度区向低温度区的转移;质量传输是指体系中一个或几个组分由高浓度区向低浓度区的转移。由此可知,正是由于体系内存在速度梯度、温度梯度和浓度梯度,才会发生动量传输、热量传输、质量传输现象,这种速度梯度、温度梯度、浓度梯度就是产生传输现象的驱动力。

动量传输、热量传输和质量传输是一门研究速度的科学,从传输的观点去理解,三者之间具有相当多的类似性和统一性,它们不但可以用类似的数学模型来描述,而且描述三者的一些物理量之间还存在某些定量关系。这些类似关系和定量关系会使对三类传输过程的规律性问题的研究得以简化,并可揭示三种传输现象的深刻内涵。

当体系中存在速度梯度、温度梯度和浓度梯度时,则发生动量传输、热量传输和质量传输,其既可由分子(原子、粒子)的微观运动引起,也可由旋涡混合造成的流体微团的宏观运动引起。由分子运动引起的动量传输,可采用牛顿黏性定律来描述;由分子运动引起的热量传输为热传导的一种形式,可采用傅里叶定律来描述;而由分子(原子、粒子)运动引起的质量传输称为质量扩散,采用菲克定律来描述。牛顿黏性定律、傅里叶定律和菲克定律都是描述分子运动引起的传输现象的基本定律。

0.1　牛顿黏性定律

工程技术中所遇到的流体均为实际流体。实际流体与所谓理想流体的一个根本区别在于前者具有黏性而后者无黏性。

牛顿于 1686 年阐述了流体在做层状运动时,单位面积上的内摩擦力(剪应力)τ 与两流层间垂直于运动方向的速度梯度 $\dfrac{\mathrm{d}u}{\mathrm{d}y}$ 成正比,即

$$\tau = -\mu \frac{\mathrm{d}u}{\mathrm{d}y} \tag{0.1}$$

对于不可压缩流体,则有

$$\tau = -\frac{\mu}{\rho} \frac{\mathrm{d}(\rho u)}{\mathrm{d}y} = -\nu \frac{\mathrm{d}(\rho u)}{\mathrm{d}y} \tag{0.2}$$

式中　τ——剪应力,又称动量通量(Pa);

y——垂直于运动方向的坐标(m);

μ——动力黏度或动力黏度系数(Pa·s);

ν——运动黏度(m²/s),$\nu=\mu/\rho$;

ρ——密度(kg/m³);

$\dfrac{\mathrm{d}u}{\mathrm{d}y}$——速度梯度,表示流体剪切变形角速度(s⁻¹);

$\dfrac{\mathrm{d}(\rho u)}{\mathrm{d}y}$——动量浓度变化率,表示单位体积流体的动量在 y 方向的变化率,

[kg/(m³·s)]。

式(0.1)和式(0.2)中的负号表示动量通量的方向与速度梯度的方向相反,即动量朝着速度降低的方向传输。

黏度是流体的一种物理性质,它仅为流体的状态(压力、温度、组成)函数,与剪应力或速度梯度无关。气体的黏度随温度的升高而增加,液体的黏度随温度的升高而降低。凡是遵循牛顿黏性定律的流体即称为牛顿型流体。所有气体和大多数相对分子量小的液体均属于牛顿型流体。不遵循牛顿黏性定律的流体统称为非牛顿型流体,某些泥浆、污水、聚合物溶液和油漆等,均属于非牛顿型流体。研究非牛顿型流体的学科称为流变学。本书的研究对象仅为牛顿型流体。

0.2 傅里叶定律

傅里叶于 1822 年提出,对于各向均匀同性的材料,在一维温度场中,单位时间通过单位面积的热量与垂直于该截面方向的温度梯度成正比,即

$$q=-\lambda\frac{\mathrm{d}T}{\mathrm{d}y} \tag{0.3}$$

对于恒定的流体,式(0.3)可写为

$$q=-\frac{\lambda}{\rho c_p}\frac{\mathrm{d}(\rho c_p T)}{\mathrm{d}y}=-a\frac{\mathrm{d}(\rho c_p T)}{\mathrm{d}y} \tag{0.4}$$

式中　q——热流密度,又称热量通量(W/m²);

y——温度发生变化方向的坐标(m);

λ——热导率[W/(m·K)];

a——热扩散率(m²/s);

$\dfrac{\mathrm{d}T}{\mathrm{d}y}$——温度梯度(℃/m);

$\dfrac{\mathrm{d}(\rho c_p T)}{\mathrm{d}y}$——热量浓度变化率(J·m⁻³·m⁻¹);

c_p——质量定压热容[J/(kg·K)]。

式(0.3)和式(0.4)中的负号表示热量通量的方向与温度梯度的方向相反,即热量朝着温度降低的方向传输。

0.3　菲克定律

菲克于 1855 年首先肯定了扩散过程与热传导过程的相似性,提出了各向同性物质中扩散过程的数学表达式,对于两组分系统,单位时间内通过单位面积的扩散物质的量(质量通量)与垂直于截面方向的浓度梯度成正比,即

$$j_A = -D_{AB} \frac{d\rho_A}{dy} \tag{0.5}$$

式中　j_A——组分 A 的扩散质量通量$[kg/(m^2 \cdot s)]$;

$\quad\quad$ D_{AB}——组分 A 在组分 B 中的扩散系数(m^2/s);

$\quad\quad$ ρ_A——组分 A 的密度或质量浓度(kg/m^3);

$\quad\quad$ y——组分 A 的密度发生变化的方向坐标(m);

$\quad\quad$ $\dfrac{d\rho_A}{dy}$——组分 A 的质量浓度(密度)梯度$(kg \cdot m^{-3} \cdot m^{-1})$。

式(0.5)中负号表示质量通量的方向与浓度梯度的方向相反,即组分 A 朝着浓度降低的方向传输。

0.4　三种传输现象的普遍规律

由牛顿黏性定律、傅里叶定律和菲克定律的数学表达式(式(0.1)、式(0.3)、式(0.5))可以看出,动量、热量和质量传输过程的规律存在许多相似性,通过分析得出以下结论:

(1)动量、热量和质量传输通量,均等于各自的扩散系数与各自量的浓度梯度乘积的负值,三种传输过程可用一个通式来表达,即

$$通量 = -扩散系数 \times 浓度梯度$$

(2)动量、热量和质量扩散系数 ν、a、D_{AB} 具有相同的因次,其单位均为 m^2/s。

(3)通量为单位时间内通过与传输方向垂直的单位面积上的动量、热量或质量,各量的传输方向均与该量的浓度梯度方向相反,故通量的普遍表达式中有一"负"号。

通常将通量等于扩散系数乘以浓度梯度的方程称为现象方程,它是一种与所观察现象关联的经验方程。

第一篇　动量传输

自然界中有三种常见的物质状态，即气态、液态和固态，通常把气态和液态称为流体，研究流体流动的学科称为流体力学。动量传输就是研究流体(气体和液体)在外界作用下运动规律的一门学科，也就是流体力学。本篇要研究在各种条件下，流动物体中的动量分布情况、动量的传输规律、流动物体的流速随空间和时间的变化规律。之所以在传输理论中称为动量传输，主要是因为从传输的观点出发，它与热量传输、质量传输有相当的类似性和统一性，用动量传输的观点来讨论流体流动，不仅有利于传输理论的和谐，同时还能揭示三种传输现象相类似的深刻内涵。

动量传输是自然界和工程技术中普遍存在的现象，如大气的流动、河流中水的流动、烟囱的烟气流动等。在材料加工和冶金过程中，钢液的流动、气泡的上浮等均与动量传输有关。研究动量传输，掌握其内在规律，不仅对于认识自然现象、改进工程设备、优化工艺过程非常重要，而且因为热量和质量多在流动介质中传输，所以学习动量传输原理也为理解整体的传输理论打下基础。

学习动量传输，必须先了解流体的特性、流体的流动状态、流体静止时的一些力学特点。

第1章　流体的主要物理性质

学习要点

流体包括液体和气体,没有固定的形状,易于流动。

密度:$\rho = \dfrac{m}{V}$

重度:$\gamma = \dfrac{G}{V}$

质量体积:$v = \dfrac{1}{\rho} = \dfrac{V}{m}$

压缩性　　　膨胀性　　　黏性

牛顿黏性定律:$\tau = -\mu \dfrac{\mathrm{d}u}{\mathrm{d}y}$

动力黏度:$\mu = -\dfrac{\tau}{\dfrac{\mathrm{d}u}{\mathrm{d}y}}$

运动黏度:$\nu = \dfrac{\mu}{\rho}$

恩氏黏度:$°E = \dfrac{t_1}{t_2}$

温度升高,液体黏度降低,气体黏度则升高。

理想流体:不具有黏度的流体。

1.1　流体的概念及连续介质假设

1.1.1　流体的概念

所谓流体是指没有固定的形状、易于流动的物质,包括液体和气体。

流体和固体的差别在宏观上表现为流体具有流动性。设有两块金属板以铆钉连接,如图 1.1 所示。两个平行的拉力反向作用于两块金属板上,一块金属板相对于另一块有滑动的趋势,铆钉承受剪力。在铆钉许用强度范围内,系统保持静力平衡。但若不用金属铆钉,而在其中充满流体,如油、水或空气,

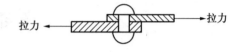

图 1.1　铆接金属板

使其受剪力的作用,无论剪力怎样小,这些流体都要产生相对运动。因此,流体是容易变形和流动的物体。

在微观上,固体的分子排列紧密,分子间的引力和斥力都较大,分子被束缚在平衡位置附近,只能做微小的振动而不能相对移动。因此分子间的距离和相对位置都较难改变,可以承受压力、拉力和剪力,在所受作用力不大时,可以保持自身体积和形状固定不变。液体和气体与固体相比,分子排列松散,分子间引力较小,分子运动强烈,除在平衡位置附近做振动外,还可离开平衡位置做无规则的相对移动,使分子间距离和相对位置发生较大改变,不能承受拉力和剪力,因而不易保持一定的形状,表现出较大的流动性,所以液体和气体统称为流体。这就是流体与固体在力学性质上存在显著区别的根本原因。

同为流体,液体和气体还存在以下不同特性。

液体分子间的距离比气体分子之间的距离小,分子之间的引力尚能使液体保持一定的体积,故在重力作用下有边界(自由)面,有比较固定的体积,而在受到压缩时因分子之间的斥力较大,故有一定抗力,因而在实用意义上具有不可压缩的特性。

气体由于其分子之间的距离很大,引力很弱,既不能保持一定的形状,也不能保持一定的体积,总是完全地充满所占容器的空间,没有自由面,表现出较大的膨胀性。同时由于气体分子之间的斥力很弱,很容易被压缩,因此,气体被认为是可压缩流体。

那么,当所研究的问题不涉及压缩性时,所建立的流体力学规律对气体和液体均是适用的;否则,气体和液体应分别处理。

1.1.2　连续介质假设

流体是由分子组成,而分子之间是存在空隙的。如果考虑到这种微观上的物质不连续性,并从每一个分子的运动出发去掌握整个流体平衡与运动的规律,是很困难的,甚至是不可能的。1753 年,欧拉(Euler)建议采用"连续介质"这一概念对流体的运动进行研究,即把真正的流体看成是一种假想的、由无限多流体质点所组成的稠密而无间隙的连续介质,而且这种连续介质仍然具有流体的一切基本力学性质。

将流体看成是一种连续介质是可行的,因为流体力学所研究的并不是个别分子的微

观运动,而是研究由大量分子组成的宏观流体的机械运动。宏观流体总是具有一定体积的。即使是微小的流体质点,虽然其体积相对于流动空间来说很小而可忽略不计,但它相对于分子间距和分子的平均自由程来说,却是足够大的,其内仍含有大量的分子。例如,在标准状况下,每立方毫米的空气中包含 2.7×10^{16} 个分子,空气分子的平均自由程约为 7×10^{-6} cm,可见分子间距和分子的平均自由程都是极其微小的,它与机械运动的距离相比是微不足道的,所以在对流体进行宏观研究时,完全可以把流体看成是既没有空隙也没有分子运动的连续介质。

基于这种概念,流体的状态参数(如密度、流速、压强等)都可写成空间坐标的连续函数。这样就可以引用解析数学连续函数理论来研究流体处于平衡和运动状态下的状态参数问题。本书所研究的流体均指连续介质。

当然,流体的连续介质假设是相对的。例如,在研究稀薄气体流动问题时,这种经典流体力学的连续性将不再适用,而应以统计力学和运动理论的微观近似来代替。此外,对流体的某些宏观特性(如黏性和表面张力等),需要从微观分子运动的角度来说明其产生原因。

1.2　流体的密度、重度、质量体积

流体具有质量和重力,流体的密度、重度、质量体积是流体最基本的物理量。

单位体积的流体所具有的质量称为密度,以 ρ 表示。对于均质流体,各点密度相同,即

$$\rho = \frac{m}{V} \quad (\mathrm{kg/m^3}) \tag{1.1}$$

式中　m——流体的质量(kg);

　　　V——质量为 m 的流体所占有的体积($\mathrm{m^3}$)。

单位体积的流体所受的重力称为重度,以 γ 表示。对于均质流体,各点受到的重力相同,即有

$$\gamma = \frac{G}{V} \quad (\mathrm{N/m^3}) \tag{1.2}$$

式中　G——流体所受的重力(N);

　　　V——重力为 G 的流体所占有的体积($\mathrm{m^3}$)。

流体的密度和重度有以下关系:

$$\gamma = \rho g \quad \text{或} \quad \rho = \frac{\gamma}{g} \tag{1.3}$$

式中　g——重力加速度,通常取 $g = 9.81 \mathrm{\ m/s^2}$。

密度的倒数称为质量体积(比容),以 v 表示,即

$$v = \frac{1}{\rho} = \frac{V}{m} \quad (\mathrm{m^3/kg}) \tag{1.4}$$

它表示单位质量流体所占有的体积。

对于非均质流体,因质量非均匀分布,各点密度不同。取包围空间某点 A 在内的微

元体积 ΔV,设其所包含的流体质量为 Δm,重力为 ΔG,则当 $\Delta V \to 0$ 时,A 点的密度、重度和质量体积分别为

$$\rho_A = \lim_{\Delta V \to 0} \frac{\Delta m}{\Delta V} = \frac{dm}{dV} \tag{1.5}$$

$$\gamma_A = \lim_{\Delta V \to 0} \frac{\Delta G}{\Delta V} = \frac{dG}{dV} \tag{1.6}$$

$$v_A = \lim_{\Delta V \to 0} \frac{\Delta V}{\Delta m} = \frac{dV}{dm} \tag{1.7}$$

1.3 流体的压缩性和膨胀性

流体和固体不同,其体积大小将随压强和温度的变化而变化。当温度不变时,流体所占有的体积随作用在流体上的压强增大而缩小,这种特性称为流体的压缩性;当压强不变、流体温度升高时,其体积增大,这种特性称为流体的膨胀性。液体和气体在这两种性质上的差别是很大的。

1.3.1 液体的压缩性和膨胀性

液体压缩性的大小,一般用等温压缩率 κ_T 表示。其意义是指温度不变时,由压强变化所引起的液体体积的相对变化量,即

$$\kappa_T = -\frac{1}{V}\left(\frac{\Delta V}{\Delta p}\right)_T \tag{1.8}$$

式中 κ_T——等温压缩率(Pa^{-1});

$\quad\quad$ V——液体原来的体积(m^3);

$\quad\quad$ ΔV——体积的变化量(m^3);

$\quad\quad$ Δp——压强的变化量(Pa)。

式(1.8)中的负号表示压强增加时体积缩小,故加上负号后 κ_T 永远为正值。对于 $0\ ℃$ 的水在压强为 $5.065 \times 10^5\ \mathrm{Pa}(5\ \mathrm{atm})$ 时,κ_T 为 $0.539 \times 10^{-4}\ \mathrm{Pa}^{-1}$,可见水的压缩性是很小的。其他液体的情况与水类似,压缩性也是很小的。因此,在工程上可把液体看成是不可压缩的,只有在特殊情况下,如研究管中水击作用和高压造型机的液压传动系统,才必须考虑液体的压缩性。

液体膨胀系数的大小用体积膨胀系数(简称体胀系数)α_V 表示。其意义是指在压强不变时,温度每变化 $1\ \mathrm{K}$ 所引起的液体体积的相对变化量,即

$$\alpha_V = \frac{1}{V}\left(\frac{\Delta V}{\Delta T}\right)_p \tag{1.9}$$

式中 α_V——体胀系数(K^{-1});

$\quad\quad$ V——液体原来的体积(m^3);

$\quad\quad$ ΔV——体积的变化量(m^3);

$\quad\quad$ ΔT——温度的变化量(K)。

标准大气压下,当温度较低($10 \sim 20\ ℃$)时,水的体胀系数仅为 $1.5 \times 10^{-4}\ \mathrm{K}^{-1}$;当温度较高($90 \sim 100\ ℃$)时,也仅为 $7 \times 10^{-4}\ \mathrm{K}^{-1}$。因此,在工程实际中,除供热系统外,可以

不考虑液体的膨胀性。

1.3.2　气体的压缩性和膨胀性

温度与压强的改变,对气体体积变化的影响很大。根据物理学中理想气体状态方程可知,对一定质量的理想气体,当温度不变时,气体体积与压强成反比,即压强增加一倍,体积减为原来的一半;当压强不变时,体积与热力学温度成正比,温度每升高 1 K,体积就膨胀 1/273(即盖－吕萨克定律)。由此可见,气体具有很大的压缩性和膨胀性。但当气体流速不高(小于 50 m/s),或在运动过程中温度、压强变化不大(相对压强小于 1.013×10^5 Pa)时,也可将气体看作和水一样是不可压缩流体。这样,关于液体的平衡和运动规律也同样适合于气体的流动。例如,在车间的通风除尘系统和气体输送系统的设计计算中,因管道内的气流速度一般都小于20 m/s,故可以不考虑气体的压缩性和膨胀性,按液体的运动和平衡规律进行处理。

1.4　流体的黏性

1.4.1　流体黏性的概念

首先观察两个实例。若流体充满管道做稳定流动,用测速仪器来测量管道断面上各点速度,便会发现紧贴管壁流速为零,越靠近轴心,流速越大,轴心上的速度最大。在整个断面上,流速是按一定的曲线规律分布的,如图 1.2 所示。图 1.3 所示为宽度(与纸面垂直)与长度都足够大的两平行平板间的流动。上平板以速度 u_0 相对于下平板平行运动,紧贴在上平板上的流体质点速度亦为 u_0;下平板不动,速度为零,紧贴于其上的流体速度亦为零。中间的各点流速则按线性规律分布。

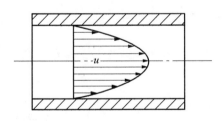

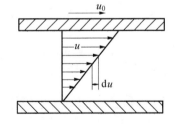

图 1.2　圆管中的流速分布　　　　　　图 1.3　平行平板间的流速分布

上面这些现象都是流体黏性的表现。可以把流体的运动看成是许多无限薄的流体层在做相对运动。由于流体的任意两层间都有速度差,故速度快的流体层会对速度慢的流体层产生一个拖力使其加速,而速度慢的流体层对速度快的流体层则有一个阻力使其减速。拖力和阻力是大小相等而方向相反的一对作用力,称为内摩擦力和黏性阻力。所以流体黏性又可简单定义为流体中发生相对运动时,流体层与层之间产生内摩擦力的一种性质。流体黏性只有在流体层间有相对运动时才会呈现出来,静止的流体不会表现出黏性,因而也不存在内摩擦力。

内摩擦力产生的物理原因如下:

（1）由于分子做不规则运动时，各流体层之间互有分子迁移掺混，快层分子进入慢层时给慢层以向前的碰撞，交换能量，使慢层加速；慢层分子迁移到快层时，给快层以向后的碰撞，形成阻力而使快层减速。这就是分子不规则运动的动量交换形成的内摩擦力。

（2）当相邻流体层有相对运动时，快层分子的引力拖动慢层，而慢层分子的引力阻滞快层，这就是两层流体之间吸引力所形成的阻力。

1.4.2　牛顿黏性定律

根据大量的实验研究，牛顿于 1686 年提出流体运动产生的内摩擦力大小与沿接触面法线方向的速度变化（即速度梯度）成正比，与接触面的面积成正比，而与接触面上的压强无关。这个关系式称为牛顿黏性定律（Newton's Law of Viscosity），即

$$F = \mu A \frac{\mathrm{d}u}{\mathrm{d}y} \tag{1.10}$$

式中　F——流体层接触面上的内摩擦力（N）；

A——流体层之间的接触面积（m^2）；

$\dfrac{\mathrm{d}u}{\mathrm{d}y}$——速度梯度（$s^{-1}$）；

μ——动力黏度（Pa·s）。

若以单位面积上的内摩擦力（剪应力，又称为动量通量）τ 表示，则牛顿黏性定律可以表示为

$$\tau = -\mu \frac{\mathrm{d}u}{\mathrm{d}y} \tag{1.11}$$

式中的负号表示动量通量的方向与速度梯度的方向相反，即动量朝着速度降低的方向传输。

通常把满足牛顿黏性定律的流体称为牛顿流体，此时 μ 不随 $\dfrac{\mathrm{d}u}{\mathrm{d}y}$ 而变化，否则称为非牛顿流体。实验证明大多数气体、水和油类都属于牛顿流体。本书所讨论的内容只限于牛顿流体。

1.4.3　动力黏度、运动黏度和恩氏黏度

流体黏性的大小以黏度来表示和度量。黏度可分为以下三种。

1.动力黏度 μ

从牛顿黏性定律可得

$$\mu = -\frac{\tau}{\dfrac{\mathrm{d}u}{\mathrm{d}y}} \tag{1.12}$$

动力黏度表示单位速度梯度下流体内摩擦应力的大小，它直接反映了流体黏性的大小。在 SI（国际单位）制中，μ 的单位为 Pa·s。

2.运动黏度 ν

动力黏度 μ 与流体密度 ρ 的比值称为运动黏度，以 ν 表示，即

$$\nu = \frac{\mu}{\rho} \tag{1.13}$$

在 SI 制中，ν 的单位为 m^2/s。

3.恩氏黏度

恩氏黏度是一种相对黏度，它仅适用于液体。恩氏黏度值是被测液体与水的黏度的比较值。其测定方法是：将 200 mL 的待测液体装入恩氏黏度计中，测定它在某一温度下通过底部 $\phi 2.8$ mm 标准小孔口流尽所需的时间 t_1，再将 200 mL 的蒸馏水加入同一恩氏黏度计中，在 20 ℃标准温度下，测出其流尽所需时间 t_2，时间 t_1 与 t_2 的比值就是该液体在该温度下的恩氏黏度，即

$$°E = \frac{t_1}{t_2} \tag{1.14}$$

恩氏黏度 $°E$ 是无量纲数。当 $°E > 2$ 时，它与运动黏度 ν 之间的关系式（经验公式）为

$$\nu = \left(7.13°E - \frac{6.31}{°E}\right) \times 10^6 \tag{1.15}$$

1.4.4　温度和压强对流体黏度的影响

流体黏度随温度和压强而变化，由于分子结构及分子运动机理的不同，液体和气体的变化规律是截然相反的。

液体黏度大小取决于分子间的距离和分子引力。当温度升高或压强降低时，液体膨胀，分子间距增加，分子引力减小，黏度降低；反之，温度降低，压强升高时，液体黏度增大。

气体分子间距较大，分子引力较小，但分子运动较剧烈，黏性主要来源于速度不同的相邻气体层之间发生的动量交换。当温度升高时，气体分子杂乱运动加剧，相邻气体层之间的动量交换随之加剧，所以黏性增大。

1.4.5　理想流体的概念

所有的流体都是有黏性的，只是其大小程度不同。黏性的存在使得对流体运动规律的研究变得更复杂。为了便于理论分析，引入理想流体的概念，这种实际上并不存在于自然界中的假想流体不具有黏度。这一假设的引入大大简化了分析，容易得到流体运动的规律，建立某些基本方程。当黏度影响不大时，便可直接应用此方程来解决实际问题；当黏度影响较大而不能忽视时（如流动的能量损失等问题），则可以专门对黏性的作用进行理论分析和实验研究，然后再对理想流体的分析结果进行修正和补充，得到实际流体的运动规律。

习　　题

1.何谓流体，流体具有哪些物理性质？

2.已知某种液体的密度 $\rho = 900$ kg/m³，试求其重度 γ 和质量体积 v。

3.已知某液体的动力黏度 $\mu = 0.005$ Pa·s，重度 $\gamma = 8\ 330$ N/m³，求该液体的运动黏度 ν。

4.某可压缩液体在圆柱形容器中，当压强为 2 MN/m² 时体积为 995 cm³，当压强为

1 MN/m² 时体积为 1 000 cm³,则它的等温压缩率 κ_T 为多少？

5. 如图 1.4 所示,板间距离为 2 mm,板间流体的动力黏度为 2×10^{-3} Pa·s,当一平板在一固定板对面以 0.61 m/s 的速度移动时,计算其稳定状态下的动量通量(N/m²);判断动量通量的方向和切应力的方向。

6. 如图 1.5 所示,在相距 $h=0.06$ m 的两个固定平行平板中间放置另一块薄板,在薄板的上下分别放有不同黏度的油,并且一种油的黏度是另一种油的黏度的 2 倍。当薄板以匀速 $v=0.3$ m/s 被拖动时,每平方米受合力 $F=29$ N,求两种油的黏度各是多少？

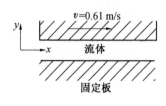

图 1.4　题 5 图

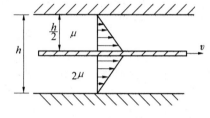

图 1.5　题 6 图

第2章 流体静力学

学习要点

作用在流体上的力分为质量力和表面力。

流体静压强的方向是沿着作用面的内法线方向,大小由该点的坐标决定,与方向无关。

欧拉静平衡方程:

$$\left.\begin{array}{l} X-\dfrac{1}{\rho}\dfrac{\partial p}{\partial x}=0 \\[2mm] Y-\dfrac{1}{\rho}\dfrac{\partial p}{\partial y}=0 \\[2mm] Z-\dfrac{1}{\rho}\dfrac{\partial p}{\partial z}=0 \end{array}\right\}$$

流体静力学基本方程:

$$z_1+\frac{p_1}{\gamma}=z_2+\frac{p_2}{\gamma} \quad \text{或} \quad p=p_0+\rho g h=p_0+\gamma h$$

静止液体作用于平面壁上的压力:

$$P=\gamma h_C A$$

对曲面壁压力的水平分力:

$$P_x=\gamma h_C A_x$$

垂直分力:

$$P_z=\gamma V$$

流体静力学研究流体静态平衡时的力学规律以及这些规律在工程技术中的实际应用,也是研究流体运动的基础。

这里所说的静态平衡,是指流体在宏观上没有相对运动,达到了相对的平衡。静态平衡包括两种情况:一种是流体对地球无相对运动,称为绝对静止,例如盛装在固定不动容器中的液体;另一种是流体整体对地球有相对运动,但流体对运动容器无相对运动,流体内部宏观上也无相对运动,这种静止称为相对静止,例如离心铸造时,铸型内的金属液在旋转达到稳定之后,金属液内部以及其与铸型间宏观上没有相对运动,金属液如同刚体一样随铸型一起转动,相对于铸型处于静止状态。

由于流体静止时,宏观上无相对运动,流体的黏性表现不出来,作用在流体表面上的力只有法向压应力。平衡问题中的力学规律,实际上就是压力分布的规律,并且这些规律对理想流体和实际流体均适用。

2.1　作用在流体上的力

作用在流体上的力就其产生原因的不同可分为质量力和表面力两类。

2.1.1　质量力

质量力是指作用在流体内部任何一个流体质点上的力,其大小与质点质量成正比,是由加速度所产生的,与质点以外的流体无关,例如重力和惯性力。

若流体密度为 ρ,质点所具有的微体积为 dV,则质量力在 x、y、z 三个坐标方向的分力为 $F_x = X\rho dV$,$F_y = Y\rho dV$,$F_z = Z\rho dV$。其中 X、Y、Z 代表单位质量流体的质量力分量。根据牛顿第二定律,它们就是加速度在三个坐标轴上的投影,即单位质量力在数值上等于加速度。

2.1.2　表面力

表面力是指作用在所研究流体体积表面上的力,其大小与表面积成正比,是由与所研究流体接触的相邻流体或固体作用而产生的。表面力按其作用方向可以分为两种:一种是沿流体表面内法线方向的法向力,另一种是与流体表面相切的切向力。

无论流体处于静止还是运动状态,法向力始终存在,并且根据流体性质只能是压力。流体黏度所引起的内摩擦力就是切向力,静止(或相对静止)流体以及处于运动的理想流体都不存在内摩擦力,因而切向力为零。

2.2　流体静压强及其特性

2.2.1　流体静压强的概念

前已述及,静止流体的任何表面上不存在内摩擦力,同时静止的流体不能抵抗拉力,所以作用在静止流体表面上唯一的力就是压力。它的方向处处沿着表面的内法线方向,称为流体静压力。若在流体表面上任取一微小面积 ΔA，设作用在 ΔA 上的流体静压力为 ΔP，则表面上任一点的流体静压强可以定义为

$$p = \lim_{\Delta A \to 0} \frac{\Delta P}{\Delta A} = \frac{\mathrm{d}P}{\mathrm{d}A} \tag{2.1}$$

所以流体静压强是指单位面积上的流体静压力，其单位为 N/m^2，也称 Pa。

2.2.2 流体静压强的特性

流体静压强具有两个重要特性：

(1) 流体静压强的方向是沿着作用面的内法线方向的。现证明如下：

若流体静压强的方向不垂直于作用面(图 2.1)，则必然存在剪应力 τ；若静压强方向不指向作用面，则必然存在拉应力 σ。这些都将违背流体的性质和静止的条件。因此，流体静压强的方向只能是沿着作用面的内法线方向。

(2) 静止流体中任意点的静压强值只能由该点的坐标位置决定，而与该压强的作用方向无关。即沿各个方向作用于同一点的静压强是等值的。现证明如下：

假设从静态平衡流体中分离出一微小四面体(图 2.2)，体积为 $\mathrm{d}V$，与坐标轴相重合的边长分别为 $\mathrm{d}x$、$\mathrm{d}y$、$\mathrm{d}z$。p_x、p_y、p_z 和 p_n 代表周围流体对此微小四面体的压强。当处于平衡状态的微小体积 $\mathrm{d}V$ 逐渐缩小，以零为极限时，图中的 p_x、p_y、p_z 和 p_n 将代表 O 点来自不同方向的流体静压强。

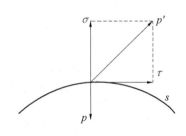

图 2.1 流体静压强的方向

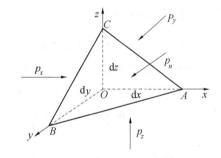

图 2.2 静态平衡的微小四面体

以 $\mathrm{d}A$ 表示四面体倾斜面 ABC 的微小面积，按照力的平衡条件，可以求出 x 方向力的方程为

$$p_x \frac{1}{2}\mathrm{d}y\mathrm{d}z - p_n \mathrm{d}A\cos(n,x) + X\rho \frac{1}{6}\mathrm{d}x\mathrm{d}y\mathrm{d}z = 0 \tag{2.2}$$

式中　$\cos(n,x)$——p_n 与 x 轴夹角的余弦。

由于

$$\mathrm{d}A\cos(n,x) = \mathrm{d}A_x = \frac{1}{2}\mathrm{d}y\mathrm{d}z \tag{2.3}$$

故有

$$p_x - p_n + X\rho \frac{1}{3}\mathrm{d}x = 0 \tag{2.4}$$

同理可得

$$p_y - p_n + Y\rho\,\frac{1}{3}\mathrm{d}y = 0 \qquad (2.5)$$

$$p_z - p_n + Z\rho\,\frac{1}{3}\mathrm{d}z = 0 \qquad (2.6)$$

当微小体积 $\mathrm{d}V$ 以零为极限时，$\mathrm{d}x$、$\mathrm{d}y$ 和 $\mathrm{d}z$ 均趋近于零，因而可得

$$p_x = p_y = p_z = p_n \qquad (2.7)$$

由此可见，任一固定点的流体静压强对任何方向来说都是相等的。按照连续介质的概念，流体静压强不是矢量，而是标量，仅是空间坐标的连续函数，即

$$p = p(x, y, z) \qquad (2.8)$$

由此可得静压强的全微分为

$$\mathrm{d}p = \frac{\partial p}{\partial x}\mathrm{d}x + \frac{\partial p}{\partial y}\mathrm{d}y + \frac{\partial p}{\partial z}\mathrm{d}z \qquad (2.9)$$

在工程技术中对各种容器进行受力分析时，根据上述流体静压强的特性，可以确定不同面上流体静压强的作用方向，为容器的强度和刚度校核提供依据。

2.3　静止流体的平衡微分方程及其积分

2.3.1　流体平衡微分方程

本节主要研究压强在静态平衡流体内的分布规律。为此，试设想从平衡流体中分离出一微小平行六面体(图 2.3)，边长分别为 $\mathrm{d}x$、$\mathrm{d}y$ 和 $\mathrm{d}z$，各与相应的坐标轴平行。六面体中心 C 点坐标为(x, y, z)，压强为 p。

先求 x 方向力的平衡关系。在静止流体内，由于表面力只有压力，因此六面体左侧面中点 A 的压强为

$$p_A = p - \frac{\partial p}{\partial x}\frac{\mathrm{d}x}{2} \qquad (2.10)$$

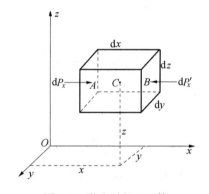

图 2.3　微小平行六面体

左侧面的面积很微小，p_A 可以看作是整个左侧面上的平均压强，故左侧面上的压力为

$$\mathrm{d}P_x = \left(p - \frac{\partial p}{\partial x}\frac{\mathrm{d}x}{2}\right)\mathrm{d}y\mathrm{d}z \qquad (2.11)$$

同理，右侧面上的压力为

$$\mathrm{d}P_x' = \left(p + \frac{\partial p}{\partial x}\frac{\mathrm{d}x}{2}\right)\mathrm{d}y\mathrm{d}z \qquad (2.12)$$

沿 x 方向力的平衡方程为

$$\left(p - \frac{\partial p}{\partial x}\frac{\mathrm{d}x}{2}\right)\mathrm{d}y\mathrm{d}z - \left(p + \frac{\partial p}{\partial x}\frac{\mathrm{d}x}{2}\right)\mathrm{d}y\mathrm{d}z + X\rho\mathrm{d}x\mathrm{d}y\mathrm{d}z = 0 \qquad (2.13)$$

化简得

$$X - \frac{1}{\rho}\frac{\partial p}{\partial x} = 0 \tag{2.14a}$$

同理可得

$$Y - \frac{1}{\rho}\frac{\partial p}{\partial y} = 0 \tag{2.14b}$$

$$Z - \frac{1}{\rho}\frac{\partial p}{\partial z} = 0 \tag{2.14c}$$

式(2.14a)、式(2.14b)和式(2.14c)是由瑞士学者欧拉于 1755 年提出的,称为欧拉静平衡方程。它们表示作用于平衡流体上的质量力和表面力相互平衡,说明流体静压强沿某方向的梯度直接等于流体密度与该方向单位质量力的乘积,也说明流体静压强沿某方向存在梯度,必是质量力在该方向有分量的缘故。

2.3.2　平衡微分方程的积分

将式(2.14a)、式(2.14b)和式(2.14c)分别乘以 dx、dy 和 dz,然后相加并整理可得

$$\frac{\partial p}{\partial x}dx + \frac{\partial p}{\partial y}dy + \frac{\partial p}{\partial z}dz = \rho(Xdx + Ydy + Zdz) \tag{2.15}$$

由式(2.9)知上式左边是 p 的全微分,故有

$$dp = \rho(Xdx + Ydy + Zdz) \tag{2.16}$$

不可压缩流体密度 ρ 为常量,式(2.16)右边括号内的三项也应是某一个坐标函数 $W = W(x,y,z)$ 的全微分,即

$$dW = Xdx + Ydy + Zdz = \frac{\partial W}{\partial x}dx + \frac{\partial W}{\partial y}dy + \frac{\partial W}{\partial z}dz \tag{2.17}$$

由式(2.17)看出

$$X = \frac{\partial W}{\partial x}, \quad Y = \frac{\partial W}{\partial y}, \quad Z = \frac{\partial W}{\partial z} \tag{2.18}$$

满足式(2.18)的坐标函数 $W = W(x,y,z)$ 为势函数,当质量力可以用这样的函数来表示时,则称为有势的质量力。重力、惯性力都是这样的力。将式(2.17)代入式(2.16)中可得

$$dp = \rho dW \tag{2.19}$$

由此看出,只有在有势质量力的作用下,流体才可以处于平衡状态。也只有这样,才可以用上式表示其平衡关系。

将式(2.19)积分,可得

$$p = \rho W + c \tag{2.20}$$

为了确定积分常数 c,可假定在平衡液体自由面上某点 (x,y,z) 处的压强 p_0 及势函数 W_0 是已知的。由此可得积分常数为

$$c = p_0 - \rho W_0 \tag{2.21}$$

将 c 值代入式(2.20),可得欧拉静平衡方程的积分为

$$p = p_0 + \rho(W - W_0) \tag{2.22}$$

由式(2.22)可知,如果知道表示质量力的势函数 $W=W(x,y,z)$,则可求出平衡(绝对平衡或相对平衡)流体中任一点的压强 p。因此,式(2.22)表述了平衡流体中的压强分布规律。由于流体内任一点的压强都包含液面的压强 p_0,因此,液面压强 p_0 有任何变化,都会引起流体内部所有各点压强产生同样的变化。这种液面压强在流体内部等值传递的原理就是帕斯卡原理。水压机、液压传动装置等就是根据这一原理设计的。

2.3.3 等压面

在平衡流体中,压强相等的点组成的面称为等压面。在等压面上 $p=c,\mathrm{d}p=0$,由式(2.16)得等压面微分方程式为

$$X\mathrm{d}x+Y\mathrm{d}y+Z\mathrm{d}z=0 \qquad (2.23)$$

通过积分后,可得一族互相平行的等压面。液体的自由面是等压面中的一个特殊面,它多与气体相接触,作用在它上面的压强也就是气体的压强。两种互不相混液体的分界面也是等压面。

从式(2.23)可以引出等压面的一个重要特性。式中 $\mathrm{d}x$、$\mathrm{d}y$、$\mathrm{d}z$ 是等压面上任意微小长度 $\mathrm{d}l$ 在各轴上的投影,X、Y、Z 是单位质量力 J 在各轴上的投影,则 $X\mathrm{d}x+Y\mathrm{d}y+Z\mathrm{d}z$ 为单位质量力 J 在等压面内移动微小长度 $\mathrm{d}l$ 所做的功。因单位质量力及微小长度 $\mathrm{d}l$ 本身均不为零,但其数量积为零,说明其微功为零。只有当单位质量力 J 垂直于微小长度 $\mathrm{d}l$ 时,才会得出这样的结果。也就是说,等压面是一个垂直于质量力的面。

2.4 流体静力学基本方程

本节介绍重力作用下静止流体中的压强分布规律及其计算等问题。

2.4.1 静止流体中的压强分布规律

在重力场中,作用在静止流体上的质量力只有重力。若取 z 轴垂直向上,xOy 为水平面,如图 2.4 所示,则单位质量力在各坐标轴上的分量为

$$X=0, \quad Y=0, \quad Z=-g \qquad (2.24)$$

代入式(2.16)得

$$\mathrm{d}p=\rho(-g)\mathrm{d}z=-\rho g\mathrm{d}z=-\gamma\mathrm{d}z \qquad (2.25)$$

将上式积分得

$$p=-\rho gz+c=-\gamma z+c \qquad (2.26)$$

移项整理得

$$z+\frac{p}{\rho g}=c \quad \text{或} \quad z+\frac{p}{\gamma}=c \qquad (2.27)$$

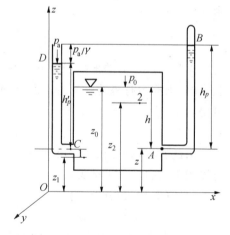

图 2.4 重力作用下的静止流体

在图 2.4 中任取两点,若点 1 和点 2 的垂直坐标分别为 z_1 和 z_2,静压强分别为 p_1 和 p_2,则式(2.27)又可写成

$$z_1 + \frac{p_1}{\rho g} = z_2 + \frac{p_2}{\rho g} \left.\right\}$$

$$z_1 + \frac{p_1}{\gamma} = z_2 + \frac{p_2}{\gamma} \left.\right\}$$

(2.28)

式(2.28)是流体静力学基本方程,表明重力作用下静止流体中任一点的 $z + \dfrac{p}{\gamma}$ 总是相等的。若已知流体内一点的静压强和两点之间的垂直距离,就可以求得另一点的静压强。例如在图 2.4 中,已知液面上的压强是容器上方气体的压强 p_0,液面距基准面的坐标为 z_0,那么液体内任一点的静压强为

$$p = p_0 + \rho g(z_0 - z) = p_0 + \gamma(z_0 - z) \tag{2.29}$$

令 $z_0 - z = h$,则有

$$p = p_0 + \rho g h = p_0 + \gamma h \tag{2.30}$$

式(2.30)说明了静止流体在重力作用下压强的产生和分布规律,是式(2.28)的另一种表达形式,也称为不可压缩流体中压强的基本公式。由此可知:

(1)在重力作用下,流体静压强只是坐标 z 的函数,随深度 h 增大而增大。一般在液压站内,油泵多安装在油箱下面,其目的就是要利用一定深度来提高油泵的入口压强。

(2)静压强由液面压强 p_0 和液体自重所引起的压强 $\rho g h$ 两部分组成。液面压强是外力施加于液体而引起的,有三种加载方式:一是通过固体对液面施加外力而产生压强,如液压技术中通过活塞或柱塞对液缸里的油液加压;二是通过气体使液面产生压强,如蒸汽锅炉等;三是通过不同性质的液体使液面产生压强,如低压测压计中被测液体对测压计内的液体产生压强。在敞口容器和大坝、闸门等"开敞"工程中的液面压强为大气压强 p_a,而壁面各方面同时也受到大气压的作用,可以互相抵消,计算时可使 $p_0 = p_a = 0$,静压强 $p = \rho g h$。

(3)深度 h 一致的各点静压强 p 是常数,即等压面是水平面。

(4)连通容器内紧密连续而又同一性质的均质液体中,深度相同的点其压强必然相等。锅炉水箱上的玻璃水位计就是根据这一原理制成的。

【例 2.1】　在图 2.5 所示静止液体中,已知 $p_a = 9.8 \ \text{N/cm}^2$,$h_1 = 100 \ \text{cm}$,$h_2 = 20 \ \text{cm}$,油的重度 $\gamma_1 = 0.007 \ 45 \ \text{N/cm}^3$,水银的重度 $\gamma_2 = 0.133 \ \text{N/cm}^3$,$C$ 点与 D 点同高,问 C 点的压强为多少?

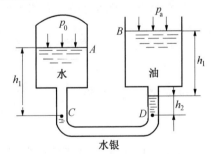

图 2.5　连通器

解　由式(2.30)求得 D 点的压强为

$$p_D = p_a + \gamma_1 h_1 + \gamma_2 h_2 = 9.8 + 0.007 \ 45 \times 100 + $$
$$0.133 \times 20 = 13.205 (\text{N/cm}^2)$$

因为 C 点与 D 点同高,又是紧密连续、同一性质的液体,压强应该相等,故可得 C 点的压强为

$$p_C = p_D = 13.205 \ \text{N/cm}^2$$

2.4.2　流体静力学基本方程的能量意义与几何意义

如图 2.4 所示,若用一根上部抽成完全真空的闭口玻璃管接到压强为 p 的 A 点时,容器内的液体将沿管上升到一定的高度 h_p,再用一根上部敞开通大气的玻璃管接到与 A 点同高度且压强同为 p 的 C 点时,容器内的液体也将沿管上升到一定的高度 h'_p。在 A、B 两点,应用式(2.28)得

$$z + \frac{p}{\gamma} = (z + h_p) + 0$$

移项得

$$h_p = \frac{p}{\gamma} \tag{2.31}$$

在 C、D 两点同样应用式(2.28)可得

$$h'_p = \frac{(p - p_a)}{\gamma} = \frac{p'}{\gamma} \tag{2.32}$$

故 B、D 两点垂直距离为

$$h_p - h'_p = \frac{p_a}{\gamma} \tag{2.33}$$

z 为 A、C 点高于基准面的位置高度,称为位置水头,亦即单位质量液体对基准面的位能,称为比位能。

$h'_p = \frac{p'}{\gamma}$ 为 C 点处的液体在压强 p' 作用下能够上升的高度,称为测压管高度或相对压强高度。$h_p = \frac{p}{\gamma}$ 为 A 点处的液体在压强 p 作用下能够上升的高度,称为静压高度或绝对压强高度。

相对压强高度与绝对压强高度,均称为压强水头。也可理解为单位质量液体所具有的压力能,称为比压能。

位置高度与测压管高度之和 $z + \frac{p'}{\gamma}$,称为测压管水头。位置高度与静压高度之和 $z + \frac{p}{\gamma}$,称为静压水头。比位能与比压能之和,表示单位质量液体对基准面具有的势能,称为比势能。

根据式(2.27)可得

$$z + \frac{p'}{\gamma} = c \quad 及 \quad z + \frac{p}{\gamma} = c$$

由此可知,在同一静止液体中,各点的测压管水头是相等的,各点的静压水头也是相等的。在这些点处,单位质量液体的比位能可以不等,比压能也可以不等,但其比位能与比压能可以互相转化,比势能总是相等的。这就是流体静力学基本方程的能量意义与几何意义。

由图 2.4 及式(2.33)可知,静压水头与测压管水头之差,就相当于大气压强 p_a 的液柱高度。

2.4.3　静压强的表示方法及压强单位

1.静压强的表示方法

地球表面被厚达数万米的大气层包围,由于受到地球引力的作用,大气层产生的压强称为大气压强,常用符号 p_a 表示。在一般工程中,大气压强 p_a 到处存在,并自相平衡,不显示其影响,所以绝大多数测压仪表都是以大气压强 p_a 为零点的,因此测得的压强是实际压强和大气压强的差值,称为相对压强或表压强。以绝对零值(绝对真空)为基准的压强称为绝对压强。当绝对压强小于大气压强时,表压强为负值。表压强的绝对值称为真空度或负压。

2.压强单位

工程上表示流体静压强的常用单位有三种:

①应力单位,如 $N/m^2(Pa)$、N/cm^2 等。

②大气压,如标准大气压(atm)和工程大气压(at)。

③液柱高度,如米水柱(mH_2O)、毫米水柱(mmH_2O)或毫米汞柱(mmHg)。

我国法定计量单位规定只能用国际单位制,若遇到上述后两种单位都应换算为国际单位帕斯卡(Pa)。表 2.1 列举了压强单位的换算关系。

表 2.1　压强单位的换算

压强单位	1 帕斯卡（Pa）	1 标准大气压（atm）	1 工程大气压（at）	1 毫米水柱（mmH_2O）	1 毫米汞柱（mmHg）
换　算	1 Pa	101 325 Pa	98 067 Pa	9.81 Pa	133.32 Pa

【**例 2.2**】　如图 2.6 所示,若烟囱高度 $H=20$ m,烟气平均温度 $T=300$ ℃,平均密度 $\rho_y=0.44$ kg/m³,外界空气平均密度 $\rho_k=1.29$ kg/m³,试求烟囱的抽力 p。

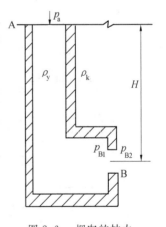

图 2.6　烟囱的抽力

解　烟囱的抽力是由炉门 B 内外所受压强不等而引起的气体流动,因此烟囱抽力 p 的大小可以表示为 $p_{B2}-p_{B1}$。

若忽略烟气的压缩性,认为其密度 ρ 不变,则气体在重力作用下的压强分布规律与液体相同,可应用流体静力学基本方程 $p=p_a+\rho gh$ 计算,即

$$p_{B1}=p_a+\rho_y gH$$

$$p_{B2}=p_a+\rho_k gH$$

则烟囱的抽力为

$$p=p_{B2}-p_{B1}=gH(\rho_k-\rho_y)$$
$$=9.81\times20\times(1.29-0.44)$$
$$=166.8(Pa)$$

由此可知,烟囱的高度越大,抽力越大,越有利于外界空气进入炉内,促进燃烧。

2.5 流体压强的测量

测量流体压强的常用测压计有三类:一类是可以测量较高压强的金属测压计,是利用金属的弹性变形来测量压强的;一类是电测式测压计,是利用压力传感器把被测压强转换为电量,便于远程测量和动态测量;还有一类是根据静力学基本公式用液柱高度直接测出压强的液柱式测压计,多用于测量较小的压强,测量精度较高。下面说明几种液柱式测压计的测压原理。

2.5.1 测压管

测压管是一种最简单的液柱式测压计,如图 2.7 所示,一根垂直放置的玻璃管上端开口与大气相通,下端用橡胶管与被测容器相连。当 $p_0 > p_a$ 时,量出液柱高度 h,根据式 (2.30),容器上被测点 A 处的绝对压强和表压强分别为

$$p_A = p_a + \rho g h = p_a + \gamma h \tag{2.34}$$

$$p'_A = \rho g h = \gamma h \tag{2.35}$$

为减小毛细现象引起的误差,测压管内径应不小于 5 mm,由于受到测压管高度的限制,这种测压管一般用于测量较小的压强(小于 40 kPa)。

将上述测压管改成图 2.8 所示形式,则成为真空计。此时 $p_0 < p_a$,量出液柱高度 h,则有

$$p_0 = p_a - \rho g h = p_a - \gamma h \tag{2.36}$$

式中 p_0——容器内的绝对压强;

  γh——容器内的真空度。

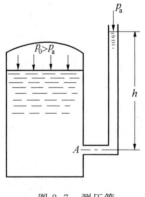

图 2.7 测压管

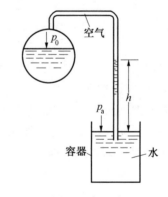

图 2.8 真空计

2.5.2 U 形管测压计

U 形管测压计应用很广,如图 2.9 所示。一个两端开口的 U 形玻璃管内装有工作液体(工作液体密度 ρ_2 大于被测液体密度 ρ_1),一端与大气相通,一端与被测容器相连。分别量出工作液体左侧液面距被测点 A 的高度 h_1 和距右侧液面高度 h_2,根据式(2.30)有

$$p_A = p_B - \rho_1 g h_1, \quad p_C = p_a + \rho_2 g h_2 \tag{2.37}$$

由于 B、C 两点位于同一等压面上，故 $p_B = p_C$，代入式（2.37），则被测点 A 处的绝对压强和表压强分别为

$$p_A = p_a + \rho_2 g h_2 - \rho_1 g h_1, \quad p_A' = \rho_2 g h_2 - \rho_1 g h_1 \tag{2.38}$$

当容器内被测的是气体时，则因 $\rho_1 \ll \rho_2$，$\rho_1 g h_1$ 项可以忽略不计。U 形管中的工作液体常采用水银，可用于测量较大压强（300 kPa 以下），也可采用油、水、酒精、CCl_4 等，原则是不能与被测液体混合，并且液柱高度适中。

当被测液体压强超过 300 kPa 时，可以把几个 U 形管组合成复式 U 形管测压计，如图2.10所示。由于 U 形管上端接头处充满气体，其质量可以忽略不计，则 B—B、C—C、D—D 各位于同一等压面，则有

$$p_A = p_B - \rho_1 g h, \quad p_B = p_C + \rho_2 g h_1$$
$$p_C = p_D + \rho_2 g h_2, \quad p_D = p_a + \rho_2 g h_3$$

即 A 点处绝对压强和表压强分别为

$$\left. \begin{array}{l} p_A = p_a - \rho_1 g h + \rho_2 g (h_1 + h_2 + h_3) \\ p_A' = \rho_2 g (h_1 + h_2 + h_3) - \rho_1 g h \end{array} \right\} \tag{2.39}$$

同样，当被测的是气体时，$\rho_1 g h$ 项可忽略不计。

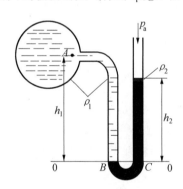

图 2.9　U 形管测压计

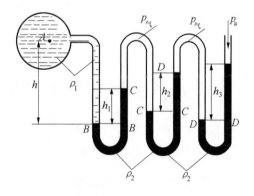

图 2.10　复式 U 形管测压计

2.5.3　U 形管压差计

如图 2.11 所示，将 U 形管两端分别与装有相同被测液体的两个容器（或两点）相连，就能测出两处的压强差值，这就是压差计。由

$$p_A = p_1 + \rho_1 g h_1, \quad p_B = p_2 + \rho_1 g h_2 + \rho_2 g h$$

且 $p_A = p_B$，则有压差

$$\Delta p = p_1 - p_2 = \rho_1 g h_2 + \rho_2 g h - \rho_1 g h_1 \tag{2.40}$$

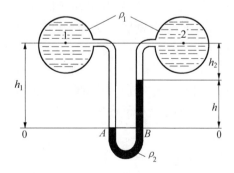

图 2.11　U 形管压差计

若两被测点 1、2 位于同一高度,即 $h=h_1-h_2$,则式(2.40)可写成

$$\Delta p=p_1-p_2=\rho_2 gh-\rho_1 g(h_1-h_2)=(\rho_2-\rho_1)gh \tag{2.41}$$

若被测的是气体,则因 $\rho_1 \ll \rho_2$,有

$$\Delta p=p_1-p_2=\rho_2 gh \tag{2.42}$$

2.5.4 微压计

当被测流体的相对压强很小时,为了放大读数,提高测量精度,常采用斜放的测压管,如图 2.12 所示。由于 $l=\dfrac{h}{\sin\theta}$,即使液柱高度 h 很小,只要角 θ 较小,l 读数仍较大,所以它可以测出微小的压强,称为微压计。微压计的倾角 θ 一般保持在 $10°\sim30°$ 的范围,可使读数比垂直放置的测压管放大 $2\sim5$ 倍。若微压计中工作

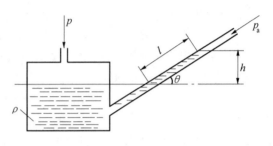

图 2.12 微压计

液体不用水,而采用密度更小的液体(如酒精),测压管上读数 l 还可放大。这种测压计常用于测量通风管道内的气体压强,此时可以忽略空气重度的影响,则通风管道被测点的压强等于微压计液面上的压强 p,即

$$p=p_a+\rho gl\sin\theta,\quad p'=\rho gl\sin\theta \tag{2.43}$$

2.6 静止液体对壁面作用力的计算

工程上常计算液体与固体接触表面(如挡水闸门、容器侧壁等)受到的压力。压力的计算因接触表面是平面或曲面而有所不同。下面就平面壁与曲面壁分别进行研究。

2.6.1 静止液体对平面壁的压力

设有平面壁 AB 与水平面成倾角 α,置于静止液体中。为说明平面壁的几何形状,在平面壁上设置相应的坐标系,并将平面壁 AB 绕 y 轴旋转 $90°$,绘于右下方,如图 2.13 所示。由于平面壁 AB 的左、右两侧都受大气压强 p_a 的作用,影响互相抵消,故计算压力大小时不再考虑大气压强的作用。

在平面壁上任取一微小面积 dA,设其形心在液面下的深度为 h,则微小面积 dA 所承受的压力为

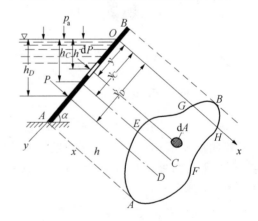

图 2.13 平面壁上的压力

$$dP=pdA=\gamma hdA=\gamma y\sin\alpha dA \tag{2.44}$$

将上式对整个浸水面积 A 进行积分,得压力 P 为

$$P = \int_A dP = \int_A \gamma y \sin \alpha dA = \gamma \sin \alpha \int_A y dA \qquad (2.45)$$

式(2.45)中,$\int_A y dA$ 是浸水面积 A 对 x 轴的静力矩,其值为 $y_C A$,其中 y_C 是浸水面积 A 的形心 C 到 x 轴的距离,且 $y_C \sin \alpha = h_C$,代入式(2.45),则

$$P = \gamma \sin \alpha \int_A y dA = \gamma \sin \alpha y_C A = \gamma h_C A \qquad (2.46)$$

式中　h_C——浸水面积 A 的形心 C 的液面下深度。

式(2.46)表明,静止液体作用于平面壁上的压力 P 为浸水面积与其形心处的液体静压强的乘积。它的方向为受压面的内法线方向。

压力 P 的作用点称为压力中心,设为 D 点。由理论力学知,合力对任一轴的力矩等于其分力对同一轴的力矩和,则

$$P y_D = \int_A \gamma h y dA = \int_A \gamma y^2 \sin \alpha dA = \gamma \sin \alpha \int_A y^2 dA \qquad (2.47)$$

其中,$\int_A y^2 dA$ 是浸水面积 A 对 x 轴的惯性矩 J_x,因此可得

$$y_D = \frac{\gamma \sin \alpha J_x}{P} = \frac{\gamma \sin \alpha J_x}{\gamma h_C A} = \frac{J_x}{y_C A} \qquad (2.48)$$

由惯性矩平行移轴定理知 $J_x = J_C + y_C^2 A$,其中 J_C 为浸水面积 A 对通过形心 C 且与 x 轴平行的轴的惯性矩,因此可得

$$y_D = y_C + \frac{J_C}{y_C A} \qquad (2.49)$$

由上式看出,压力 P 的作用点 D 总是低于浸水面积形心 C,在壁面上两点距离为 $\dfrac{J_C}{y_C A}$。

工程上常见的受压壁面多为轴对称面,并且其对称轴与 y 轴平行,此时形心 C 和压力中心 D 都在对称轴上,即 $x_C = x_D = 0$,这样 C、D 的位置就确定了,否则,还应用同样的方法来确定 x_D。如果受压壁面是垂直的,则 $y_C = h_C$,$y_D = h_D$,如果是水平的,则 $h_C = h_D = h$。

为计算方便,将几种常见的对称平面图形的面积 A、形心坐标 y_C 及惯性矩 J_C 之值列于附录 2 中。

【例 2.3】　倾斜闸门 AB,宽度 b 为 1 m(垂直于图面),A 处为铰链轴,整个闸门可绕此轴转动,如图 2.14 所示。已知闸门在水面下深度 $H = 3$ m,A 点距水面垂直高度 $h = 1$ m,闸门自重及铰链中的摩擦力可略去不计。求升起此闸门时所需垂直向上的拉力。

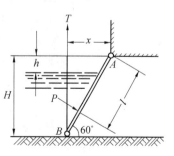

图 2.14　倾斜闸门

解　根据式(2.46)得闸门所受压力为

$$P = \gamma h_C A = 9\ 800 \times 1.5 \times \left(\frac{3}{\sin 60°} \times 1 \right)$$

$$= 50\ 923\ (N) = 50.923\ (kN)$$

根据式(2.49),压力中心 D 点到铰链轴 A 的距离为

$$l = \frac{h}{\sin 60°} + \left(y_C + \frac{J_C}{y_C A} \right)$$

$$= \frac{h}{\sin 60°} + \left[\frac{1}{2} \times \frac{H}{\sin 60°} + \frac{\frac{1}{12} b \left(\frac{H}{\sin 60°} \right)^3}{\frac{1}{2} \times \frac{H}{\sin 60°} \left(b \frac{H}{\sin 60°} \right)} \right]$$

$$= \frac{1}{\frac{\sqrt{3}}{2}} + \left[\frac{1}{2} \times \frac{3}{\frac{\sqrt{3}}{2}} + \frac{\frac{1}{12} \times 1 \times \left(\frac{3}{\sqrt{3}/2} \right)^3}{\frac{1}{2} \times \frac{3}{\sqrt{3}/2} \times \left(1 \times \frac{3}{\sqrt{3}/2} \right)} \right] = 3.455 (\text{m})$$

由图可见,x 的值应为

$$x = \frac{H+h}{\tan 60°} = \frac{4}{\sqrt{3}} = 2.31 (\text{m})$$

根据理论力学平衡理论,当闸门刚刚转动时,力 P、T 对铰链 A 的力矩的代数和应为零,即

$$\sum M_A = Pl - Tx = 0$$

故

$$T = \frac{Pl}{x} = \frac{50.923 \times 3.455}{2.31} = 76.16 (\text{kN})$$

2.6.2 静止液体对曲面壁的压力

设有二向曲面壁 AB,左侧承受液体压力,如图 2.15 所示。在曲面上任取一微小面积 dA,其形心在液面下的深度为 h,则微小面积 dA 所承受的压力为

$$dP = \gamma h dA \tag{2.50}$$

此力垂直于微小面积 dA,并指向右下方,与 x 轴成 θ 角,则其水平分力 dP_x 和垂直分力 dP_z 分别为

$$\left. \begin{array}{l} dP_x = dP\cos\theta = \gamma h dA\cos\theta \\ dP_z = dP\sin\theta = \gamma h dA\sin\theta \end{array} \right\} \tag{2.51}$$

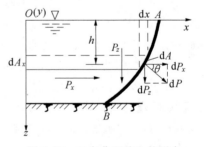

式中　$dA\cos\theta$——dA 在垂直面(即 yOz 面)上的投影面积 dA_x(即垂直于 x 轴的微小投影面积);

$dA\sin\theta$——dA 在水平面(即 xOy 面)上的投影面积 dA_z(即垂直于 z 轴的微小投影面积)。

图 2.15　二向曲面壁上的压力

式(2.51)可改写为

$$\left. \begin{array}{l} dP_x = \gamma h dA_x \\ dP_z = \gamma h dA_z \end{array} \right\} \tag{2.52}$$

将式(2.52)沿曲面 AB 相应的投影面积积分,可得此曲面所受液体压力 P 的水平分

力和垂直分力为

$$P_x = \int_{A_x} \gamma h \, \mathrm{d}A_x = \gamma \int_{A_x} h \, \mathrm{d}A_x = \gamma h_C A_x \\ P_z = \int_{A_z} \gamma h \, \mathrm{d}A_z = \gamma \int_{A_z} h \, \mathrm{d}A_z = \gamma V \Bigg\}$$

（2.53）

由式（2.53）看出，作用在曲面上压力的水平分力 P_x 等于液体作用在曲面受压面的水平投影面积上的压力，P_x 的作用点通过投影面积 A_x 的压力中心 D'。这在形式上与式（2.46）是相同的，因此可用求平面壁上液体压力的方程来求解曲面上液体压力的水平分力。而式中 $\int_{A_z} h \, \mathrm{d}A_z = V$ 实际上表示受压曲面 AB 以上的液体体积，称为压力体。垂直分力 P_z 的大小总是等于压力体内液体的重力，作用力通过压力体的重心 m（图 2.16）。但 P_z 的作用点则取决于受压曲面、液体、压力体三者的相对位置。在如图 2.15 所示情况下，垂直分力向下，此时压力体称"实压力体"或"正压力体"；若曲面 AB 的左边为大

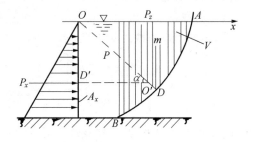

图 2.16　曲面上压力的方向及作用点

气，右边承受液体压力，垂直分力向上，此时压力体不为液体所充满，称"虚压力体"或"负压力体"。

液体作用在曲面上的压力为

$$P = \sqrt{P_x^2 + P_z^2}$$

（2.54）

压力的倾斜角为

$$\alpha = \arctan \frac{P_z}{P_x}$$

（2.55）

压力 P 的作用线通过 P_x 与 P_z 作用线的交点 O' 并与水平成 α 角，与曲面 AB 的交点 D 即为压力中心。

【例 2.4】　如图 2.17 所示的容器，壁面上有两个半球形的盖子。已知 $d = 0.5$ m，$h_1 = 1.5$ m，$h_2 = 2$ m。求水作用于每个球形盖子上的液体压力。

解　（1）求侧盖 1 上的压力。

侧盖 1 的围线位于 yOz 平面上，故其所受到的沿水平方向 x 向左的作用力为

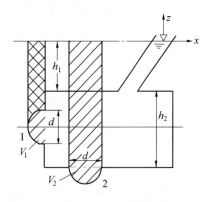

图 2.17　储水容器

$$P_{1x} = \rho g h_{C1} A = \rho g \left(h_1 + \frac{h_2}{2} \right) \frac{\pi d^2}{4}$$

$$= 1\,000 \times 9.81 \times \left(1.5 + \frac{2}{2} \right) \times \frac{\pi \times 0.5^2}{4} = 4\,813 \text{（N）}$$

侧盖 1 的压力体为半球体，并且液体与压力体同侧，受力方向向下。于是侧盖所受的垂直分力为

$$P_{1z} = \rho g V_1 = \rho g \frac{\pi d^3}{12} = 1\ 000 \times 9.81 \times \frac{\pi \times 0.5^3}{12} = 321\ (\text{N})$$

侧盖所受的总作用力为

$$P_1 = \sqrt{P_{1x}^2 + P_{1z}^2} = \sqrt{4\ 813^2 + 321^2} = 4\ 824\ (\text{N})$$

P_1 与水平方向的夹角为

$$\alpha = \arctan \frac{P_{1z}}{P_{1x}} = \arctan \frac{321}{4\ 813} = 3.82°$$

并且作用线通过侧盖 1 的球心。

（2）求底盖 2 上的压力。

因为球盖以垂线为对称轴，水平方向力互相抵消，仅受垂直方向的作用力 P_{2z}。

$$P_{2z} = \rho g V_2 = \rho g \left[\frac{\pi d^2}{4}(h_1 + h_2) + \frac{\pi d^3}{12} \right]$$

$$= 1\ 000 \times 9.81 \times \left[\frac{\pi \times 0.5^2}{4}(1.5 + 2) + \frac{\pi \times 0.5^3}{12} \right] = 7\ 059\ (\text{N})$$

P_{2z} 的方向垂直向下，其作用线通过底盖 2 的球心。

2.7* 液体的相对平衡

前面讨论了质量力只有重力的静止流体的平衡规律，本节将讨论除重力作用外还受其他质量力作用的液体的相对平衡问题。相对平衡是指液体与盛装它的容器作为整体而言对地球有相对运动，但液体相对容器则是静止的，液体宏观上没有相对运动。根据达朗贝尔（Dalembert）原理，如果把坐标系取在盛装液体的容器上，加上一个假想的由牵连运动而形成的惯性力，液体相对于坐标系则呈现平衡状态。现分三种情况进行讨论。

2.7.1 匀速直线运动容器中液体的相对平衡

当容器做匀速直线运动时，如图 2.18 所示，容器中液体受到的质量力只有指向地心的重力，故有

$$X = 0, \quad Y = 0, \quad Z = -g \qquad (2.56)$$

这与前述的在重力场中相对静止液体的平衡情况完全相同，因此前述结论完全适用。等压面是水平面，压强分布规律为

$$p = p_0 + \gamma h$$

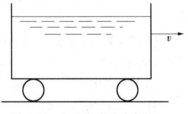

图 2.18　匀速直线运动容器

2.7.2 匀加速直线运动容器中液体的相对平衡

当容器以恒定加速度 a 运动时，如图 2.19 所示，容器内液体受到的质量力除重力外，依据达朗贝尔原理，还有一个假想的与运动方向相反的惯性力，故有

$$X = -a, \quad Y = 0, \quad Z = -g \qquad (2.57)$$

代入式（2.16），有

$$\mathrm{d}p = \rho(X\mathrm{d}x + Z\mathrm{d}z) = -\rho a\mathrm{d}x - \rho g\mathrm{d}z \quad (2.58)$$

将上式积分得

$$p + \rho ax + \rho gz = c \qquad (2.59)$$

积分常数 c 由边界条件确定,当 $x=0$,$z=0$ 时,$p=p_0$,代入上式得 $c=p_0$。将 $c=p_0$ 代入式 (2.59) 得压强分布规律为

$$p = p_0 - \rho ax - \rho gz \qquad (2.60)$$

在液面上 $p=p_0$,因此液面方程为

$$ax + gz = 0 \qquad (2.61)$$

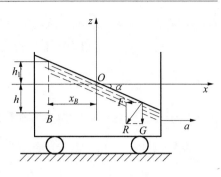

图 2.19　匀加速直线运动容器

即液面是斜率为 $-\dfrac{a}{g}$ 的直线。

等压面上 $\mathrm{d}p=0$,则等压面方程为

$$a\mathrm{d}x + g\mathrm{d}z = 0 \qquad \text{或} \qquad \frac{\mathrm{d}z}{\mathrm{d}x} = -\frac{a}{g} \qquad (2.62)$$

由此可见,等压面斜率与液面斜率相同,即等压面为平行于液面的一族平面。

2.7.3　等角速度旋转容器中液体的相对平衡

盛有液体的圆筒形容器绕其中心轴以等角速度 ω 旋转,如图 2.20 所示。开始时,液体被离心力甩向外周,并随筒体旋转,经一定时间后,全部液体都随容器以等角速度 ω 旋转,液体宏观上没有相对运动,即处于相对平衡状态。这时液体所受到的质量力除重力外,还有因角速度 ω 而产生的径向离心惯性力 $\omega^2 r$。它在 x 轴、y 轴上的分力分别为 $\omega^2 x$ 和 $\omega^2 y$,故有

$$X = \omega^2 x, \quad Y = \omega^2 y, \quad Z = -g \qquad (2.63)$$

代入式 (2.16),有

$$\begin{aligned}\mathrm{d}p &= \rho(X\mathrm{d}X + Y\mathrm{d}Y + Z\mathrm{d}Z)\\ &= \rho(\omega^2 x\mathrm{d}x + \omega^2 y\mathrm{d}y - g\mathrm{d}z)\end{aligned} \qquad (2.64)$$

积分得

$$p = \rho\frac{\omega^2 r^2}{2} - \gamma z + c \qquad (2.65)$$

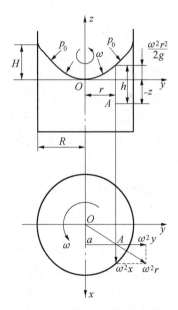

积分常数 c 由边界条件确定:$r=0$,$z=0$,$p=p_0$,代入式 (2.65) 得 $c=p_0$。将 $c=p_0$ 代入式 (2.65) 得压强分布规律为

图 2.20　等角速度旋转容器

$$p = p_0 + \rho\frac{\omega^2 r^2}{2} - \gamma z \qquad (2.66)$$

在液面上,$p=p_0$,$z=z_0$,因此液面方程为

$$\frac{\omega^2 r^2}{2} - gz_0 = 0 \qquad \text{或} \qquad z_0 = \frac{\omega^2 r^2}{2g} \qquad (2.67)$$

即液面是以 z 轴为回转轴的旋转抛物面,其中 z_0 为液面位置高度。

等压面上 $\mathrm{d}p=0$,则等压面方程为

$$\frac{\omega^2 r^2}{2} - gz = c \tag{2.68}$$

则 $z = \dfrac{\omega^2 r^2}{2g} - \dfrac{c}{g}$,说明等压面也为旋转抛物面。

将式(2.67)代入式(2.66)中,有

$$p = p_0 + \rho g\left(\frac{\omega^2 r^2}{2g} - z\right) = p_0 + \rho g(z_0 - z) = p_0 + \gamma h \tag{2.69}$$

式中　h——自由液面以下某点的实际深度。

式(2.69)在形式上与静止液体中压强的计算公式相同。

【例 2.5】 铸造生产中浇注轮状零件时常用图 2.21 所示离心浇注装置。已知 $h_0 = 180$ mm,$D = 600$ mm,铁液密度 $\rho = 7\,000$ kg/m³,求 m 点的压强。若改用离心铸造,主轴转速 $n = 10$ r/s,m 点的压强是多少?

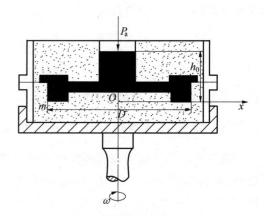

图 2.21　轮状铸件的离心浇注

解 图中浇口杯处压强为大气压 p_a,与型壁各方向作用在液体上的大气压相互抵消,故在确定 m 点压强时只考虑相对压强。

在不采用离心铸造方法时 m 点压强为

$$p_m = \rho g h_0 = 7\,000 \times 9.81 \times 0.18 = 12\,366 \text{ (Pa)} = 12.366 \text{ (kPa)}$$

改用离心铸造后,$z = -h$,m 点压强为

$$p'_m = \rho \frac{\omega^2 r^2}{2} - \rho g z = 7\,000 \times (2\pi \times 10)^2 \times \frac{0.3^2}{2} - 7\,000 \times 9.81 \times (-0.18)$$

$$= 1\,254\,675 \text{ (Pa)} = 1.25 \text{ (MPa)}$$

比较 p_m 及 p'_m 可见,采用离心浇注时,离心惯性力使 m 点压强比绝对静止时的压强增大约 100 倍,这不但可提高液态金属的充型能力,也有利于消除缩松、气孔等缺陷。另外,在离心力作用下,枝晶易被未凝固的液态金属冲刷破碎而生成细小的等轴晶粒,使铸件致密,强度提高。

习　　题

1.作用在流体上的力有哪两类,各有什么特点?

2.什么是流体的静压强,静止流体中压强的分布规律如何?

3. 写出流体静力学基本方程式,并说明其能量意义和几何意义。

4. 如图 2.22 所示,一圆柱体 $d=0.1$ m,质量 $m=50$ kg,在外力 $F=520$ N 的作用下压进容器中,当 $h=0.5$ m 时达到平衡状态。求测压管中水柱高度 H。

5. 盛水容器形状如图 2.23 所示。已知 $h_1=0.9$ m,$h_2=0.4$ m,$h_3=1.1$ m,$h_4=0.75$ m,$h_5=1.33$ m。求各点的表压强。

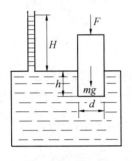

图 2.22　题 4 图

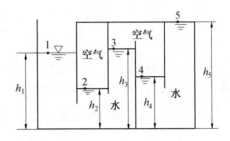

图 2.23　题 5 图

6. 两个容器 A、B 充满水,高度差为 a。为测量它们之间的压强差,用顶部充满油的倒 U 形管将两容器相连,如图 2.24 所示。已知油的密度 $\rho_油=900$ kg/m³,$h=0.1$ m,$a=0.1$ m。求两容器中的压强差。

7. 如图 2.25 所示,直径 $D=0.8$ m,$d=0.3$ m 的圆柱形容器自重 1 000 N,支承在距液面距离 $b=1.5$ m 的支架上。由于容器内部有真空,将水吸入。若 $a+b=1.9$ m,求支架上的支承力 F。

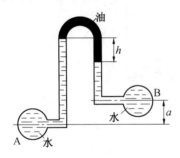

图 2.24　题 6 图

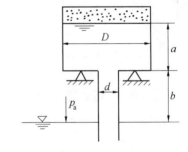

图 2.25　题 7 图

8. 一水压机如图 2.26 所示。已知大活塞直径 $D=11.785$ cm,小活塞直径 $d=5$ cm,杠杆臂长 $a=15$ cm,$b=7.5$ cm,活塞高度差 $h=1$ m。当施力 $F_1=98$ N 时,求大活塞所能克服的载荷 F_2。

9. 如图 2.27 所示,由上下两个半球合成的圆球,直径 $d=2$ m,球中充满水。当测压管读数 $H=3$ m 时,不计球的自重,求下列两种情况下螺栓群 A—A 所受的拉力。

(1) 上半球固定在支座上;

(2) 下半球固定在支座上。

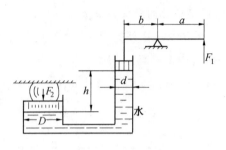

图 2.26 题 8 图

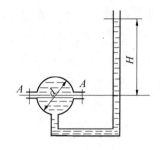

图 2.27 题 9 图

10. 水池的侧壁上装有一根直径 $d=0.6$ m 的圆管,圆管内口切成 $\alpha=45°$ 的倾角,并在这切口上装了一块可以绕上端铰链旋转的盖板,$h=2$ m,如图 2.28 所示。如果不计盖板自重以及盖板与铰链间的摩擦力,求开启盖板的力 T(椭圆形面积的 $J_C=\dfrac{\pi a^3 b}{4}$)。

11. 矩形闸门长 1.5 m,宽 2 m(垂直于图面),A 端为铰链,B 端连在一条倾斜角 $\alpha=45°$ 的铁链上,用以开启此闸门,如图 2.29 所示。量得库内水深见图。今欲沿铁链方向用力 T 拉起此闸门,若不计摩擦与闸门自重,求所需力 T。

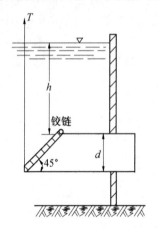

图 2.28 题 10 图

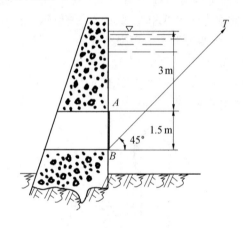

图 2.29 题 11 图

12. 如图 2.30 所示,直径 $D=1.2$ m,长 $L=2.5$ m 的油槽车内装密度 $\rho=900$ kg/m³ 的石油。油面高度 $h=1$ m,油槽车以 $a=2$ m/s² 的加速度水平运动。试求侧盖 A 和 B 上所受油液的作用力。

13. 如图 2.31 所示,一圆柱形容器,直径 $D=1.2$ m,完全充满水。在顶盖上 $r_0=0.43$ m 处开一小孔,敞口测压管中的水位 $a=0.5$ m。问此容器绕立轴旋转的转速 ω 为多大时,顶盖所受静水压力为零?

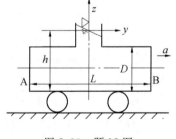

图 2.30 题 12 图

14. 有如图 2.32 所示的曲管 AOB。OB 段长 $L_1=0.3$ m,$\angle AOB=45°$,AO 垂直放置,B 端封闭,管中盛水,其液面到 O 点的距离 $L_2=0.23$ m,此管绕 AO 轴旋转。问转速

为多少时,B 点的压强与 O 点的压强相同? OB 段中最低的压强是多少? 位于何处?

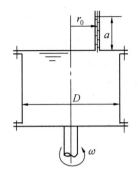

图 2.31　题 13 图

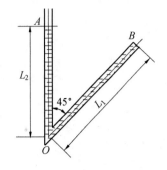

图 2.32　题 14 图

第3章 流体动力学

学习要点

流线微分方程：$\dfrac{\mathrm{d}x}{u_x}=\dfrac{\mathrm{d}y}{u_y}=\dfrac{\mathrm{d}z}{u_z}$

平均速度与流量的关系：$v=\dfrac{\displaystyle\int_A u\,\mathrm{d}A}{\displaystyle\int_A \mathrm{d}A}=\dfrac{Q}{A}$

连续性方程：$\dfrac{\partial u_x}{\partial x}+\dfrac{\partial u_y}{\partial y}+\dfrac{\partial u_z}{\partial z}=0$，$\dfrac{v_1}{v_2}=\dfrac{A_2}{A_1}$

实际流体的运动微分方程：$X-\dfrac{1}{\rho}\dfrac{\partial p}{\partial x}+\nu\left(\dfrac{\partial^2 u_x}{\partial x^2}+\dfrac{\partial^2 u_x}{\partial y^2}+\dfrac{\partial^2 u_x}{\partial z^2}\right)=\dfrac{\mathrm{d}u_x}{\mathrm{d}t}$

$\qquad\qquad\qquad Y-\dfrac{1}{\rho}\dfrac{\partial p}{\partial y}+\nu\left(\dfrac{\partial^2 u_y}{\partial x^2}+\dfrac{\partial^2 u_y}{\partial y^2}+\dfrac{\partial^2 u_y}{\partial z^2}\right)=\dfrac{\mathrm{d}u_y}{\mathrm{d}t}$

$\qquad\qquad\qquad Z-\dfrac{1}{\rho}\dfrac{\partial p}{\partial z}+\nu\left(\dfrac{\partial^2 u_z}{\partial x^2}+\dfrac{\partial^2 u_z}{\partial y^2}+\dfrac{\partial^2 u_z}{\partial z^2}\right)=\dfrac{\mathrm{d}u_z}{\mathrm{d}t}$

实际流体总流的伯努利方程：$z_1+\dfrac{p_1}{\gamma}+\dfrac{\alpha_1 v_1^2}{2g}=z_2+\dfrac{p_2}{\gamma}+\dfrac{\alpha_2 v_2^2}{2g}+h_\mathrm{w}$

毕托管测速：$u_1=\sqrt{2g\Delta h\dfrac{\rho_1-\rho}{\rho}}$

文丘里管测速：$v_1=\dfrac{1}{\sqrt{\dfrac{d_1^4}{d_2^4}-1}}\sqrt{2g\Delta h}$

动量方程：$F_x=\rho Q(v_{2x}-v_{1x})$

$\qquad\qquad F_y=\rho Q(v_{2y}-v_{1y})$

$\qquad\qquad F_z=\rho Q(v_{2z}-v_{1z})$

液流对弯管壁的作用力：

$$R_x=p_1 A_1-p_2 A_2\cos\theta-\rho Q(v_2\cos\theta-v_1)$$

$$R_z=p_2 A_2\sin\theta+G+\rho Q v_2\sin\theta$$

$$R=\sqrt{R_x^2+R_z^2},\quad \alpha=\arctan\dfrac{R_z}{R_x}$$

射流对固体壁的冲击力：$R'=-\rho A_0 v_0^2\sin\theta$

射流的反推力：$F_x=-\rho A v^2$

在工程实践中,运动流体的问题远比静止的问题多。本章主要讨论流体运动规律及流体运动与力的关系等基本问题。

实际流体是具有黏性的,静止时可以不考虑其黏性,但运动流体中质点间存在相对运动,因此除考虑质量力和压力作用外,还要考虑黏性摩擦力的作用。但是为了使问题简化,可以先从理想流体着手建立基本方程,然后再根据实际流体的条件对理想流体基本方程进行修正。在推导基本方程之前,先分析有关流体运动学的某些基本概念。

3.1 流体运动的基本概念

3.1.1 研究流体运动的两种方法

在流体力学中根据着眼点不同,研究流体运动有两种不同的方法:拉格朗日(Lagrange)法和欧拉(Euler)法。拉格朗日法着眼于流动空间内每一流体质点的运动轨迹以及运动参数(速度、压强、加速度等)随时间的变化,综合所有流体质点的运动,得到整个流体的运动规律。由于流体质点运动轨迹极为复杂,数学处理上也存在较大困难,所以拉格朗日法只限于研究流体的少数特殊情况(如波动和振荡),而在一般情况下很少采用。

欧拉法的着眼点不是个别流体质点,而是流场中固定的坐标点,即研究流体质点通过空间固定点时运动参数随时间变化的规律,综合流场中所有点的运动参数变化情况,得到整个流体的运动规律。例如在某一时刻,流场中各空间点上流体质点的速度一般来说其大小和方向是不相同的,因此速度是空间坐标(x、y、z)的函数;此外,在不同时刻流体通过同一空间点的速度也可以是不相同的,这样速度又是时间 t 的函数。因此,运动速度应是 x、y、z 和 t 四个自变量的连续函数,即

$$\left.\begin{aligned}u_x &= u_x(x,y,z,t)\\u_y &= u_y(x,y,z,t)\\u_z &= u_z(x,y,z,t)\end{aligned}\right\} \tag{3.1}$$

$$u=\sqrt{u_x^2+u_y^2+u_z^2} \tag{3.2}$$

同理,其他运动状态参数,如压强 p 也可以表示为

$$p=p(x,y,z,t) \tag{3.3}$$

根据复合函数的求导法则,流体运动的加速度可以表示为

$$\left.\begin{aligned}a_x &= \frac{\mathrm{d}u_x}{\mathrm{d}t}=\frac{\partial u_x}{\partial t}+\frac{\partial u_x}{\partial x}\frac{\mathrm{d}x}{\mathrm{d}t}+\frac{\partial u_x}{\partial y}\frac{\mathrm{d}y}{\mathrm{d}t}+\frac{\partial u_x}{\partial z}\frac{\mathrm{d}z}{\mathrm{d}t}\\a_y &= \frac{\mathrm{d}u_y}{\mathrm{d}t}=\frac{\partial u_y}{\partial t}+\frac{\partial u_y}{\partial x}\frac{\mathrm{d}x}{\mathrm{d}t}+\frac{\partial u_y}{\partial y}\frac{\mathrm{d}y}{\mathrm{d}t}+\frac{\partial u_y}{\partial z}\frac{\mathrm{d}z}{\mathrm{d}t}\\a_z &= \frac{\mathrm{d}u_z}{\mathrm{d}t}=\frac{\partial u_z}{\partial t}+\frac{\partial u_z}{\partial x}\frac{\mathrm{d}x}{\mathrm{d}t}+\frac{\partial u_z}{\partial y}\frac{\mathrm{d}y}{\mathrm{d}t}+\frac{\partial u_z}{\partial z}\frac{\mathrm{d}z}{\mathrm{d}t}\end{aligned}\right\} \tag{3.4}$$

或

$$a_x = \frac{\mathrm{d}u_x}{\mathrm{d}t} = \frac{\partial u_x}{\partial t} + u_x\frac{\partial u_x}{\partial x} + u_y\frac{\partial u_x}{\partial y} + u_z\frac{\partial u_x}{\partial z}$$

$$a_y = \frac{\mathrm{d}u_y}{\mathrm{d}t} = \frac{\partial u_y}{\partial t} + u_x\frac{\partial u_y}{\partial x} + u_y\frac{\partial u_y}{\partial y} + u_z\frac{\partial u_y}{\partial z} \qquad (3.5)$$

$$a_z = \frac{\mathrm{d}u_z}{\mathrm{d}t} = \frac{\partial u_z}{\partial t} + u_x\frac{\partial u_z}{\partial x} + u_y\frac{\partial u_z}{\partial y} + u_z\frac{\partial u_z}{\partial z}$$

式(3.4)和式(3.5)中偏导数 $\frac{\partial u_x}{\partial t}$、$\frac{\partial u_y}{\partial t}$、$\frac{\partial u_z}{\partial t}$ 等表示通过空间固定点的流体质点速度随时间的变化率,称当地加速度(或时变加速度);而 $\frac{\partial u_x}{\partial x}$、$\frac{\partial u_x}{\partial y}$、$\frac{\partial u_x}{\partial z}$ 等表示同一瞬间流体质点速度随空间坐标的变化率,称迁移加速度(或位变加速度)。

3.1.2　稳定流与非稳定流

如果流体经过流场内空间各点的运动参数不随时间而改变,则这种流动称为稳定流;反之,若运动参数随时间而改变,则称为非稳定流。恒定水位的孔口出流就是稳定流的实例,如图 3.1(a)所示,此时孔口处的流速和压力不随时间变化,流体经孔口出流后为一束形状不变的射流;变水位的孔口出流是非稳定流的实例,如图 3.1(b)所示。

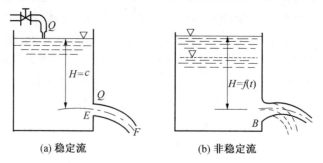

(a) 稳定流　　　　　　　　　(b) 非稳定流

图 3.1　稳定流与非稳定流

对于非稳定流,流场中速度和压强分布可表示为

$$u = u(x, y, z, t) \qquad (3.6)$$

$$p = p(x, y, z, t) \qquad (3.7)$$

对于稳定流,上述参数可表示为

$$u = u(x, y, z) \qquad (3.8)$$

$$p = p(x, y, z) \qquad (3.9)$$

所以稳定流的数学条件是

$$\frac{\partial u}{\partial t} = 0, \qquad \frac{\partial p}{\partial t} = 0 \qquad (3.10)$$

研究流体运动时,稳定流有特别重要的意义。因为在实际问题中,很多情况同稳定流比较接近。因此,在分析中把它们按稳定流来处理就会使问题得到简化并容易解决。如容器截面较大、孔口较小,即使没有充水和溢流装置保持水位恒定,其水位的下降也是相当缓慢的,这时按稳定流处理则误差不会很大。本书讨论的流体动力学原理,主要是针对

稳定流的。

3.1.3　迹线和流线

迹线是流场中某一流体质点在某一过程中的运动轨迹。迹线上各点的切线表示某一质点在不同位置上的流动方向。它是拉格朗日法描述流体运动的几何基础。

流线是某一瞬时在流场中连续的不同位置上各质点的流动方向线。它是欧拉法描述流体运动的几何基础。

如图 3.2 所示,设在某一时刻 t_0,取流场中某一质点 1,作出其速度矢量 $\boldsymbol{u}_1$。同时在沿矢量 $\boldsymbol{u}_1$ 的方向与点 1 相距微小距离的点 2 上作出另一质点的速度矢量 $\boldsymbol{u}_2$,再沿 $\boldsymbol{u}_2$ 的方向与点 2 相距微小距离的点 3 作出速度矢量 $\boldsymbol{u}_3$,如此继续下去,便能画出其他相邻各点的速度矢量,得到 1234… 一条折线。当这个微小距离接近无限小时,这条折线就成

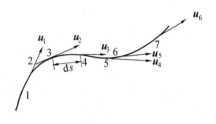

图 3.2　流线

了连续的光滑曲线,即称为 t_0 时刻的流线。由此看出流线的定义为:流场中某一瞬间的一条空间曲线,在该线上各流体质点所具有的速度方向与曲线上各点的切线方向重合。在流场中,同一时刻可以作出无数条流线,这些流线代表着这个时刻流体运动的图像和运动方向。

在稳定流中,因各点速度不随时间而变化,故流线形状不随时间而变化,流体质点必沿某一确定的流线运动,此时流线与迹线重合。在非稳定流中,流线的位置和形状随时间而变化,因此流线与迹线不重合。

在某一时刻,通过流场中的某一点只能作出一条流线。流线不能转折,也不能相交,否则转折点和相交点速度不唯一,这是不可能的。

图 3.3 所示为三种不同边界条件下的流体流动图,也称"流线谱"。图 3.3(a)是闸门下液体出流时的流线分布;图 3.3(b)是经突然放大时的流线分布;图 3.3(c)是绕球体运动的流线分布。由图可知,当固体边界渐变时,固体边界是流体运动的边界线,即流体沿边界流动;若边界突然变化,流体由于惯性作用主流会脱离边界,在边界与主流间形成旋涡区,这时固体边界就不是边界流线了。另外,在流线分布密集处流速大,在流线分布稀疏处流速小。因此,流线分布的疏密程度就表示了流体运动的快慢程度。

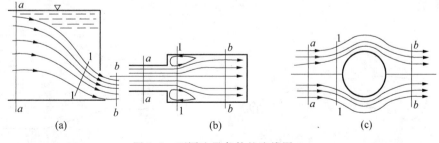

图 3.3　不同边界条件的流线图

下面分析流线的微分方程。如图 3.2 所示,速度矢量 $\boldsymbol{u}$ 表示流线 s 上任一点的流速,

它在坐标 x、y、z 方向的分量分别为 u_x、u_y 和 u_z，沿速度矢量的方向取流线上一微小位移 $\mathrm{d}s$，由于它与速度矢量是重合的，故有

$$\left.\begin{aligned}
\cos\theta_x &= \frac{\mathrm{d}x}{\mathrm{d}s} = \frac{\mathrm{d}x/\mathrm{d}t}{\mathrm{d}s/\mathrm{d}t} = \frac{u_x}{u} \\
\cos\theta_y &= \frac{\mathrm{d}y}{\mathrm{d}s} = \frac{\mathrm{d}y/\mathrm{d}t}{\mathrm{d}s/\mathrm{d}t} = \frac{u_y}{u} \\
\cos\theta_z &= \frac{\mathrm{d}z}{\mathrm{d}s} = \frac{\mathrm{d}z/\mathrm{d}t}{\mathrm{d}s/\mathrm{d}t} = \frac{u_x}{u}
\end{aligned}\right\} \tag{3.11}$$

式中　$\theta_x,\theta_y,\theta_z$——速度矢量的方向角。

由式(3.11)，有

$$\frac{\mathrm{d}x}{u_x} = \frac{\mathrm{d}y}{u_y} = \frac{\mathrm{d}z}{u_z} \tag{3.12}$$

式(3.12)就是空间直角坐标系的流线微分方程。对于极坐标，根据流线上某点的切线和该点的速度矢量相重合的条件，可知切线速度分量(u_θ)与径向速度分量(u_r)之比和微小弧长的切线分量($r\mathrm{d}\theta$)与径向分量($\mathrm{d}r$)之比相等，即

$$\frac{u_\theta}{u_r} = \frac{r\mathrm{d}\theta}{\mathrm{d}r} \tag{3.13}$$

于是可得极坐标的流线微分方程为

$$r\frac{\mathrm{d}\theta}{u_\theta} = \frac{\mathrm{d}r}{u_r} \tag{3.14}$$

3.1.4　流管与流束

在流场中任取一条不与流线重合的封闭曲线，如图 3.4 所示，过封闭曲线的每一点作流线，这些流线将形成一个管状表面，称为流管。稳定流动时，流管的形状是不变的，由于流管是由流线组成的，所以流体质点不能穿过流管而流动。

流管内部的流体构成流束，它在管内有其自身的许多流线，所以流管是流束的表面。在流束内，与流线正交的面称为有效断面（或过水断面），如图 3.5 所示。有效断面面积为微小面积 $\mathrm{d}A$ 的流束称为微小流束。无限多微小流束所组成的总的流束称为总流。流线互相平行时，流束的有效断面是平面，如图 3.5 中的有效断面 1—1 和 3—3；流线不平行时，流束的有效断面是曲面，如图 3.5 中的有效断面 2—2。在微小流束的有效断面上，各点的运动参数可以是相等的，这样就可以运用数学积分的方法求出相应的总有效断面的运动参数。

图 3.4　流管

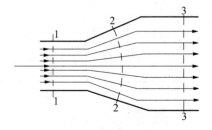

图 3.5　有效断面

3.1.5　流量和平均速度

单位时间内流过有效断面的流体的量称为流量。若流体的量以质量计算,则称为质量流量;以体积计算,称为体积流量,流体为液体时流量常用体积流量表示。由于在微小流束的有效断面 dA 上的流速 u 相同,则其体积流量为

$$dQ = udA \tag{3.15}$$

总流的体积流量为

$$Q = \int_Q dQ = \int_A u\,dA \tag{3.16}$$

由于实际流体具有黏性,因此任一有效断面上各点的速度大小不等。由实验可知,总有效断面上的速度分布呈曲线,如图 3.6 所示。为了计算流量方便,根据流量相等的原则,引入平均速度的概念,由于

$$Q = \int_A u\,dA = v\int_A dA \tag{3.17}$$

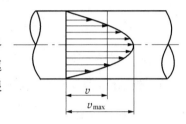

图 3.6　有效断面上流速分布

则平均速度为

$$v = \frac{\int_A u\,dA}{\int_A dA} = \frac{Q}{A} \tag{3.18}$$

工程上所指的管道中流体的流速,就是这个断面的平均速度。

3.2　连续性方程

运动流体的连续性是指流体充满它所占据的空间(即流场),并不出现任何形式的空洞或裂隙。连续性方程是物理学上质量守恒定律在流体运动学内的数学表达式。一切有物理意义的合理流动都必须遵守连续性原理。

3.2.1　直角坐标系的连续性方程

在流场中任取一微小平行六面体,其边长分别为 dx、dy、dz,如图 3.7 所示。设顶点 A 的流体速度为 u,它在坐标轴上的分量为 u_x、u_y、u_z,则单位时间内沿 x 方向从左侧面流入六面体的流体质量为

$$\rho u_x dy dz$$

从右侧面流出六面体的流体质量为

$$\left(\rho + \frac{\partial \rho}{\partial x}dx\right)\left(u_x + \frac{\partial u_x}{\partial x}dx\right)dy dz$$

则在 dt 时间内,沿 x 轴流入、流出六面体的流体质量差为

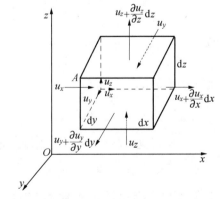

图 3.7　微小平行六面体

$$dM_x = \rho u_x \mathrm{d}y\mathrm{d}z\mathrm{d}t - \left(\rho + \frac{\partial \rho}{\partial x}\mathrm{d}x\right)\left(u_x + \frac{\partial u_x}{\partial x}\mathrm{d}x\right)\mathrm{d}y\mathrm{d}z\mathrm{d}t = -\frac{\partial(\rho u_x)}{\partial x}\mathrm{d}x\mathrm{d}y\mathrm{d}z\mathrm{d}t \tag{3.19}$$

同理,在 $\mathrm{d}t$ 时间内,沿 y 轴和 z 轴流入、流出六面体的流体质量差为

$$dM_y = -\frac{\partial(\rho u_y)}{\partial y}\mathrm{d}x\mathrm{d}y\mathrm{d}z\mathrm{d}t \tag{3.20}$$

$$dM_z = -\frac{\partial(\rho u_z)}{\partial z}\mathrm{d}x\mathrm{d}y\mathrm{d}z\mathrm{d}t \tag{3.21}$$

于是,$\mathrm{d}t$ 时间内流入与流出微小六面体空间的流体质量差为

$$dM = dM_x + dM_y + dM_z = -\left[\frac{\partial(\rho u_x)}{\partial x} + \frac{\partial(\rho u_y)}{\partial y} + \frac{\partial(\rho u_z)}{\partial z}\right]\mathrm{d}x\mathrm{d}y\mathrm{d}z\mathrm{d}t \tag{3.22}$$

根据质量守恒定律,单位时间内流入、流出六面体的质量差值,必然会引起六面体内流体密度的变化。假设 t 时刻流体的密度为 ρ,$t + \mathrm{d}t$ 时刻流体的密度则为 $\rho + \frac{\partial \rho}{\partial t}\mathrm{d}t$,那么 $\mathrm{d}t$ 时间内,六面体内流体的质量改变量为

$$dM' = \left(\rho + \frac{\partial \rho}{\partial t}\mathrm{d}t\right)\mathrm{d}x\mathrm{d}y\mathrm{d}z - \rho\mathrm{d}x\mathrm{d}y\mathrm{d}z = \frac{\partial \rho}{\partial t}\mathrm{d}x\mathrm{d}y\mathrm{d}z\mathrm{d}t \tag{3.23}$$

由连续性原理

$$dM = dM' \tag{3.24}$$

将式(3.22)和式(3.23)代入式(3.24),化简得

$$\frac{\partial \rho}{\partial t} + \frac{\partial(\rho u_x)}{\partial x} + \frac{\partial(\rho u_y)}{\partial y} + \frac{\partial(\rho u_z)}{\partial z} = 0 \tag{3.25}$$

这就是流体的连续性方程。应用哈密顿算子 $\nabla = \frac{\partial}{\partial x} + \frac{\partial}{\partial y} + \frac{\partial}{\partial z}$,并使用矢量符号 $\boldsymbol{u}$,可将式(3.25)简化为

$$\frac{\partial \rho}{\partial t} + \nabla(\rho\boldsymbol{u}) = 0 \tag{3.26}$$

对于不可压缩流体(稳定流或非稳定流),$\rho = c$(常数),式(3.26)化为

$$\frac{\partial u_x}{\partial x} + \frac{\partial u_y}{\partial y} + \frac{\partial u_z}{\partial z} = 0 \tag{3.27}$$

或

$$\nabla\boldsymbol{u} = 0 \tag{3.28}$$

对于二维流动

$$\frac{\partial u_x}{\partial x} + \frac{\partial u_y}{\partial y} = 0 \tag{3.29}$$

由此可见,表示不可压缩流体质点速度分量的三个函数不是可以任意写出的,它们必须满足连续性方程。

3.2.2 一维总流的连续性方程

工程中一维流动也比较常见,下面讨论一维流动的连续性方程。设有微小流束的两个不同的有效断面面积分别为 $\mathrm{d}A_1$ 和 $\mathrm{d}A_2$,相应的速度分别为 u_1 和 u_2,密度分别为 ρ_1 和

ρ_2，如图 3.8 所示。若以可压缩流体稳定流动来考虑，微小流束的形状不随时间改变，没有流体自流束表面流入与流出。根据质量守恒定律，在 dt 时间内流入与流出微小流束的流体质量差值为零，即

$$dM = \rho_1 u_1 dA_1 dt - \rho_2 u_2 dA_2 dt = 0 \quad (3.30)$$

则有

$$\rho_1 u_1 dA_1 = \rho_2 u_2 dA_2 \quad (3.31)$$

将上式对相应的有效断面进行积分，得

$$\int_{A_1} \rho_1 u_1 dA_1 = \int_{A_2} \rho_2 u_2 dA_2 \quad (3.32)$$

引用式(3.18)，上式可写成

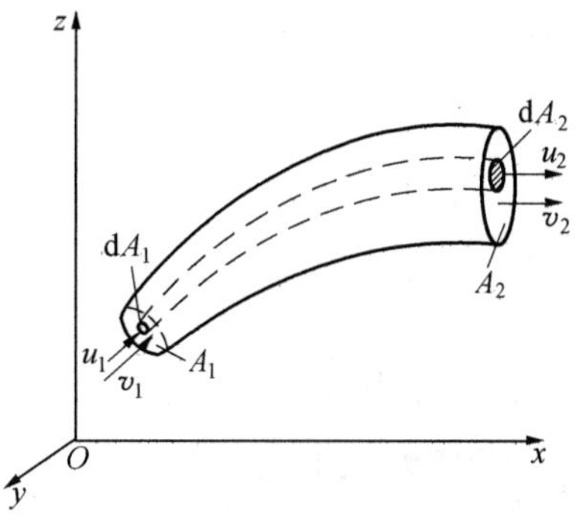

$$\rho_{1m} v_1 A_1 = \rho_{2m} v_2 A_2 \quad (3.33)$$

式中　ρ_{1m}, ρ_{2m}——断面 1、2 上流体的平均密度。

对于不可压缩流体，ρ 为常数，则有

$$v_1 A_1 = v_2 A_2 \quad (3.34)$$

或

$$\frac{v_1}{v_2} = \frac{A_2}{A_1} \quad (3.35)$$

图 3.8　微小流束和一维总流

式(3.35)表明，一维总流在不可压缩流体稳定流动条件下，沿流程体积流量保持不变，各有效断面中平均速度与有效断面面积成反比，即断面大流速小，断面小流速度大。这是不可压缩流体运动的一个基本规律。救火用的水龙头喷嘴、采矿用的水枪喷嘴都是利用这一规律，通过缩小有效断面而获得高速水流的。

【例 3.1】　一化铁炉的送风系统如图 3.9 所示。将风量 $Q = 50$ m³/min 的冷空气经风机送入冷风管(0 ℃时空气密度为 $\rho_{1m} = 1.293$ kg/m³)，再经密筋炉胆换热器被炉气加热，使空气预热至 $T = 250$ ℃。然后，经热风管送至风箱中。若冷风管和热风管的内径相等，即 $d_1 = d_2 = 300$ mm，试计算两管实际风速 v_1 及 v_2。

解　因冷风经炉胆预热，到热风管时空气密度有了变化(此处由于压力变化引起的密度变化不大，可以忽略不计)。因此，在确定风速时，应根据可压缩流体的连续方程式(3.33)计算，即

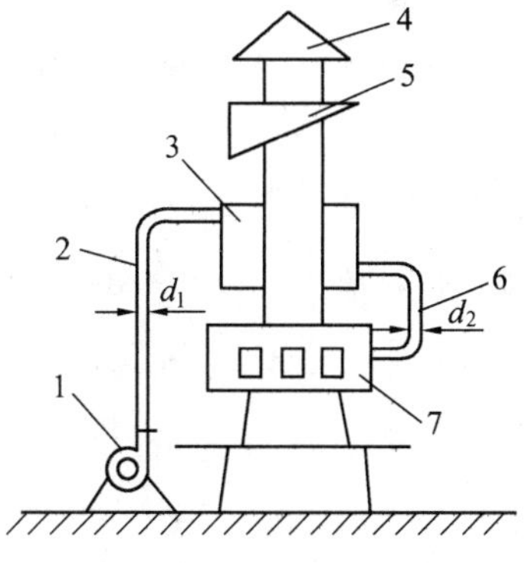

$$\rho_{1m} v_1 A_1 = \rho_{2m} v_2 A_2$$

因此

图 3.9　化铁炉送风系统

1—风机；2—冷风管；3—换热器；4—烟囱帽；
5—除尘器；6—热风管；7—风箱

$$v_1 = \frac{Q}{A} = \frac{\dfrac{50}{60}}{\dfrac{\pi}{4} \times 0.3^2} = 11.8 \ (\text{m/s})$$

再由气体密度与体胀系数 α_V 及温度 T 的关系，求 250 ℃温度时相应的空气密度 ρ_{2m}，

即

$$\rho_{2m} = \frac{\rho_{1m}}{1+\alpha_V T} = \frac{1.293}{1+\frac{250}{273}} = 0.674 \ (\text{kg/m}^3)$$

因此

$$v_2 = \frac{\rho_{1m}v_1 A_1}{\rho_{2m}A_2} = \frac{1.293 \times 11.8}{0.674} = 22.6 \ (\text{m/s})$$

以上结果表明,由于温度 T 的改变,热风的流速 v_2 为标准状态下(0 ℃,98.06 kPa,即 1 at)流速 v_1 的 $(1+\alpha_V T)$ 倍,即 $v_2 = (1+\alpha_V T)v_1$。(体胀系数 $\alpha_V = 1/273 \ ℃^{-1}$)

【例 3.2】 已知空气流动速度场为 $u_x = 6(x+y^2)$,$u_y = 2y+z^3$,$u_z = x+y+4z$,试分析这种流动状况是否连续?

解 因为 $\frac{\partial u_x}{\partial x} = 6$,$\frac{\partial u_y}{\partial y} = 2$,$\frac{\partial u_z}{\partial z} = 4$,故 $\frac{\partial u_x}{\partial x} + \frac{\partial u_y}{\partial y} + \frac{\partial u_z}{\partial z} = 12 \neq 0$,根据式(3.27)可以说明空气的流动是不连续的。

3.3 理想流体的运动微分方程——欧拉方程

本节讨论理想流体运动与力的关系,即根据牛顿第二定律(动量守恒定律)建立动力学方程。理想流体不考虑切向的黏性摩擦力的作用,因此,作用在流体表面上的力只有垂直于受力面并指向内法线方向的压力。

在运动的理想流体中,任取一微小平行六面体,如图 3.10 所示。其边长分别为 dx、dy、dz,平均密度为 ρ,顶点 A 处的压强为 p,流速沿各坐标轴的分量分别为 u_x、u_y、u_z。因各表面面积很小,可以认为其上压强均匀分布,则左侧面上的压强为 p,右侧面上的压强为 $p+\frac{\partial p}{\partial x}dx$。流体的单位质量力在 x 轴上的分量为 X,则微小六面体的质量力在 x 轴上的分量为

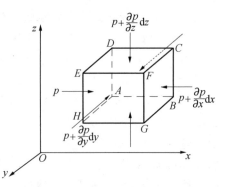

图 3.10 理想流体微小平行六面体

$$F_x = X\rho dxdydz \qquad (3.36)$$

根据牛顿第二定律 $F = ma$,在 x 轴上可得

$$X\rho dxdydz + pdydz - \left(p+\frac{\partial p}{\partial x}dx\right)dydz = \rho dxdydz \frac{du_x}{dt} \qquad (3.37)$$

等式两边除以微小六面体的质量 $\rho dxdydz$,可得

$$X - \frac{1}{\rho}\frac{\partial p}{\partial x} = \frac{du_x}{dt} \qquad (3.38a)$$

同理可得

$$Y - \frac{1}{\rho}\frac{\partial p}{\partial y} = \frac{du_y}{dt} \qquad (3.38b)$$

$$Z - \frac{1}{\rho}\frac{\partial p}{\partial z} = \frac{\mathrm{d}u_z}{\mathrm{d}t} \tag{3.38c}$$

若用矢量表示，则为

$$W - \frac{1}{\rho}\nabla p = \frac{\mathrm{D}\boldsymbol{u}}{\mathrm{D}t} \tag{3.39}$$

式中　W——质量力，$W = iX + jY + kZ$；

　　　∇p——压强梯度；

　　　$\dfrac{\mathrm{D}\boldsymbol{u}}{\mathrm{D}t}$——实质导数，即加速度，在 x 轴上 $\dfrac{\mathrm{D}u_x}{\mathrm{D}t} = \dfrac{\partial u_x}{\partial t} + u_x\dfrac{\partial u_x}{\partial x} + u_y\dfrac{\partial u_x}{\partial y} + u_z\dfrac{\partial u_x}{\partial z} = a_x$，

　　　即式(3.5)。

　　式(3.38a)、式(3.38b)、式(3.38c)及式(3.39)就是理想流体的运动微分方程，是1755 年由欧拉首先提出的，又称欧拉方程。它表示了理想流体所受的外力和运动的关系，是流体动力学中一个重要的方程。

　　当 $u_x = u_y = u_z = 0$ 时，说明流体运动状态没有改变，可得欧拉平衡微分方程式(2.14)，所以平衡方程只是运动方程的特例。

　　若考虑到加速度可以表示为时变加速度和位变加速度之和，将式(3.5)代入式(3.38a)、式(3.38b)、式(3.38c)可得

$$\left.\begin{aligned}
X - \frac{1}{\rho}\frac{\partial p}{\partial x} &= \frac{\partial u_x}{\partial t} + u_x\frac{\partial u_x}{\partial x} + u_y\frac{\partial u_x}{\partial y} + u_z\frac{\partial u_x}{\partial z} \\
Y - \frac{1}{\rho}\frac{\partial p}{\partial y} &= \frac{\partial u_y}{\partial t} + u_x\frac{\partial u_y}{\partial x} + u_y\frac{\partial u_y}{\partial y} + u_z\frac{\partial u_y}{\partial z} \\
Z - \frac{1}{\rho}\frac{\partial p}{\partial z} &= \frac{\partial u_z}{\partial t} + u_x\frac{\partial u_z}{\partial x} + u_y\frac{\partial u_z}{\partial y} + u_z\frac{\partial u_z}{\partial z}
\end{aligned}\right\} \tag{3.40}$$

　　这是比式(3.38a)、(3.38b)、(3.38c)更为详细的欧拉运动方程。方程中包含了以 x、y、z 和 t 为独立变量的四个未知数 u_x、u_y、u_z 和 p，再补充上连续性方程，共有四个方程，从理论上讲是可以求解的。

3.4　实际流体的运动微分方程——纳维尔－斯托克斯方程

　　实际流体的运动微分方程可以仿照欧拉运动微分方程去推导，不同之处在于实际流体具有黏性，因此作用于微小六面体各个表面上的力，不仅是法向应力 p，还有切向应力 τ。与顶点 A 相邻的三个面上的应力分布如图 3.11 所示。应力中的第一个角标表示作用面的外法线方向，第二角标表示该应力的作用方向，并假定所有法向应力 p_{xx}、p_{yy}、p_{zz} 都取外法线方向为正。另三个面上的应力可以通过把对应面上的对应应力按泰勒级数展开，略去二阶以上的无穷小量而得到。为简明起见，只画出微小六面体在 x 方向所受到

的应力,如图 3.12 所示。

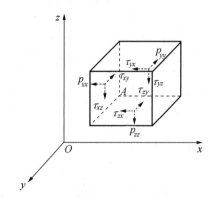

图 3.11　实际流体微小平行六面体

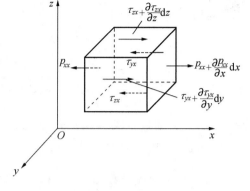

图 3.12　微小六面体在 x 方向受力分析

在 x 方向应用牛顿第二定律可得

$$X\rho\mathrm{d}x\mathrm{d}y\mathrm{d}z+\frac{\partial p_{xx}}{\partial x}\mathrm{d}x\mathrm{d}y\mathrm{d}z+\frac{\partial\tau_{yx}}{\partial y}\mathrm{d}y\mathrm{d}x\mathrm{d}z+\frac{\partial\tau_{zx}}{\partial z}\mathrm{d}z\mathrm{d}x\mathrm{d}y=\rho\frac{\mathrm{d}u_x}{\mathrm{d}t}\mathrm{d}x\mathrm{d}y\mathrm{d}z \qquad (3.41)$$

等式两边同时除以 $\mathrm{d}x\mathrm{d}y\mathrm{d}z$,得

$$\rho X+\left(\frac{\partial p_{xx}}{\partial x}+\frac{\partial\tau_{yx}}{\partial y}+\frac{\partial\tau_{zx}}{\partial z}\right)=\rho\frac{\mathrm{d}u_x}{\mathrm{d}t} \qquad (3.42)$$

考虑到流体直线变形会产生附加法向应力,其方向与直线变形方向相反,大小为动力黏度与直线变形速度乘积的两倍,于是有

$$p_{xx}=-p+2\mu\frac{\partial u_x}{\partial x} \qquad (3.43)$$

另外,切应力与变形速度有关,即

$$\left. \begin{aligned} \tau_{xy}=\tau_{yx}=\mu\left(\frac{\partial u_y}{\partial x}+\frac{\partial u_x}{\partial y}\right) \\ \tau_{xz}=\tau_{zx}=\mu\left(\frac{\partial u_z}{\partial x}+\frac{\partial u_x}{\partial z}\right) \end{aligned} \right\} \qquad (3.44)$$

将式(3.44)和式(3.43)代入式(3.42)中,可得

$$\rho X-\frac{\partial p}{\partial x}+\mu\left(\frac{\partial^2 u_x}{\partial x^2}+\frac{\partial^2 u_x}{\partial y^2}+\frac{\partial^2 u_x}{\partial z^2}\right)+\mu\frac{\partial}{\partial x}\left(\frac{\partial u_x}{\partial x}+\frac{\partial u_y}{\partial y}+\frac{\partial u_z}{\partial z}\right)=\rho\frac{\mathrm{d}u_x}{\mathrm{d}t} \qquad (3.45)$$

对于不可压缩流体,根据连续性方程,上式等号左侧最后一项为零,两端同时除以 ρ,并以 $\nu=\dfrac{\mu}{\rho}$ 代入,则

$$X-\frac{1}{\rho}\frac{\partial p}{\partial x}+\nu\left(\frac{\partial^2 u_x}{\partial x^2}+\frac{\partial^2 u_x}{\partial y^2}+\frac{\partial^2 u_x}{\partial z^2}\right)=\frac{\mathrm{d}u_x}{\mathrm{d}t} \qquad (3.46\mathrm{a})$$

同理

$$Y-\frac{1}{\rho}\frac{\partial p}{\partial y}+\nu\left(\frac{\partial^2 u_y}{\partial x^2}+\frac{\partial^2 u_y}{\partial y^2}+\frac{\partial^2 u_y}{\partial z^2}\right)=\frac{\mathrm{d}u_y}{\mathrm{d}t} \qquad (3.46\mathrm{b})$$

$$Z-\frac{1}{\rho}\frac{\partial p}{\partial z}+\nu\left(\frac{\partial^2 u_z}{\partial x^2}+\frac{\partial^2 u_z}{\partial y^2}+\frac{\partial^2 u_z}{\partial z^2}\right)=\frac{\mathrm{d}u_z}{\mathrm{d}t} \qquad (3.46\mathrm{c})$$

应用拉普拉斯运算子 $\nabla^2 = \dfrac{\partial^2}{\partial x^2} + \dfrac{\partial^2}{\partial y^2} + \dfrac{\partial^2}{\partial z^2}$，并用实质导数符号 $\dfrac{\mathrm{D}\boldsymbol{u}}{\mathrm{D}t}$ 表示 $\boldsymbol{u}$ 对 t 的三个导数，则式(3.46a)～(3.46c)可改写为

$$
\left.
\begin{aligned}
X - \frac{1}{\rho}\frac{\partial p}{\partial x} + \nu\,\nabla^2 u_x &= \frac{\mathrm{d}u_x}{\mathrm{d}t} \\[2mm]
Y - \frac{1}{\rho}\frac{\partial p}{\partial y} + \nu\,\nabla^2 u_y &= \frac{\mathrm{d}u_y}{\mathrm{d}t} \\[2mm]
Z - \frac{1}{\rho}\frac{\partial p}{\partial z} + \nu\,\nabla^2 u_z &= \frac{\mathrm{d}u_z}{\mathrm{d}t}
\end{aligned}
\right\}
\tag{3.47}
$$

或

$$
\boldsymbol{W} - \frac{1}{\rho}\nabla p + \nu\,\nabla^2 \boldsymbol{u} = \frac{\mathrm{D}\boldsymbol{u}}{\mathrm{D}t}
$$

这就是实际不可压缩流体的运动微分方程式，是由法国的纳维尔(Navier)和英国的斯托克斯(Stokes)于 1826 年和 1847 年先后提出的，故又称纳维尔－斯托克斯方程式(也称 N－S 方程)。该式表明，实际流体在运动过程中所受的质量力、压力、黏性力与运动惯性力是平衡的。

3.5　理想流体和实际流体的伯努利方程

3.5.1　理想流体沿流线的伯努利方程

理想流体运动微分方程只能在下述特定条件下进行积分。

(1)质量力是定常而有势的，即

$$
X = \frac{\partial W}{\partial x}, \quad Y = \frac{\partial W}{\partial y}, \quad Z = \frac{\partial W}{\partial z}
$$

所以，势函数 $W = f(x, y, z)$ 的全微分是

$$
\mathrm{d}W = \frac{\partial W}{\partial x}\mathrm{d}x + \frac{\partial W}{\partial y}\mathrm{d}y + \frac{\partial W}{\partial z}\mathrm{d}z
$$

(2)流体是不可压缩的，即 ρ＝常数。

(3)流体运动是稳定的，即

$$
\frac{\partial p}{\partial t} = 0, \quad \frac{\partial u_x}{\partial t} = \frac{\partial u_y}{\partial t} = \frac{\partial u_z}{\partial t} = 0
$$

而且流线与迹线重和，即对流线来说，符合

$$
\mathrm{d}x = u_x \mathrm{d}t, \quad \mathrm{d}y = u_y \mathrm{d}t, \quad \mathrm{d}z = u_z \mathrm{d}t
$$

在满足上述条件的情况下，将式(3.38a)～(3.38c)中的各个方程，对应乘以 $\mathrm{d}x$、$\mathrm{d}y$、$\mathrm{d}z$，然后相加，得

$$
(X\mathrm{d}x + Y\mathrm{d}y + Z\mathrm{d}z) - \frac{1}{\rho}\left(\frac{\partial p}{\partial x}\mathrm{d}x + \frac{\partial p}{\partial y}\mathrm{d}y + \frac{\partial p}{\partial z}\mathrm{d}z\right) = \frac{\mathrm{d}u_x}{\mathrm{d}t}\mathrm{d}x + \frac{\mathrm{d}u_y}{\mathrm{d}t}\mathrm{d}y + \frac{\mathrm{d}u_z}{\mathrm{d}t}\mathrm{d}z \tag{3.48}
$$

上式左侧第一项等于势函数 W 的全微分 $\mathrm{d}W$，第二项等于 $\dfrac{1}{\rho}\mathrm{d}p$。因为在稳定流中流线与

迹线重合,故右侧的三项之和为

$$\frac{\mathrm{d}u_x}{\mathrm{d}t}\mathrm{d}x + \frac{\mathrm{d}u_y}{\mathrm{d}t}\mathrm{d}y + \frac{\mathrm{d}u_z}{\mathrm{d}t}\mathrm{d}z = \frac{\mathrm{d}u_x}{\mathrm{d}t}u_x\mathrm{d}t + \frac{\mathrm{d}u_y}{\mathrm{d}t}u_y\mathrm{d}t + \frac{\mathrm{d}u_z}{\mathrm{d}t}u_z\mathrm{d}t$$

$$= u_x\mathrm{d}u_x + u_y\mathrm{d}u_y + u_z\mathrm{d}u_z = \frac{1}{2}\mathrm{d}(u_x^2 + u_y^2 + u_z^2) = \mathrm{d}\left(\frac{u^2}{2}\right)$$

将上述结果代入式(3.48),得

$$\mathrm{d}W - \frac{1}{\rho}\mathrm{d}p = \mathrm{d}\left(\frac{u^2}{2}\right) \tag{3.49}$$

式(3.49)就是单位质量流体所受的外力和运动关系的全微分方程。考虑到 ρ 为常数,式(3.49)可写为

$$\mathrm{d}\left(W - \frac{p}{\rho} - \frac{u^2}{2}\right) = 0 \tag{3.50}$$

沿流线将上式积分,得

$$W - \frac{p}{\rho} - \frac{u^2}{2} = c \tag{3.51}$$

式中 c——常数。

式(3.51)即理想流体运动微分方程的伯努利积分。它表明在有势质量力的作用下,不可压缩的理想流体稳定流动时,函数值 $W - \frac{p}{\rho} - \frac{u^2}{2}$ 沿流线是不变的。

若在同一流线上任取 1、2 两点,可得

$$W_1 - \frac{p_1}{\rho} - \frac{u_1^2}{2} = W_2 - \frac{p_2}{\rho} - \frac{u_2^2}{2} \tag{3.52}$$

当质量力仅为重力,即 $X=0, Y=0, Z=-g$ 时,则

$$W = -gz$$

将此值代入式(3.51),得

$$gz + \frac{p}{\rho} + \frac{u^2}{2} = c \tag{3.53}$$

或

$$z + \frac{p}{\gamma} + \frac{u^2}{2g} = c \tag{3.54}$$

仿照式(3.52),对处在同一流线上的任意 1、2 两点来说,也可将式(3.54)改写为

$$z_1 + \frac{p_1}{\gamma} + \frac{u_1^2}{2g} = z_2 + \frac{p_2}{\gamma} + \frac{u_2^2}{2g} \tag{3.55}$$

式(3.55)就是理想不可压缩流体在重力作用下沿流线(或微小流束)运动的伯努利方程,是伯努利在 1738 年发表的。

3.5.2 实际流体沿流线的伯努利方程

和讨论理想流体的伯努利方程一样,实际流体运动微分方程的积分问题仍在同样特定条件下进行讨论。式(3.47)经移项整理可得

$$\left.\begin{array}{l} \dfrac{\partial}{\partial x}\left(W-\dfrac{p}{\rho}-\dfrac{u^2}{2}\right)+\nu\,\nabla^2 u_x=0 \\[3mm] \dfrac{\partial}{\partial y}\left(W-\dfrac{p}{\rho}-\dfrac{u^2}{2}\right)+\nu\,\nabla^2 u_y=0 \\[3mm] \dfrac{\partial}{\partial z}\left(W-\dfrac{p}{\rho}-\dfrac{u^2}{2}\right)+\nu\,\nabla^2 u_z=0 \end{array}\right\} \tag{3.56}$$

将式(3.56)中的各个方程对应乘以 dx、dy、dz，然后相加，得

$$d\left(W-\frac{p}{\rho}-\frac{u^2}{2}\right)+\nu(\nabla^2 u_x\,dx+\nabla^2 u_y\,dy+\nabla^2 u_z\,dz)=0 \tag{3.57}$$

由式(3.57)可以看出，$\nu\,\nabla^2 u_x$、$\nu\,\nabla^2 u_y$、$\nu\,\nabla^2 u_z$ 项是单位质量实际流体所受切向应力在相应轴上的投影，所以上式中的第二项即为这些切向应力在流线微小长度 dl 上所做的功。因为这些由黏性产生的切向应力的合力总是与流体运动方向相反，故所做的功应为负功，因此可将上式中的第二项表示为

$$\nu(\nabla^2 u_x\,dx+\nabla^2 u_y\,dy+\nabla^2 u_z\,dz)=-dW_R \tag{3.58}$$

式中　W_R——阻力功。

将式(3.58)代入式(3.57)，得

$$d\left(W-\frac{p}{\rho}-\frac{u^2}{2}-W_R\right)=0$$

将上式沿流线积分，得

$$W-\frac{p}{\rho}-\frac{u^2}{2}-W_R=C \tag{3.59}$$

式(3.59)就是实际流体运动微分方程的伯努利积分。它表明在有势质量力的作用下，实际不可压缩流体稳定流动时，函数值 $W-\dfrac{p}{\rho}-\dfrac{u^2}{2}-W_R$ 是沿流线不变的。

若在同一流线上任取 1、2 两点，可得

$$W_1-\frac{p_1}{\rho}-\frac{u_1^2}{2}-W_{R1}=W_2-\frac{p_2}{\rho}-\frac{u_2^2}{2}-W_{R2} \tag{3.60}$$

当质量力仅为重力时，则

$$W_1=-gz_1,\quad W_2=-gz_2$$

代入式(3.60)，经整理得

$$gz_1+\frac{p_1}{\rho}+\frac{u_1^2}{2}=gz_2+\frac{p_2}{\rho}+\frac{u_2^2}{2}+(W_{R2}-W_{R1}) \tag{3.61}$$

式(3.61)中 $W_{R2}-W_{R1}$ 表示单位质量实际流体自点 1 运动到点 2 的过程中，内摩擦力所做的功，其值总是随流动路程的增加而增大。

令 $h'_w=\dfrac{1}{g}(W_{R2}-W_{R1})$ 表示单位质量的实际流体沿流线从点 1 到点 2 的过程中所接受的摩擦阻力功(或能量损失)，则式(3.61)写成

$$gz_1+\frac{p_1}{\rho}+\frac{u_1^2}{2}=gz_2+\frac{p_2}{\rho}+\frac{u_2^2}{2}+gh'_w$$

或

$$z_1 + \frac{p_1}{\gamma} + \frac{u_1^2}{2g} = z_2 + \frac{p_2}{\gamma} + \frac{u_2^2}{2g} + h'_w \qquad (3.62)$$

式(3.62)就是实际流体沿流线(或微小流束)流动的伯努利方程,其中 z 和 $\frac{p}{\gamma}$ 的意义已在流体静力学中做了说明。从能量和几何角度两方面来看,z 称为比位能或位置水头(简称位头);$\frac{p}{\gamma}$ 称为比压能或压强水头(简称压头);$z + \frac{p}{\gamma}$ 称为比势能或静水头。同样,$\frac{u^2}{2g}$ 是单位质量流体经过给定点时的动能,称为比动能,亦表示因其具有速度 u 可以向上自由喷射而能够达到的高度,又称为速度水头(简称速度头);h'_w 是单位质量流体在流动过程中所损耗的机械能,称为能量损失,又称为损失水头。理想流体流动和实际流体流动的几何意义如图3.13所示,所以可以这样来理解伯努利方程:单位质量理想流体在整个流动过程中,其总比能(或总水头)为一个不变的常数,而实际流体在整个流动过程中,其总比能是有一定损失的,总水头必然沿流向降低。

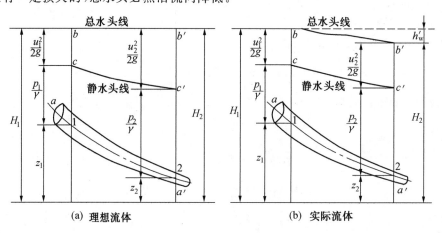

图 3.13 伯努利方程的几何意义

3.5.3 实际流体总流的伯努利方程

总流是由许多微小流束所组成的。当流线间夹角很小,流线曲率很小,即流线几乎是一些平行直线时的流动称为缓变流动。在这种流段中,离心惯性力很小,可以忽略;且内摩擦力在这种有效断面上几乎没有分量。因此,在这种有效断面上的压强分布符合流体静压强分布规律。如将伯努利方程中的有效断面取在这样的流段中是适当的。

设有不可压缩实际流体做稳定流动,如图 3.14 所示。在其中取一微小流束,依式(3.62)写出其伯努利方程

$$z_1 + \frac{p_1}{\gamma} + \frac{u_1^2}{2g} = z_2 + \frac{p_2}{\gamma} + \frac{u_2^2}{2g} + h'_w$$

设单位时间内沿此微小流束流过的流体重力为 $\gamma \mathrm{d}Q$,则其能量关系为

$$z_1 \gamma \mathrm{d}Q + \frac{p_1}{\gamma}\gamma \mathrm{d}Q + \frac{u_1^2}{2g}\gamma \mathrm{d}Q = z_2 \gamma \mathrm{d}Q + \frac{p_2}{\gamma}\gamma \mathrm{d}Q + \frac{u_2^2}{2g}\gamma \mathrm{d}Q + h'_w \gamma \mathrm{d}Q$$

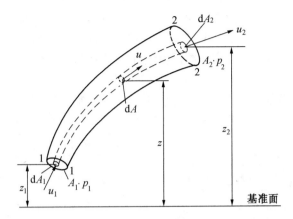

图 3.14　微小流束和总流

将式中各项沿相应有效断面对流量进行积分,则得总流的能量方程为

$$\int_Q \left(z_1 + \frac{p_1}{\gamma}\right)\gamma \mathrm{d}Q + \int_Q \frac{u_1^2}{2g}\gamma \mathrm{d}Q = \int_Q \left(z_2 + \frac{p_2}{\gamma}\right)\gamma \mathrm{d}Q + \int_Q \frac{u_2^2}{2g}\gamma \mathrm{d}Q + \int_Q h_w'\gamma \mathrm{d}Q \qquad (3.63)$$

设有效断面 1—1 和 2—2 取在缓变流段中,因 $z + \dfrac{p}{\gamma} =$ 常数,则

$$\int_Q \left(z + \frac{p}{\gamma}\right)\gamma \mathrm{d}Q = \left(z + \frac{p}{\gamma}\right)\int_Q \gamma \mathrm{d}Q = \left(z + \frac{p}{\gamma}\right)\gamma Q$$

而

$$\int_Q \frac{u^2}{2g}\gamma \mathrm{d}Q = \int_A \frac{u^2}{2g}\gamma u \mathrm{d}A = \int_A \frac{u^3}{2g}\gamma \mathrm{d}A = \frac{\gamma}{2g}\int_A u^3 \mathrm{d}A = \frac{\gamma}{2g}\alpha v^3 A = \frac{\alpha v^2}{2g}\gamma v A = \frac{\alpha v^2}{2g}\gamma Q$$

式中　　α——动能修正系数;

$\quad\quad v$——平均流速。

则

$$\alpha = \frac{\int_A u^3 \mathrm{d}A}{v^3 A} \qquad (3.64)$$

式(3.63)中最后一项 $\int_Q h_w'\gamma \mathrm{d}Q$ 是指各流体质点自有效断面 1—1 流到有效断面 2—2 时机械能损失之和。如以 h_w 表示单位质量流体的平均能量损失,即

$$h_w = \frac{\int_Q h_w'\gamma \mathrm{d}Q}{\gamma Q}$$

则

$$\int_Q h_w'\gamma \mathrm{d}Q = \gamma Q h_w$$

根据上述分析,式(3.63)可写为

$$\left(z_1 + \frac{p_1}{\gamma}\right)\gamma Q + \frac{\alpha_1 v_1^2}{2g}\gamma Q = \left(z_2 + \frac{p_2}{\gamma}\right)\gamma Q + \frac{\alpha_2 v_2^2}{2g}\gamma Q + \gamma Q h_w$$

将上式通除以 γQ,则得单位质量实际流体总流的能量变化规律,即

$$z_1 + \frac{p_1}{\gamma} + \frac{\alpha_1 v_1^2}{2g} = z_2 + \frac{p_2}{\gamma} + \frac{\alpha_2 v_2^2}{2g} + h_w \qquad (3.65)$$

式(3.65)就是不可压缩实际流体在重力场中稳定流动时的总流伯努利方程。一般来说,式中的 z 值通常是已知的,可以在取得 p_1 和 p_2 的实测数据和流量数据后推算出流道中的阻力损失 h_w,也可用第 4 章介绍的方法计算阻力 h_w 后,再联立连续性方程求未知的 p、v 等参量。

式(3.65)中的动能修正系数 α 通常都大于 1。且流道中的流速越均匀,α 值越趋近于 1。在一般工程中,大多数情况下流速都比较均匀,α 为 1.05~1.10,所以在工程计算中可取 $\alpha = 1$。

3.6 伯努利方程的应用

3.6.1 应用条件

伯努利能量方程是动量传输的基本方程之一,在解决工程实际问题中有极其重要的作用,被广泛地应用。但由于伯努利方程是在一定积分条件下导出的,所以其适用条件如下:

(1) 不可压缩流体(一般气流速度小于 50 m/s 时可按不可压缩流体处理)。

(2) 稳定流动。

(3) 只在重力作用之下(质量力只有重力)。

(4) 沿流程流量保持不变。

(5) 所取的有效断面必须符合缓变流条件(但两个断面之间并不要求是缓变流段)。

在应用伯努利方程时还应注意以下几点:

(1) 在运用实际流体总流的伯努利方程时,经常要与总流的连续性方程联合使用。

(2) 有效断面的选取一般是一个选在待求未知量所在的断面上,另一个选在已知量较多的断面上。

(3) 位置势能为零的基准面(或线)的选取可以是任意的。一般可选在管轴线上,或选在所取的有效断面位置最低的一个断面上。在同一个问题中,必须使用同一基准面。

(4) 伯努利方程中的压强 p 既可用绝对压强,也可用相对压强,但等式两侧必须一致。

(5) 如果在两个有效断面之间有机械能输入或输出,可以用 $\pm E$ 表示该能量(对系统输入的能量用正号,由系统输出的能量用负号),则式(3.65)写成

$$z_1 + \frac{p_1}{\gamma} + \frac{\alpha_1 v_1^2}{2g} \pm E = z_2 + \frac{p_2}{\gamma} + \frac{\alpha_2 v_2^2}{2g} + h_w \tag{3.66}$$

3.6.2 毕托管

毕托管是用来测量运动流体中某点流速的仪器,如图 3.15 所示。设在流场中某一水平的微小流束(或流线)上,沿流向取 1、2 两点,并安装如图 3.15(a)所示的两个垂直于流动方向的开口测压管,可列出伯努利方程

$$\frac{p_1}{\gamma} + \frac{u_1^2}{2g} = \frac{p_2}{\gamma} + \frac{u_2^2}{2g} + h_w' \tag{3.67}$$

此式说明,液体质点流经 1、2 两处时的总水头是相等的。现若在 2 点装上一支正对流向并弯成 90° 的弯管,当液体进入此管上升到某高度 h 后,速度变为零(2 点称为驻点),而压强增大到 p_2^*。液体上升的高度 $h=\dfrac{p_2^*}{\gamma}$,也可列出能量方程

$$\frac{p_1}{\gamma}+\frac{u_1^2}{2g}=\frac{p_2^*}{\gamma}+h_w' \tag{3.68}$$

当 1、2 两点取得无限接近时,可以忽略其间能量损失,因此 $h_w'=0$,故得

$$\frac{p_1}{\gamma}+\frac{u_1^2}{2g}=\frac{p_2^*}{\gamma}$$

则

$$\frac{u_1^2}{2g}=\frac{p_2^*}{\gamma}-\frac{p_1}{\gamma}=\Delta h$$

即

$$u_1=\sqrt{2g\,\frac{p_2^*-p_1}{\gamma}}=\sqrt{2g\Delta h} \tag{3.69}$$

工程上常把 p_1 称为静压,$\dfrac{\rho u^2}{2}$ 称为动压,静压和动压之和称为全压或总压。2 点测到的全压与未受扰动的 1 点的全压相同。可见,若能测得某点的全压和静压,就能求得该点的速度。

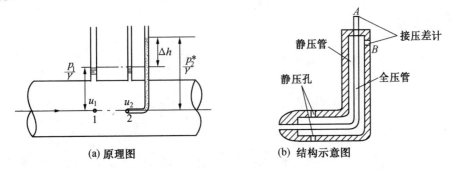

(a) 原理图　　　　　　　(b) 结构示意图

图 3.15　毕托管

毕托管的示意图如图 3.15(b) 所示。中心为全压管,静压管围在其周围。在驻点之后适当距离的外壁上沿圆周垂直于流向开几个小孔,作为静压管口。两管分别接到 U 形管压差计的两端,得到全压和静压的差值,即可求出测点的流速

$$u_1=\sqrt{2g\,\frac{p_A-p_B}{\gamma}}=\sqrt{2g\,\frac{\Delta h(\rho_1-\rho)g}{\gamma}}=\sqrt{2g\Delta h\,\frac{\rho_1-\rho}{\rho}} \tag{3.70}$$

式中　ρ——被测液体的密度;

　　　ρ_1——U 形管压差计内工作液体的密度;

　　　Δh——U 形管压差计内工作液体的高度差。

在实际应用中,考虑到流体的黏性及毕托管对流动的干扰,在式(3.69)及式(3.70)中还应乘以流速修正系数 φ,φ 由实验确定,一般取 $\varphi=0.97$。

3.6.3　文丘里管

文丘里管是用来测量管路中流体流量的仪表。它是由渐缩管、喉管和渐扩管所组成,

如图 3.16 所示。在文丘里管入口前的直管段和喉
管处连接 U 形管压差计。设置水平基准面 $O—O$，
取面积分别为 A_1、A_2 的有效断面 1—1 及 2—2，其
直径分别为 d_1、d_2，列出总流的伯努利方程

$$z_1+\frac{p_1}{\gamma}+\frac{\alpha_1 v_1^2}{2g}=z_2+\frac{p_2}{\gamma}+\frac{\alpha_2 v_2^2}{2g} \quad (3.71)$$

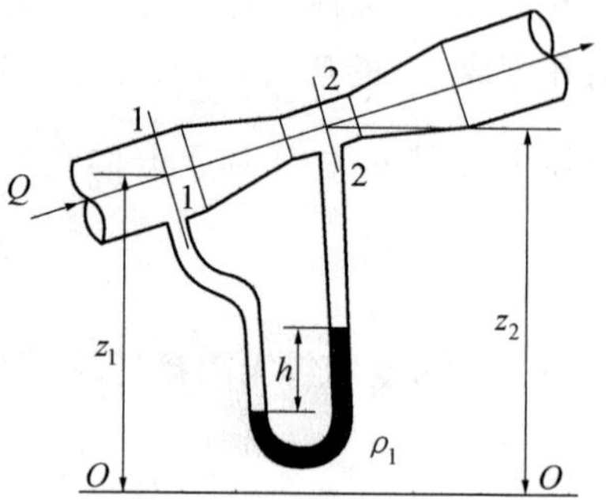

根据连续性方程

$$v_1 A_1 = v_2 A_2$$

代入式(3.71)，得

图 3.16 文丘里管

$$\left(z_1+\frac{p_1}{\gamma}\right)-\left(z_2+\frac{p_2}{\gamma}\right)=\frac{1}{2g}(v_2^2-v_1^2)=\frac{v_1^2}{2g}\left(\frac{d_1^4}{d_2^4}-1\right)$$

由此得

$$v_1=\frac{1}{\sqrt{\frac{d_1^4}{d_2^4}-1}}\sqrt{2g\left[\left(z_1+\frac{p_1}{\gamma}\right)-\left(z_2+\frac{p_2}{\gamma}\right)\right]} \quad (3.72)$$

设

$$\left(z_1+\frac{p_1}{\gamma}\right)-\left(z_2+\frac{p_2}{\gamma}\right)=\Delta h$$

则式(3.72)可写成

$$v_1=\frac{1}{\sqrt{\frac{d_1^4}{d_2^4}-1}}\sqrt{2g\Delta h}$$

或

$$v_1=C\sqrt{\Delta h}$$

上式中 $C=\dfrac{\sqrt{2g}}{\sqrt{\frac{d_1^4}{d_2^4}-1}}$，对于某一种固定尺寸的文丘里管，因其 d_1、d_2 是定值，故 C 为常

数，由此可得理想情况下的流量为

$$Q_0=A_1 v_1=\frac{\pi d_1^2}{4}C\sqrt{\Delta h} \quad (3.73)$$

若考虑能量损失，应乘以修正系数 μ，则

$$Q=\mu Q_0=\mu\frac{\pi d_1^2}{4}C\sqrt{\Delta h} \quad (3.74)$$

μ 值由实验确定，通常为 $0.95\sim0.99$。

工程上常用的还有孔板流量计、喷嘴流量计等。

【例 3.3】 在金属铸造及冶金中，如连续铸造、铸锭等，通常用浇包盛装金属液进行
浇注，如图 3.17 所示。设 m_i 是浇包内金属液的初始质量，m_c 是需要浇注的铸件质量。
为简化计算，假设浇包的内径 D 是不变的，因浇口的直径 d 比浇包的直径小得多，自由液
面(1)的下降速度与浇口处(2)金属液的流出速度相比可以忽略不计，求金属液的浇注时
间。

解　由伯努利方程

$$0+0+101.3=\frac{1}{2}\rho v_2^2+\rho g(-H)+101.3$$

因此有

$$v_2=\sqrt{2gH} \tag{A}$$

式中　v_2——出口处液体的平均流出速度；

　　　H——液体金属的高度。

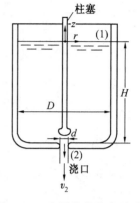

图 3.17　金属液从浇包流出
时间计算

由总质量平衡原理,有

$$\frac{\mathrm{d}m}{\mathrm{d}t}=m_入-m_出=0-\rho v_2\left(\frac{\pi}{4}d^2\right) \tag{B}$$

将式(A)代入式(B),得

$$-\frac{\mathrm{d}m}{\mathrm{d}t}=\frac{\pi}{4}\rho d^2\sqrt{2gH} \tag{C}$$

忽略柱塞的体积,有

$$m=\rho\left(\frac{\pi}{4}D^2H\right) \tag{D}$$

由式(C)和式(D),消去 H,得

$$\frac{-1}{2}\frac{1}{\sqrt{m}}\mathrm{d}m=\sqrt{\frac{\pi\rho g}{2}}\frac{d^2}{2D}\mathrm{d}t \tag{E}$$

根据题意,按下列范围积分

$$t=0,\quad m=m_i$$

$$t=t,\quad m=m_i-m_c$$

有

$$\sqrt{m_i}-\sqrt{m_i-m_c}=\sqrt{\frac{\pi\rho g}{8}}\frac{d^2 t}{D}$$

因此,需要的流出时间为

$$t=\sqrt{\frac{8}{\pi\rho g}}\frac{D}{d^2}(\sqrt{m_i}-\sqrt{m_i-m_c})$$

【例 3.4】　图 3.18 所示为测量风机流量常用的
集流管实验装置示意图。已知其内径 $D=0.3$ m,空气
重度 $\gamma_a=12.6$ N/m³,由装在管壁下边的 U 形测压管
(内装水)测得 $\Delta h=0.25$ m。求此风机的风量 Q。

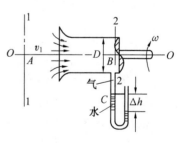

图 3.18　轴流式风机集流管

解　因流速不高,且集流管不长,能量损失可以忽
略。同时,可视为不可压缩无黏性流体。选水平基准
面 O—O,过风断面 1—1 及 2—2 如图所示。假定单位
质量流体自 A 点流到 B 点,$z_A=z_B=0$；$p_1=p_A=p_a$；
$p_2=p_B=p_C=p_a-\gamma_w\Delta h$。($\gamma_w$ 为水的重度,$\gamma_w=9\,800$ N/m³；p_a 为环境气压)。

自过风断面 1—1 到 2—2(由 A 到 B 点)列出无黏性流体的总流伯努利方程为

$$z_1+\frac{p_1}{\gamma_a}+\alpha_1\frac{v_1^2}{2g}=z_2+\frac{p_2}{\gamma_a}+\alpha_2\frac{v_2^2}{2g}$$

因为 $v_1 \approx 0, \alpha_1 = \alpha_2 = \alpha = 1$, 由此得

$$v_2 = \sqrt{2g \frac{1}{\gamma_a}(p_1 - p_2)} = \sqrt{2g \frac{1}{\gamma_a}[p_a - (p_a - \gamma_w \Delta h)]}$$

$$= \sqrt{2g \frac{\gamma_w}{\gamma_a} \Delta h} = \sqrt{2 \times 9.80 \times \frac{9\ 800}{12.6} \times 0.25} = 61.7 \ (\text{m/s})$$

故风量为

$$Q = v_2 A_2 = 61.7 \times \frac{\pi \times 0.3^2}{4} = 4.36 \ (\text{m}^3/\text{s})$$

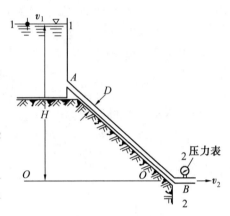

【例 3.5】 某工厂自高位水池引出一条供水管路 AB, 如图 3.19 所示。已知流量 $Q = 0.034 \ \text{m}^3/\text{s}$; 管径 $D = 15 \ \text{cm}$; 压力表读数 $p_B = 4.9 \ \text{N/cm}^2$; 高度 $H = 20 \ \text{m}$。问水流在管路 AB 中损失了多少水头?

解 选取水平基准面 $O—O$, 过水断面 1—1、2—2, 如图 3.19 所示。设单位质量的水自断面 1—1 的水面沿管路 AB 流到 B 点, 则可列出伯努利方程

图 3.19 供水管路

$$z_1 + \frac{p_1}{\gamma} + \frac{\alpha_1 v_1^2}{2g} = z_2 + \frac{p_2}{\gamma} + \frac{\alpha_2 v_2^2}{2g} + h_w$$

因为

$$z_1 = H = 20 \ \text{m}, \quad z_2 = 0, \quad \frac{p_1}{\gamma} = 0$$

$$\frac{p_B}{\gamma} = \frac{4.9}{0.009\ 8} = 500(\text{cm}) = 5(\text{m}), \quad \alpha_1 = \alpha_2 = 1$$

$$v_1 \approx 0, \quad v_2 = \frac{Q}{A} = \frac{0.034}{\frac{\pi}{4} \times (0.15)^2} = 1.92 \ (\text{m/s})$$

将上述各值代入伯努利方程, 得

$$20 + 0 + 0 = 0 + 5 + \frac{1 \times (1.92)^2}{2 \times 9.80} + h_w$$

故 $\quad h_w = 20 - 5.188 = 14.812 \ (\text{m})$

【例 3.6】 在图 3.20 所示的虹吸管中, 已知 $H_1 = 2 \ \text{m}, H_2 = 6 \ \text{m}$, 管径 $D = 15 \ \text{mm}$, 如不计损失, 问 S 处的压强为多大时此管才能吸水? 此时管内流速 v_2 及流量 Q 各为多少? (注意: 管 B 端并未接触水面或探入水中)

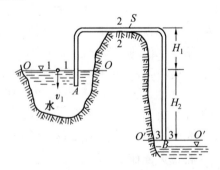

解 选取过水断面 1—1、2—2 及水平基准面 $O—O$, 列 1—1 面 (水面) 到 2—2 面的伯努利方程

$$0 + \frac{p_a}{\gamma} + \frac{v_1^2}{2g} = H_1 + \frac{p_2}{\gamma} + \frac{v_2^2}{2g}$$

图 3.20 虹吸管

即
$$\frac{p_{\mathrm{a}}}{\gamma}=2+\frac{p_2}{\gamma}+\frac{v_2^2}{2g} \tag{A}$$

再选取水平基准面 $O'—O'$，列过水断面 2—2 及 3—3 的伯努利方程

$$(H_1+H_2)+\frac{p_2}{\gamma}+\frac{v_2^2}{2g}=0+\frac{p_{\mathrm{a}}}{\gamma}+\frac{v_3^2}{2g}$$

即
$$8+\frac{p_2}{\gamma}+\frac{v_2^2}{2g}=10+\frac{v_3^2}{2g} \tag{B}$$

因为
$$v_2=v_3$$

由式(B)得
$$\frac{p_2}{\gamma}=10-8=2\ (\mathrm{m\ 水柱})$$

$$p_2=2\times9\ 810=19\ 620\ (\mathrm{Pa})$$

代入式(A)得　　$v_2=\sqrt{2g\left(\frac{p_{\mathrm{a}}}{\gamma}-\frac{p_2}{\gamma}-2\right)}=\sqrt{2\times9.8(10-4)}=10.85\ (\mathrm{m/s})$

故　　　　$Q=A_2 v_2=\frac{\pi\times(0.015)^2}{4}\times10.85=0.001\ 9\ (\mathrm{m^3/s})=1.9\ (\mathrm{L/s})$

3.7* 　稳定流的动量方程及其应用

在工程实践中，除了要确定运动流体的流速、流量外，常常要涉及运动流体与固体壁面间相互作用力的计算问题，如水在弯管中流动对管壁的冲击等，这就需要应用运动流体的动量方程来分析。

3.7.1　稳定流的动量方程

根据理论力学中质点系的动量定理，质点系动量的变化率等于作用在质点系上各外力的矢量和，数学表达式为

$$\frac{\mathrm{d}}{\mathrm{d}t}\left(\sum m\boldsymbol{u}\right)=\boldsymbol{F}$$

如果用符号 $\boldsymbol{M}$ 表示动量，则上式可写成

$$\sum\frac{\mathrm{d}\boldsymbol{M}}{\mathrm{d}t}=\boldsymbol{F}\quad 或\quad \sum\mathrm{d}\boldsymbol{M}=\boldsymbol{F}\mathrm{d}t \tag{3.75}$$

现将这一定理引用到稳定流动中。设在总流中任选一微小流束段 1—2，其有效断面分别为 1—1 及 2—2，如图 3.21 所示。以 p_1 及 p_2 分别表示作用于有效断面 1—1 及 2—2 上的压强，$\boldsymbol{u}_1$ 及 $\boldsymbol{u}_2$ 分别表示流经有效断面 1—1 及 2—2 时的速度，经 $\mathrm{d}t$ 时间后，流束段 1—2 将沿着微小流束运动到 $1'—2'$ 的位置，流束段的动

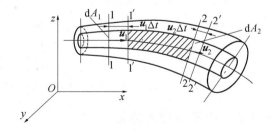

图 3.21　流束动量变化

量因而发生变化。这个动量变化，就是流束段 $1'—2'$ 的动量 $\boldsymbol{M}_{1'-2'}$ 与流束段 1—2 的动量

M_{1-2} 的矢量差,但因是稳定流动,在 dt 时间内经过流束段 $1'—2$ 的流体动量无变化,所以这个动量变化又应等于流束段 $2—2'$ 与流束段 $1—1'$ 两者的动量差,即

$$dM = M_{2-2'} - M_{1-1'} = dm_2 u_2 - dm_1 u_1 = \rho dQ_2 dt u_2 - \rho dQ_1 dt u_1$$

将上式推广到总流中去,得

$$\sum dM = \int_{Q_2} \rho dQ_2 dt u_2 - \int_{Q_1} \rho dQ_1 dt u_1$$

按稳定流的连续性条件,有

$$\int_{A_2} u_2 dA_2 = \int_{A_1} u_1 dA_1 = Q$$

因为断面分布速度难以确定,故要求出单位时间的动量表达式的积分是有困难的,工程上常用平均流速 v 代替点速 u 来表示动量,可建立关系

$$\beta \rho Q v = \int_Q \rho u dQ$$

则
$$\beta = \frac{\int_A u^2 dA}{v^2 A} \tag{3.76}$$

β 称为动量修正系数,它的大小取决于断面上流速分布的均匀程度。据实测,在直管(或直渠)的高速水流中,$\beta = 1.02 \sim 1.05$,为了简化计算,可取 $\beta = 1$。

将动量修正系数的概念引入动量表达式(3.75)得

$$\sum dM = \rho Q dt (\beta_2 u_2 - \beta_1 u_1)$$

取 $\beta_1 = \beta_2 = 1$,上式为

$$\sum dM = \rho Q dt (u_2 - u_1)$$

由式(3.75),即得外力矢量和为

$$F = \rho Q (u_2 - u_1) \tag{3.77}$$

式(3.77)就是不可压缩流体稳定流动总流的动量方程。式中 F 为作用于流体上所有外力的合力,它应包括流束段 $1—2$ 的重力 G,两有效断面上压力的合力 $P_1 A_1$、$P_2 A_2$ 及其他边界面上所受到的表面力的总值 R_w,因此上式也可写为

$$F = G + R_w + P_1 A_1 + P_2 A_2 = \rho Q (u_2 - u_1) \tag{3.78}$$

其物理意义为,作用在所研究的流体上的外力总和等于单位时间内流出与流入的动量之差。为便于计算,常写成空间坐标的投影式,即标量式

$$\left. \begin{array}{l} F_x = \rho Q (v_{2x} - v_{1x}) \\ F_y = \rho Q (v_{2y} - v_{1y}) \\ F_z = \rho Q (v_{2z} - v_{1z}) \end{array} \right\} \tag{3.79}$$

式(3.79)说明了作用在流体段上的合力在某一轴上的投影等于流体沿该轴的动量变化率。

3.7.2 动量方程的应用

1. 液流对弯管壁的作用力

在如图 3.22(a)所示的渐缩弯管中,液体以速度 v_1 流入 $1—1$ 断面,从 $2—2$ 断面流出的速度为 v_2。以弯管中的流体为分离体,其重力为 G。弯管对此分离体的作用力为 R,取

坐标如图 3.22(b)所示。

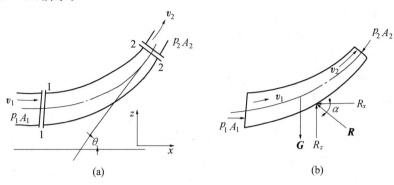

图 3.22 液体对弯管壁的作用力

按式(3.79),沿 x 轴和 z 轴求分量

$$F_x = p_1 A_1 - p_2 A_2 \cos \theta - R_x = \rho Q(v_{2x} - v_{1x})$$

$$F_z = -p_2 A_2 \sin \theta - G + R_z = \rho Q(v_{2z} - v_{1z})$$

即

$$R_x = p_1 A_1 - p_2 A_2 \cos \theta - \rho Q(v_2 \cos \theta - v_1)$$

$$R_z = p_2 A_2 \sin \theta + G + \rho Q v_2 \sin \theta$$

$$R = \sqrt{R_x^2 + R_z^2}, \quad \alpha = \arctan \frac{R_z}{R_x}$$

液体作用于弯管上的力,大小与 R 相等,方向与 R 相反。

2. 射流对固体壁的冲击力

液体从管嘴射出,形成射流。射流处在同一大气压强之下,若略去重力的影响,则作用在流体上的力只有固体壁对射流的阻力,其反作用力就是射流对固体壁的冲击力。

图 3.23 所示为流股射向与水平成 θ 角的固定平板。当流体自喷管射出时,其断面积为 A_0,平均流速为 v_0,射向平板后分散成两股,其动量分别为 $m_1 v_1$ 和 $m_2 v_2$。

取射流为分离体,平板沿其法线方向对射流的作用力设为 R,射流所受的相对压强为零,则按式(3.78),得

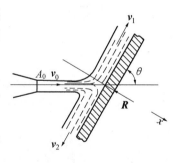

图 3.23 射流冲击固体壁

$$m_1 v_1 + m_2 v_2 - m_0 v_0 = \boldsymbol{R} \tag{3.80}$$

以平板法线方向为 x 轴方向,向右为正,上式各量在 x 轴上的投影为

$$m_0 v_0 \sin \theta = -\boldsymbol{R}$$

则

$$\boldsymbol{R} = -m_0 v_0 \sin \theta = -\rho A_0 v_0^2 \sin \theta \tag{3.81}$$

与 $\boldsymbol{R}$ 大小相等,方向相反的 $\boldsymbol{R}'$,就是射流对此倾斜平板的冲击力。

当 $\theta = 90°$,即射流沿平板法线方向射去时,平板所受的冲击力为

$$\boldsymbol{R}' = \rho A_0 v_0^2 \tag{3.82}$$

若平面沿射流方向以速度 v 移动,则射流对此移动平板的冲击力为

$$\boldsymbol{R}' = \rho A_0 (v_0 - v)^2 \tag{3.83}$$

3.射流的反推力

设有内装液体的容器,在其侧壁上开一面积为 A 的小孔,液体自小孔泄出,如图 3.24 所示。设出流量很小,在很短的时间内可以看成是稳定流动,即出流速度 $v = \sqrt{2gh}$。此时液体沿 x 轴的动量变化率为

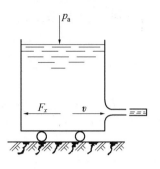

$$\frac{\mathrm{d}M}{\mathrm{d}t} = \rho Q v = \rho A v^2$$

按照动量守恒定理,这个量应等于容器给液体的作用力在 x 轴的投影,即 $R_x = \rho A v^2$,同时,射流也给容器一个大小相等、方向相反的推力

图 3.24　射流的反推力

$$F_x = -\rho A v^2 \qquad (3.84)$$

如果容器能沿 x 轴向自由移动,则由于这个力 F_x 的作用,容器将朝相反的方向运动,这就是射流的反推力。如火箭、喷气式飞机等都是凭这个反推力而工作的。

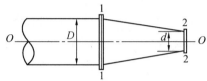

【例 3.7】 在直径 $D = 80$ mm 的水平管路末端,接上一个出口直径为 $d = 40$ mm 的喷嘴(图 3.25),管路中水的流量为 $Q = 1$ m^3/min,问喷嘴和管子接合处的纵向拉力为多少? 设动量校正系数 β 和动能校正系数 α 都取值为 1。

图 3.25　水枪喷嘴

解 因为 $Q = 1$ m^3/min $= \dfrac{1}{60}$ m^3/s

而

$$A_1 = \frac{\pi D^2}{4} = \frac{\pi}{4}(0.08)^2 = 0.005\ 03\ (\text{m}^2)$$

$$A_2 = \frac{\pi d^2}{4} = \frac{\pi}{4}(0.04)^2 = 0.001\ 26\ (\text{m}^2)$$

故

$$v_1 = \frac{Q}{A_1} = \frac{\frac{1}{60}}{0.005\ 03} = 3.313\ (\text{m/s})$$

$$v_2 = \frac{Q}{A_2} = \frac{\frac{1}{60}}{0.001\ 26} = 13.23\ (\text{m/s})$$

如取管轴线为水平基准面 $O\text{—}O$,过水断面为 1—1、2—2,则可列出伯努利方程

$$\frac{p_1}{\gamma} + \frac{v_1^2}{2g} = \frac{p_2}{\gamma} + \frac{v_2^2}{2g}$$

由此得

$$p_1 = \frac{\gamma}{2g}(v_2^2 - v_1^2) = \frac{9\ 800}{2 \times 9.8}\big[(13.23)^2 - (3.313)^2\big] = 82\ 028\ (\text{N/m}^2)$$

因而

$$P_1 = p_1 A_1 = 82\ 028 \times 0.005\ 03 = 412.6\ (\text{N})$$

设喷嘴作用于液流的力沿 x 轴向的分力为 R_x,则由式(3.79)可得出射流的动量方程为

$$F_x = P_1 - R_x = \rho Q(v_{2x} - v_{1x}) = \rho Q(v_2 - v_1)$$

由此可得

$$R_x = P_1 - \rho Q(v_2 - v_1) = 412.6 - 1\ 000 \times \frac{1}{60}(13.23 - 3.313) = 244.3\ (\text{N})$$

方向向左。即水沿 x 轴向作用于喷嘴的力为 244.3 N,方向向右,所以喷嘴和管子接合处所受的纵向拉力为 244.3 N。

习　题

1.已知某流场速度分布为 $u_x = x - 2, u_y = -3y, u_z = z - 3$,试求过点 $(3,1,4)$ 的流线。

2.试判断下列平面流场是否连续?

$$u_x = x^3 \sin y, \quad u_y = 3x^3 \cos y$$

3.如图 3.26 所示,管路 AB 在 B 点分为 BC、BD 两支,已知 $d_A = 45$ cm,$d_B = 30$ cm,$d_C = 20$ cm,$d_D = 15$ cm,$v_A = 2$ m/s,$v_C = 4$ m/s,试求 v_B、v_D。

4.三段管路串联如图 3.27 所示,直径 $d_1 = 100$ cm,$d_2 = 50$ cm,$d_3 = 25$ cm,已知断面平均速度 $v_3 = 10$ m/s,求 v_1、v_2 和质量流量(流体为水)。

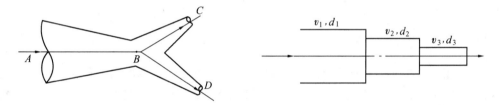

图 3.26　题 3 图　　　　　　　　　　　　图 3.27　题 4 图

5.水从铅直圆管向下流出,如图 3.28 所示。已知管直径 $d_1 = 10$ cm,管口处的水流速度 $v_1 = 1.8$ m/s,试求管口下方 $h = 2$ m 处的水流速度 v_2 和直径 d_2。

6.水箱侧壁接出一直径 $D = 0.15$ m 的管路,如图 3.29 所示。已知 $h_1 = 2.1$ m,$h_2 = 3.0$ m,不计任何损失,求下列两种情况下 A 的压强。

(1)管路末端安一喷嘴,出口直径 $d = 0.075$ m;

(2)管路末端没有喷嘴。

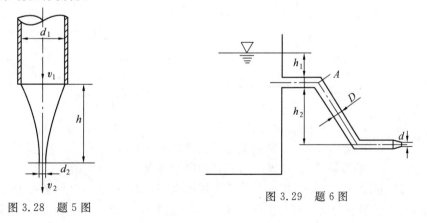

图 3.28　题 5 图　　　　　　　　　　图 3.29　题 6 图

7. 如图 3.30 所示，用毕托管测量气体管道轴线上的流速 u_{max}，毕托管与倾斜（酒精）微压计相连。已知 $d=200$ mm，$\sin\alpha=0.2$，$L=75$ mm，酒精密度 $\rho_1=800$ kg/m³，气体密度 $\rho_2=1.66$ kg/m³，$u_{max}=1.2\,v$（v 为平均速度），求气体质量流量。

8. 如图 3.31 所示，用文丘里管推动控制机构的活塞 A 上升。已知活塞直径 $D=50$ mm，质量 $m=0.51$ kg，文丘里管的 $d_1=20$ mm，$d_2=10$ mm，$h=100$ mm。问管中水流量为多大时，可将活塞托起（不计流动中的任何损失，活塞杆的直径很小，所占面积可以忽略不计）？

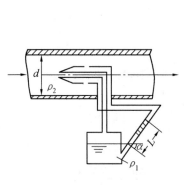

图 3.30 题 7 图

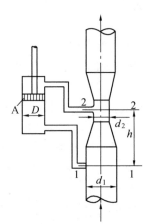

图 3.31 题 8 图

9. 如图 3.32 所示，一变直径的管段 AB，直径 $d_A=0.2$ m，$d_B=0.4$ m，高差 $h=1.0$ m，用压强表测得 $p_A=7\times10^4$ Pa，$p_B=4\times10^4$ Pa，用流量计测得管中流量 $Q=12$ m³/min，试判断水在管段中流动的方向，并求损失水头。

10. 如图 3.33 所示，水流经弯管流入大气，已知 $d_1=100$ mm，$d_2=75$ mm，$v_2=23$ m/s，水的密度 $\rho=1\,000$ kg/m³，求弯管上所受的力（不计水头损失，不计重力）。

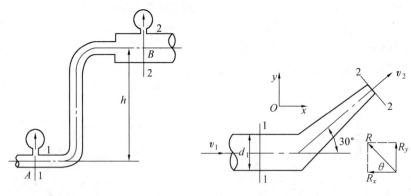

图 3.32 题 9 图　　　　图 3.33 题 10 图

11. 如图 3.34 所示，水箱侧壁有一流线型管嘴，出口直径为 d，水箱水深为 H，求射流时水箱所受的流体推力，并说明水箱将向哪个方向运动。

12. 如图 3.35 所示，将一平板垂直探入水的自由射流中，设平板截去射流的部分流量 Q_1，并引起射流的剩余部分偏转一角度 α，已知射流速度 $v=30$ m/s，总流量 $Q=36$ L/s，

平板所截流量 $Q_1 = 12$ L/s。不计重力及流动损失,求射流加于平板上的力和偏转角度。

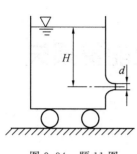

图 3.34　题 11 图

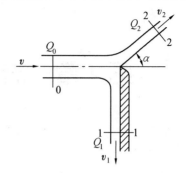

图 3.35　题 12 图

第4章 流动状态及能量损失

学习要点

流体的运动分为层流和湍流两种状态。

流动状态的判据：

$$Re = \frac{vd}{\nu}$$

对于圆管：

$$Re_c = 2\ 320$$

圆管层流的速度分布：

$$u = \frac{\Delta p}{4\mu l}(r_0^2 - r^2)$$

流　　量：

$$Q = \frac{\pi \Delta p}{128\mu l}d^4$$

平均流速：

$$v = \frac{1}{2}u_{max}$$

总水头损失 h_w ＝沿程水头损失 h_1＋局部水头损失 h_r

圆管层流的沿程损失：

$$h_1 = \frac{\Delta p}{\gamma} = \frac{\Delta p}{\rho g} = \lambda \frac{l}{d} \frac{v^2}{2g}, \quad \lambda = \frac{64}{Re}$$

圆管湍流的沿程损失：

$$h_1 = \lambda \frac{l}{d} \frac{v^2}{2g}$$

（其中 $\lambda = \Phi\left(Re, \frac{\Delta}{d}\right)$ 与层流不同,由实验确定）

局部损失：

$$h_r = \xi \frac{v^2}{2g}$$

实际流体运动时,黏性是形成流体运动阻力的主要因素,而流体的运动状态和流体与固体壁面的接触情况也都影响着阻力。对于不可压缩流体,这种阻力致使流体的一部分机械能不可逆地转化为热能而散失,即产生了能量损失。能量损失常用水头 h_w 或压强损失 Δp 表示。

本章首先讨论流体的两种流动状态,然后结合实验资料和经验公式对实际流体在不同流动状态下的能量损失进行分析和具体计算。

4.1　流体运动的两种状态和能量损失的两种形式

4.1.1　雷诺实验

1883 年英国物理学家雷诺(Reynolds)通过大量的实验研究发现,实际流体的运动存在两种不同的状态,即层流和湍流。湍流也称紊流。由于运动状态不同,流体质点的运动方式、断面流速分布、能量损失的大小也都不同。

雷诺实验的装置如图 4.1(a)所示,1 为进水管,2 为水箱,通过稳流板 10 和溢水管 3 使水箱中的水位保持恒定。水箱 2 中的水流入玻璃管 7,再经阀门 8 流入水箱 9 中;5 为小水箱,内盛密度与水相近且不会被水溶解的有色液体,开启阀门 4 后,有色液体沿 6 管流入玻璃管 7,与清水一起流走。

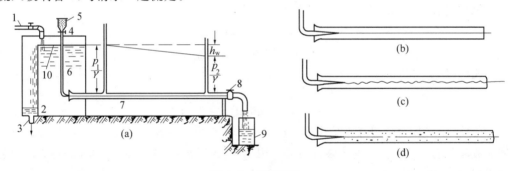

图 4.1　雷诺实验

1—进水管;2,9—水箱;3—溢水管;4,8—阀门;5—小水箱;6—管子;7—玻璃管;10—稳流板

当阀门 8 开度较小,即 7 管中流速较小时,开启阀门 4,流入 7 管中的有色液体形成一条明显的细流,细流平直稳定,不与周围的水相混合,如图 4.1(b)所示。这表明流体质点都是沿着管轴线方向运动,没有横向的脉动,就像分层流动一样,这种流动状态称为层流。

如果缓慢开大阀门 8,7 管中的流速增大,在一定的流速范围内,水流仍保持层流状态。当流速增大到某一值后,有色细流出现振荡现象,并弯曲成波浪的形状,如图 4.1(c)所示。流速继续增大到某一临界值时,有色细流剧烈振荡、断裂并扩散,与管内水流完全掺混,充满整个 7 管中,如图 4.1(d)所示。这表明流体质点是沿着极复杂的轨迹运行的,除有轴向主流外,还有横向脉动,质点间互相混杂,这种流动状态称为湍流。

如果以相反的顺序来进行实验,即把阀门 8 从大缓慢关小,则观察到的现象也以相反的顺序出现,即流动状态由湍流恢复到层流,不过此时所测定的临界流速要比上面测出的小。一般把由层流变为湍流的临界流速称为上临界流速 v'_c,而把由湍流变为层流的临界流速称为下临界流速 v_c,实验证明 $v'_c > v_c$。根据临界流速,可以判断流体的运动状态:当 $v < v_c$ 时为层流,$v > v'_c$ 时为湍流,$v_c < v < v'_c$ 时,流态不稳,可能保持原有的层流或湍流运动。

4.1.2 流动状态的判据——雷诺数

雷诺在大量实验研究中还发现,不同性质(ρ、μ)流体在不同直径 d 的管道中所得到的临界流速是不同的,但它们在临界流速时所组成的无量纲数

$$Re_c = \frac{v_c d}{\nu} = \frac{\rho v_c d}{\mu} \tag{4.1}$$

基本相同。式(4.1)中 Re_c 称为下临界雷诺数,而对应于上临界流速 v'_c 的,称为上临界雷诺数 Re'_c。对于圆管,实验测得 $Re_c = 2\ 320$,$Re'_c = 13\ 800$。根据临界雷诺数的形式,对应于任一流速 v 的雷诺数为

$$Re = \frac{v d}{\nu} \tag{4.2}$$

当 $Re \leqslant Re_c = 2\ 320$ 时,管路中的流动状态为层流;$Re > Re' = 13\ 800$ 时为湍流;$Re_c < Re < Re'_c$ 时可能是层流,也可能是湍流,属于过渡状态。在这一区域,即使是层流也极不稳定,外界稍有干扰就会转变为湍流,因此工程上一般把过渡状态归入湍流状态处理,以下临界雷诺数 $Re_c = 2\ 320$ 作为流动状态的判据,即

$$\begin{cases} Re \leqslant 2\ 320 & \text{属层流} \\ Re > 2\ 320 & \text{属湍流} \end{cases}$$

式(4.2)又可以表示为

$$Re = \frac{\rho v d}{\mu} = \frac{\rho v^2}{\mu v/d} = \frac{\text{惯性力}}{\text{黏性力}}$$

因此,雷诺数的物理意义是作用在流体上的惯性力与黏性力之比,其大小直接影响流体的流动状态。Re 越小,说明黏性力的作用越大,流动就越稳定;Re 越大,说明惯性力的作用越大,流动就越紊乱。

以上讨论的雷诺数是以圆管流道为对象,对于任意形状流道,雷诺数的一般形式为

$$Re = \frac{v L}{\nu} = \frac{\rho v L}{\mu} \tag{4.3}$$

式中　v——流体的平均流速;

　　　L——流道的特征长度。

对于圆管流道,以其直径 d 作为圆形过水断面的特征长度,即 L 取 d;当流道的过水断面为非圆形断面时,用其水力半径 R 作为特征长度,即

$$R = L = \frac{A}{x} \tag{4.4}$$

式中　A——过水断面的面积;

　　　x——过水断面的润湿周长。

这种情况下,其临界雷诺数 $Re_c = 500$。对于工程中常见的明渠水流,因更易受外界

影响而变为湍流状态,Re_c 则更低些,常取 $Re_c = 300$。

【例 4.1】　在水深 $h = 2$ cm、宽度 $b = 80$ cm 的槽内,水的流速 $v = 6$ cm/s,已知水的运动黏性系数 $\nu = 0.013$ cm²/s。问水流处于什么运动状态?如需改变其流态,速度 v 应为多大?

解　这种宽槽断面属非圆形,$R = \dfrac{A}{x} = \dfrac{bh}{b+2h} = \dfrac{80 \times 2}{80 + 2 \times 2} \approx 2$ (cm),槽内水流的雷诺数为

$$Re = \frac{vL}{\nu} = \frac{vR}{\nu} = \frac{6 \times 2}{0.013} = 923 > 300$$

故为湍流状态。

如需改变流态,应算出层流的临界速度,即

$$v_c = \frac{Re_c \nu}{R} = \frac{300 \times 0.013}{2} = 1.95 \ (\text{cm/s})$$

当 $v \leq 1.95$ cm/s 时水流将改变为层流状态。

4.1.3　能量损失的两种形式

根据流体运动时外部条件的不同,可将其流动阻力与能量损失分为两种形式:沿程阻力和沿程损失以及局部阻力和局部损失。

1. 沿程阻力和沿程损失

流体运动时,由于自身黏性和管壁粗糙度的影响,将在流体与壁面间以及流体质点间产生摩擦力,这种沿流程阻碍着流体运动的摩擦力称为沿程阻力。运动流体克服沿程阻力而产生的能量损失,称为沿程损失,其大小是与流程长度成正比的。沿程水头损失用 h_1 表示。

2. 局部阻力和局部损失

当流体流经管道断面突然扩大或缩小处,或弯管、阀门、三通管等外部条件急剧变化的区域时,流速大小或方向会发生改变,将发生流体质点的撞击,出现涡旋、二次流以及流体的分离及再附壁等现象,导致流动受到阻碍和影响。这种在局部障碍处产生的阻力称为局部阻力。运动流体为克服局部阻力而产生的能量损失称为局部损失。局部水头损失用 h_r 表示。

3. 总能量损失

一般在流体运动的全过程中,既有沿程损失,也有局部损失。根据叠加原则,全流程的总水头损失应为所有的沿程水头损失和局部水头损失之和,即

$$h_w = \sum h_1 + \sum h_r \tag{4.5}$$

则全流程的总压强损失为

$$\Delta p = \gamma h_w = \gamma \left(\sum h_1 + \sum h_r \right) \tag{4.6}$$

应注意的是,流体流速不同,不仅影响流体的运动状态,而且也影响沿程损失的大小。从实验可知,当流体层流时,沿程水头损失 $h_1 \propto v$;但当湍流时,沿程水头损失 $h_1 \propto v^{1.75 \sim 2.0}$。因此,确定流体的沿程损失时,必须先判断流体是层流还是湍流,然后再分别处理。

4.2 圆管中的层流运动

4.2.1 速度分布

设有一直径为 d 的圆柱形直管,其中流体的运动是稳定层流状态,取一半径为 r、长度为 l 的微小圆柱体为分析对象,其轴线与管轴线重合,如图 4.2 所示。

该圆柱体沿运动方向承受两个作用力,一个是压力

$$P = \pi r^2 (p_1 - p_2) = \pi r^2 \Delta p$$

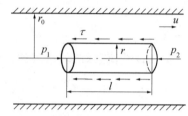

图 4.2　圆管层流

另一个是内摩擦力,根据牛顿黏性定律,有

$$F = 2\pi r l \tau = -2\pi r l \mu \frac{\mathrm{d}u}{\mathrm{d}r}$$

由于管内的流动是匀速的,因而作用在该圆柱体上所有外力之和应满足力的平衡条件,故有

$$\pi r^2 \Delta p = -2\pi r l \mu \frac{\mathrm{d}u}{\mathrm{d}r}$$

则

$$\frac{\mathrm{d}u}{\mathrm{d}r} = -\frac{\Delta p}{2\mu l} r$$

积分得

$$u = -\frac{\Delta p}{4\mu l} r^2 + c$$

式中　c——积分常数,由边界条件确定。

当 $r = r_0$(圆管半径)时,$u = 0$,代入上式得

$$u = \frac{\Delta p}{4\mu l}(r_0^2 - r^2) \tag{4.7}$$

式(4.7)就是圆管层流时有效断面上的速度分布公式。它表明流速分布为旋转抛物面,最大速度在管轴线上,其值为

$$u_{\max} = \frac{\Delta p}{4\mu l} r_0^2 = \frac{\Delta p}{16\mu l} d^2 \tag{4.8}$$

4.2.2 流量计算

通过半径为 r、宽度为 $\mathrm{d}r$ 的环形面积(图 4.3)的微流量为

$$\mathrm{d}Q = u \mathrm{d}A = u 2\pi r \mathrm{d}r$$

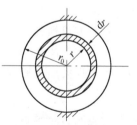

总流量为

$$Q = \int \mathrm{d}Q = \int_0^{r_0} u 2\pi r \mathrm{d}r = \int_0^{r_0} \frac{\Delta p}{4\mu l}(r_0^2 - r^2) 2\pi r \mathrm{d}r = \frac{\pi \Delta p}{8\mu l} r_0^4 \tag{4.9}$$

图 4.3　环形面积

或

$$Q = \frac{\pi \Delta p}{128\mu l} d^4 \tag{4.10}$$

式中　d——管道直径。

式(4.10)就是圆管层流的流量计算公式。它表明,通过圆管的层流流量与单位长度的压降 $\left(\dfrac{\Delta p}{l}\right)$ 和管径的四次方成正比,而与流体的动力黏度成反比。

断面上的平均流速为

$$v=\frac{Q}{A}=\frac{Q}{\pi r_0^2}=\frac{\Delta p}{8\mu l}r_0^2=\frac{\Delta p}{32\mu l}d^2 \tag{4.11}$$

比较式(4.11)和式(4.8)可得

$$v=\frac{1}{2}u_{\max} \tag{4.12}$$

式(4.12)说明圆管层流断面上的最大速度是平均速度的 2 倍。下面分析动能修正系数 α 和动量修正系数 β 的值,按式(3.64)和式(3.76)有

$$\alpha=\frac{\displaystyle\int_A u^3\mathrm{d}A}{v^3 A}=\frac{\displaystyle\int_0^{r_0}\left[\frac{\Delta p}{4\mu l}(r_0^2-r^2)\right]^3 2\pi r\mathrm{d}r}{\left(\dfrac{\Delta p r_0^2}{8\mu l}\right)^3\pi r_0^2}=2$$

$$\beta=\frac{\displaystyle\int_A u^2\mathrm{d}A}{v^2 A}=\frac{\displaystyle\int_0^{r_0}\left[\frac{\Delta p}{4\mu l}(r_0^2-r^2)\right]^2 2\pi r\mathrm{d}r}{\left(\dfrac{\Delta p r_0^2}{8\mu l}\right)^2\pi r_0^2}=\frac{4}{3}\approx1.33$$

4.2.3　沿程损失

利用式(4.11),可以确定圆管层流由于黏性摩擦所产生的沿程压强损失,即

$$\Delta p=\frac{32\mu l}{d^2}v \tag{4.13}$$

引进雷诺数 $Re=\dfrac{\rho v d}{\mu}$,可将式(4.13)改成如下形式:

$$\Delta p=\frac{64}{\dfrac{\rho v d}{\mu}}\frac{l}{d}\frac{\rho v^2}{2}=\frac{64}{Re}\frac{l}{d}\frac{\rho v^2}{2}$$

若令 $\lambda=\dfrac{64}{Re}$,可得

$$\Delta p=\lambda\frac{l}{d}\frac{\rho v^2}{2} \tag{4.14}$$

或

$$h_1=\frac{\Delta p}{\gamma}=\frac{\Delta p}{\rho g}=\lambda\frac{l}{d}\frac{v^2}{2g} \tag{4.15}$$

式中　λ——沿程阻力系数,对于管内层流,$\lambda=\dfrac{64}{Re}$;

　　　Δp——沿程压强损失(N/m²);

　　　h_1——沿程水头损失(m 流体柱)。

式(4.14)和式(4.15)是计算沿程损失的常用公式,称为达西(Darcy)公式。

为克服沿程阻力而消耗的功率为

$$N_f=Q\gamma h_1=\frac{128\mu l Q^2}{\pi d^4} \tag{4.16}$$

由式(4.16)可知,当 Q、d、l 一定时,μ 越小,则损失功率 N_f 越小。在长距离输送石油时,常常将油加热,使黏度降低而减少功率损耗就是这个道理。

【例 4.2】 沿直径 $d=305$ mm 的管道,输送密度 $\rho=980$ kg/m³、运动黏性系数 $\nu=4$ cm²/s 的重油。若流量 $Q=60$ L/s,管道起点标高 $z_1=85$ m,终点标高 $z_2=105$ m,管长 $l=1\,800$ m,试求管道中重油的压力降及损失功率。

解 (1) 本题所求的压力降,是指管道起点 1 断面与终点 2 断面之间的静压差 $\Delta p=p_1-p_2$。为此,首先列出 1、2 两断面的总流伯努利方程。因为是等断面管,所以有

$$z_1+\frac{p_1}{\gamma}=z_2+\frac{p_2}{\gamma}+h_1$$

故得压力降为

$$\Delta p=p_1-p_2=\gamma(z_2-z_1+h_1)$$

可见,要计算沿程损失水头 h_1,须先确定流动类型,因此要计算 Re 数。

$$Q=60 \text{ L/s}=0.06 \text{ m}^3/\text{s}$$

$$v=\frac{Q}{A}=\frac{0.06}{0.785\times0.305^2}=0.822 \text{ (m/s)}$$

$$Re=\frac{vd}{\nu}=\frac{0.822\times0.305}{4\times10^{-4}}=626.8<2\,320,\text{为层流}$$

按达西公式即式(4.15)求沿程损失水头,即

$$h_1=\frac{64}{Re}\frac{l}{d}\frac{v^2}{2g}=\frac{64\times1\,800\times0.822^2}{626.8\times0.305\times2\times9.81}=20.75 \text{ (m 重油柱)}$$

将已知值代入,则得压力降为

$$\Delta p=\gamma(z_2-z_1+h_1)=980\times9.81\times(105-85+20.75)=391\,762 \text{ (N/m}^2)$$

(2) 计算损失功率。将已知值代入式(4.16)中,得

$$N_f=\frac{128\mu lQ^2}{\pi d^4}=\frac{128\times980\times4\times10^{-4}\times1\,800\times0.06^2}{3.14\times0.305^4}=11\,969 \text{ (W)}$$

或 $\qquad N_f=Q\gamma h_1=0.06\times980\times9.81\times20.75=11\,969\text{(W)}=11.97 \text{ (kW)}$

4.2.4 层流起始段

前面讨论圆管层流时中心最大速度是平均速度 2 倍的抛物线型流速分布,流速分布并不是流体一进入管道就会立即形成的。通常在管道的入口断面上除了与管壁相接触的流体速度迅速降为零外,其他各点速度分布是相当均匀的。随后,内摩擦力的影响逐渐加大,靠近管壁的各流层流速依次滞缓。为满足连续性条件,管轴附近的速度必然要增大,当管中心速度 u_{max} 增加到接近平均速度 v 的两倍时,抛物线型的流速分布才算形成,如图 4.4 所示。

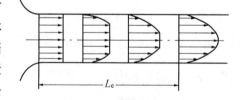

图 4.4 层流起始段

从入口断面到抛物线型的流速分布形成断面之间的距离称为层流的起始段,以 L_e 表示。从理论上讲,起始段的长度应该是无限的,但实际上经过某一有限的长度后,有效断

面上的流速分布与抛物线相近似。层流起始段的长度依赖于管道内径和流动的雷诺数

$$L_e = 0.065 Red \qquad (4.17)$$

如把 $Re = 2\,320$ 代入上式,可得

$$L_e = 150d \qquad (4.18)$$

工程上常将管轴线上的速度达到层流最大速度的 89% 作为起始段结束的标志,则起始段长度

$$L_e = 0.028\,75 Red \qquad (4.19)$$

如把 $Re = 2\,320$ 代入上式,可得

$$L_e = 66.5d \qquad (4.20)$$

在起始段内,除了因黏性摩擦引起的能量损失外,还有因加速产生的惯性而导致的损失,此附加损失可用 $\xi' \dfrac{v^2}{2g}$ 计算,则起始段内的总水头损失为

$$h_l = \left(\lambda \frac{L_e}{d} + \xi' \right) \frac{v^2}{2g} \qquad (4.21)$$

式中,ξ' 为局部阻力系数。管道进口圆滑时,$\xi' = 2.2 \sim 2.3$;管道进口尖锐时,$\xi' = 2.7$。

在管路损失计算中,当管路较长时,起始段的影响可以忽略。

4.3　圆管中的湍流运动

4.3.1　脉动现象与时均值的概念

流体做湍流运动时,流体质点做无规则的混杂运动,不同瞬时经过某固定点的运动参数(如流速)的大小和方向都在随时间而改变。这种流体经过定点的运动参数随时间而发生波动的现象称为运动要素的脉动现象。具有脉动现象的流体运动,实质上是非稳定流动。然而,如果从一个足够长的时间过程来观察,这种流体运动的参数仍然存在一定的规律性。

图 4.5 所示为圆管中湍流运动时流体经过某固定点的瞬时轴向速度 u 在一个足够长的时间过程 T 内的脉动曲线。瞬时速度 u 在 T 时间内的平均值称为时均速度,即

$$\bar{u} = \frac{1}{T} \int_0^T u \, \mathrm{d}t \qquad (4.22)$$

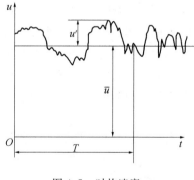

图 4.5　时均速度

显然,瞬时速度与时均速度的关系为

$$u = \bar{u} + u' \qquad (4.23)$$

式中　u'—— 脉动速度,是瞬时速度与时均速度的差值。

由此可知,脉动速度的时均值必然为零,即

$$\overline{u'} = \frac{1}{T} \int_0^T u' \, \mathrm{d}t = 0 \qquad (4.24)$$

同样,湍流中各定点的瞬时压强也可分成时均压强和脉动压强两部分,即

$$p = \bar{p} + p'$$

其中,时均压强为 $\bar{p} = \dfrac{1}{T}\displaystyle\int_0^T p\,\mathrm{d}t$,脉动压强的时均值也为零。

因此,湍流与层流不同,湍流的一切参数都是建立在时均值的概念上。经过时均化处理的湍流,可以看成层流,以前所建立的连续性方程、运动方程、能量方程等,都可以用来分析湍流运动。在后面的讨论中,湍流的运动参数符号都含有时均化的意义。但在研究湍流运动的物理实质时,就必须考虑脉动的影响。

4.3.2　层流边界层

由实验得知,在圆管湍流中,并非所有流体质点都参与湍流运动。在靠近管壁处,由于管壁及流体黏性的影响,总有一层流体质点的脉动受到很大限制,做近似层流的运动,这一流体层称为层流边界层。只有在层流以外的流体才参与湍流运动。习惯上,常将管中心部分,即速度梯度较小、各点速度接近于相等的一部分流体,称为湍流核心,或流核;而将处于湍流核心与层流边层之间的部分称为过渡区,如图 4.6 所示。

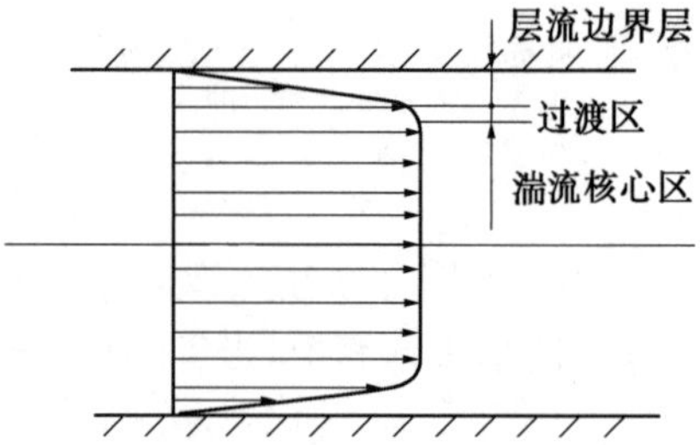

图 4.6　层流边界层

层流边界层的厚度 δ 可按如下经验公式计算:

$$\delta = 32.8 \frac{d}{Re\sqrt{\lambda}} \tag{4.25}$$

式中　d——管径;

　　　λ——湍流运动沿程阻力系数。

层流边界层的厚度虽然极薄(通常以几分之一毫米来度量),但它对于流动传热和沿程能量损失有重要的意义。在实际工作中,如研究高温流体向管壁散热时,层流边层的厚度越大,则散热越差。又如在研究管道沿程损失时,层流边层的厚度若大于管壁粗糙度,则粗糙度不引起能量损失的增加。

4.3.3　水力光滑管和水力粗糙管

对于任何一个管道,由于各种因素(如管子的材料、加工方法、使用条件及锈蚀等)的影响,管壁内表面总是凹凸不平的,因而以平均高度 Δ 代表其凹凸不平的程度,称为绝对粗糙度,如图 4.7 所示。

当 $\delta > \Delta$ 时,管壁的凹凸不平部分完全被层流边界层所覆盖,湍流核心区与凸起部分不接触,流动不受管壁粗糙度的影响,因而流动的能量损失也不受管壁粗糙度的影响,这类似于液流在完全光滑的管路中运动。这时的管道称为水力光滑管,如图 4.7(a)所示。

当 $\delta < \Delta$ 时,管壁的凹凸不平部分完全暴露在层流边层之外,湍流核心区与凸起部分相接触,流体撞击凸起部分,加剧紊乱程度,在凸起部分后面形成旋涡,增大能量损失,流

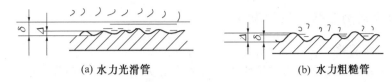

(a) 水力光滑管　　　　　　　　　(b) 水力粗糙管

图 4.7　水力光滑管和水力粗糙管

动受到管壁粗糙度的影响,这时的管道称为水力粗糙管,如图 4.7(b)所示。

当 $\delta \approx \Delta$ 时,一般归入粗糙管的范围。

水力光滑管和水力粗糙管的概念是相对的。随着流动情况的改变,Re 数在变化,δ 也在变化,因此对同一管道(Δ 固定不变),Re 比较小时可能是水力光滑管,Re 比较大时可能是水力粗糙管。

4.3.4　湍流沿程损失的基本关系式

1. 湍流沿程损失基本公式

湍流中沿程损失的影响因素比层流复杂得多。实验研究表明,管中湍流的沿程压强损失 Δp 与断面平均流速 v、流体密度 ρ、管径 d、管长 l、流体的黏性系数 μ 以及管壁的绝对粗糙度 Δ 等有关。写成函数式为

$$\Delta p = F(v, \rho, d, l, \mu, \Delta)$$

目前还不能完全从理论上求出这些变量之间的解析表达式,一般采用瑞利(Rayleigh)于 1899 年建立的量纲分析法来建立它。量纲分析得出 Δp 与 v 的关系式为

$$\Delta p = \lambda \frac{l}{d} \rho \frac{v^2}{2} \tag{4.26}$$

或

$$h_1 = \lambda \frac{l}{d} \frac{v^2}{2g} \tag{4.27}$$

其中湍流沿程阻力系数 λ 为

$$\lambda = \Phi\left(Re, \frac{\Delta}{d}\right) \tag{4.28}$$

式(4.26)和式(4.27)即为管中湍流沿程损失的基本公式,其沿程阻力系数 λ 是两个无量纲数 Re 和 $\frac{\Delta}{d}$ 的函数,只能由实验确定。正因为如此,在湍流沿程阻力系数 λ 的经验公式中,一般都含有 Re 及 $\frac{\Delta}{d}$ 这两个无量纲数。式(4.27)形式上与式(4.15)相同,但是湍流时的 λ 值,与层流时的 λ 值不同。

在流体力学中,$\frac{\Delta}{d}$ 称为相对粗糙度。其值越大,表示管壁越粗糙。

2. 非圆形管道沿程损失公式

由于圆形截面的特征长度是直径 d,非圆形截面的特征长度是水力半径 R,而且 $d = 4R$,故只需将式(4.27)中的 d 改为 $4R$(或称为当量直径 $d_当$)。因此,非圆形管道沿程损失公式为

$$h_1 = \lambda \frac{l}{d_当} \frac{v^2}{2g} = \lambda \frac{l}{4R} \frac{v^2}{2g} \tag{4.29}$$

4.3.5 沿程阻力系数λ值的确定

1.尼古拉兹实验

沿程阻力系数λ是反映边界粗糙度和流体运动状态对能量损失影响的一个系数。为了确定沿程阻力系数λ的变化规律,人们进行了广泛的实验研究,其中最具有代表性的是尼古拉兹实验。

1932～1933年,尼古拉兹采用人为的方法制造了六种不同$\frac{\Delta}{d}$的管子,并使流体通过,以改变Re的办法进行阻力系数λ的测定,得出了λ与Re的对数关系曲线,称为尼古拉兹实验图(图4.8)。

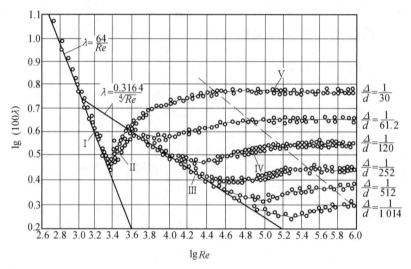

图 4.8 尼古拉兹实验图

根据λ的变化规律,这些曲线可分成五个区域:

Ⅰ区——层流区,雷诺数$Re<2\,320(\lg Re<3.36)$。λ与$\frac{\Delta}{d}$无关,只与Re有关,且$\lambda=\frac{64}{Re}$。沿程损失h_1与速度v成正比。

Ⅱ区——层流变为湍流的过渡区,雷诺数范围是$2\,320\leqslant Re<4\,000(3.36\leqslant\lg Re<3.6)$。该区域内的层流极易转变为湍流,可按湍流区的情况处理。

Ⅲ区——水力光滑管区,雷诺数范围是$4\,000\leqslant Re<26.98\left(\frac{d}{\Delta}\right)^{8/7}$。此时流体已处于湍流状态,但层流边层较厚,大于绝对粗糙度,即$\delta>\Delta$,故λ仍与$\frac{\Delta}{d}$无关,只与Re有关。相对粗糙度越大的管流,其实验点也就越早一些(即在雷诺数越小的情况下)离开直线Ⅲ。

此区λ的经验公式有:

$4\,000\leqslant Re<10^5$时,可用布拉修斯公式

$$\lambda=\frac{0.316\,4}{Re^{0.25}}$$

(4.30)

$10^5 \leqslant Re < 10^6$ 时,可用尼古拉兹(光滑管)公式

$$\lambda = 0.003\ 2 + \frac{0.022\ 1}{Re^{0.237}} \tag{4.31}$$

在水力光滑管区更通用的是卡门－普朗特公式

$$\frac{1}{\sqrt{\lambda}} = 2\ \lg \frac{Re\sqrt{\lambda}}{2.51} \tag{4.32}$$

Ⅳ区——由水力光滑管转变为水力粗糙管的过渡区,雷诺数范围是 $26.98\left(\dfrac{d}{\Delta}\right)^{8/7} \leqslant$ $Re < \dfrac{191.2}{\sqrt{\lambda}}\dfrac{d}{\Delta}$。随着 Re 增大,层流边层厚度减小,将不能完全遮盖管壁上的凸起部分,逐渐向水力粗糙管过渡,管壁粗糙度对流动阻力开始产生影响,即 λ 是 Re 和 $\dfrac{\Delta}{d}$ 的函数。可用下式计算 λ:

$$\lambda = \frac{1.42}{\left[\lg\left(Re\dfrac{d}{\Delta}\right)\right]^2} \tag{4.33}$$

Ⅴ区——水力粗糙区,雷诺数 $Re \geqslant \dfrac{191.2}{\sqrt{\lambda}}\dfrac{d}{\Delta}$。此时,$Re$ 已足够大,层流边层厚度远小于管壁粗糙度,对管壁已完全不起遮盖作用,其凸起部分已深入湍流核心区中,故 λ 与 Re 无关,只与 $\dfrac{\Delta}{d}$ 有关。此区内常用尼古拉兹粗糙管公式计算,即

$$\lambda = \left(1.14 + 2\lg\frac{d}{\Delta}\right)^{-2} \tag{4.34}$$

由于沿程损失 h_1 与速度 v 的平方成正比,故水力粗糙区又称阻力平方区。

【例 4.3】　长度 $l = 1\ 000$ m、内径 $d = 200$ mm 的普通镀锌钢管,用来输送运动黏性系数 $\nu = 0.355$ cm²/s 的重油,已测得其流量 $Q = 38$ L/s。问其沿程损失为多少?(查手册,$\Delta = 0.39$ mm,重油密度为 880 kg/m³。)

解
$$v = \frac{Q}{A} = \frac{Q}{\pi\dfrac{d^2}{4}} = \frac{0.038}{0.785 \times 0.2^2} = 1.2\ (\text{m/s})$$

$$Re = \frac{vd}{\nu} = \frac{121 \times 20}{0.355} = 6\ 817 > 4\ 000$$

且
$$26.98\left(\frac{d}{\Delta}\right)^{8/7} = 26.98\left(\frac{200}{0.39}\right)^{1.134} \approx 32\ 243$$

符合条件
$$4\ 000 < Re < 26.98\left(\frac{d}{\Delta}\right)^{8/7}$$

故为水力光滑管。采用式(4.30)得

$$\lambda = \frac{0.316\ 4}{Re^{0.25}} = \frac{0.316\ 4}{6\ 817^{0.25}} = 0.034\ 8$$

故沿程水头损失为

$$h_1 = \frac{\lambda l}{d}\frac{v^2}{2g} = \frac{0.034\ 8 \times 1\ 000}{0.2} \times \frac{(1.2)^2}{2 \times 9.8} = 12.78\ (\text{m 油柱})$$

沿程压强损失为

$$\Delta p = \gamma h_1 = 880 \times 9.81 \times 12.78 = 11.04 \times 10^4 (\text{Pa})$$

2.莫迪图

工程实际中的管道与人工粗糙管道的粗糙度情况是不同的。工业管道内壁面凹凸不平,并且不均匀,因此对流动阻力的影响可能与上述计算结果有误差,所以工程计算中都是用通过实验和计算确定的当量粗糙度来代替实际粗糙度,以修正误差,它并非是管道的真实粗糙度。几种工业中常用管道的当量粗糙度见表 4.1。

表 4.1　几种常用管道的当量粗糙度

管道材料	管道状况	Δ/mm	管道材料	管道状况	Δ/mm
铜、铝等有色金属管	新的、表面光滑	0.001 5 0.007	普通镀锌钢管		0.39
无缝钢管	新的、清洁的 使用几年后	0.014 0.2	铆合钢管	简易铆合 加强铆合	0.3~3.0
玻璃管	新的、干净的	0.01	混凝土管	新　的	0.5
橡胶软管	新的、较规整	0.02~0.2	石棉水泥管	新　的	0.1
铸铁管	新　的 一般的 旧　的	0.25~0.41 0.50~1.0 1.0~3.0	镀锌铁管	新的、清洁的 使用几年后	0.15 0.5

1940 年莫迪对工业用管做了大量实验,绘制出 λ 与 Re 及 $\dfrac{\Delta}{d}$ 的关系图(图 4.9),供实际运算时使用,既简便又准确,被广泛应用。

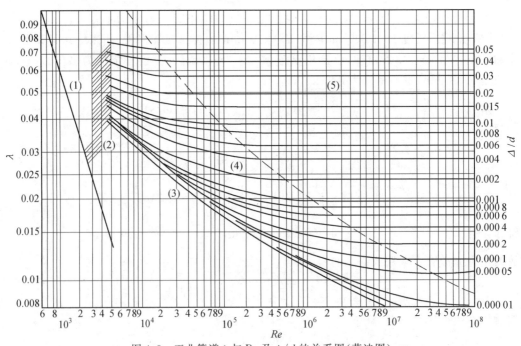

图 4.9　工业管道 λ 与 Re 及 Δ/d 的关系图(莫迪图)

4.4　局部阻力系数的确定

实际的流体通道,除了在各直管段产生沿程阻力外,流体流过各个接头、阀门等局部障碍时都要产生一定的流动损失,即局部阻力。由于产生局部阻力的原因很复杂,所以大多数情况下的局部阻力只能通过实验来确定。本节仅以管道截面突然扩大的情况为例来介绍局部阻力的计算方法。

4.4.1　截面突然扩大的局部损失

设有突然扩大的管道截面如图 4.10 所示。平均速度的流线在小管中是平直的,经过一个扩大段以后,到 2—2 截面上流线又恢复到平直状态。扩大段的沿程阻力可忽略不计。由截面 1—1 与 2—2 间液流的伯努利方程(取动能修正系数 $\alpha_1 = \alpha_2 \approx 1$)可得

$$p_1 + \frac{\rho v_1^2}{2} = p_2 + \frac{\rho v_2^2}{2} + \Delta p$$

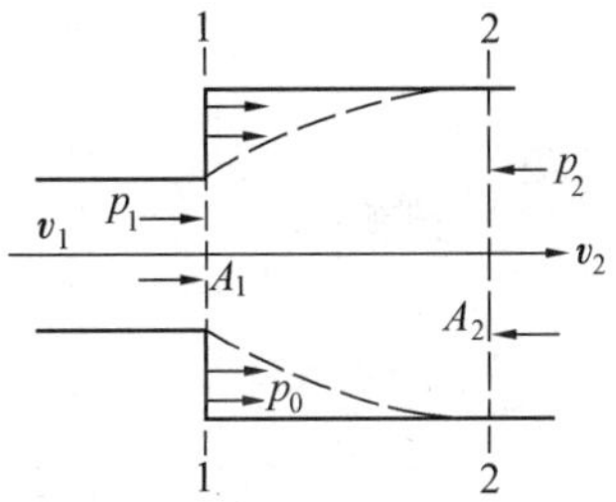

因此,压强损失为

$$\Delta p = p_1 - p_2 + \frac{\rho}{2}(v_1^2 - v_2^2)$$

若以 h_r 表示水头损失,则有

$$h_r = \frac{p_1 - p_2}{\gamma} + \frac{1}{2g}(v_1^2 - v_2^2) \qquad (4.35)$$

式中　h_r——局部水头损失。

图 4.10　截面突然扩大的管道

由动量方程(取动量修正系数 $\beta_1 = \beta_2 \approx 1$)可得

$$\frac{\gamma}{g} Q v_2 - \frac{\gamma}{g} Q v_1 = p_1 A_1 - p_2 A_2 + p_0 (A_2 - A_1)$$

将 $Q = v_2 A_2$ 代入上式,并经实验证明取 $p_0 \approx p_1$,得

$$\frac{v_2}{g}(v_2 - v_1) = \frac{p_1 - p_2}{\gamma} \qquad (4.36)$$

联立式(4.35)与式(4.36)后得

$$h_r = \frac{(v_1 - v_2)^2}{2g}$$

按连续性方程 $Q = v_1 A_1 = v_2 A_2$,上式可改写为

$$h_r = \left[1 - \frac{A_1}{A_2}\right]^2 \frac{v_1^2}{2g} = \xi_1 \frac{v_1^2}{2g}$$

或

$$h_r = \left[\frac{A_2}{A_1} - 1\right]^2 \frac{v_2^2}{2g} = \xi_2 \frac{v_2^2}{2g} \qquad (4.37)$$

式中　ξ_1、ξ_2——局部阻力系数,其值随比值 A_1/A_2 不同而异(表 4.2)。

表 4.2　管径突然扩大的局部阻力系数 ξ 值

A_1/A_2	1	0.9	0.8	0.7	0.6	0.5	0.4	0.3	0.2	0.1	0
ξ_1	0	0.01	0.04	0.09	0.16	0.25	0.36	0.49	0.64	0.81	1
ξ_2	0	0.012 3	0.062 5	0.184	0.444	1	2.25	5.44	36	81	∞

4.4.2 其他类型的局部损失

管道中的各种局部部件的阻力系数都是由实验得出的,常用部件的局部阻力系数见表 4.3。在流体力学中常以管径突然扩大的水头损失计算公式作为通用的计算公式,然后根据具体情况乘以不同的局部阻力系数,即

$$h_r = \xi \frac{v^2}{2g} \tag{4.38}$$

表 4.3　局部阻力系数

序号	类别	名　称	简　图	阻力系数 ξ
1		直角入口		0.5
2		外伸入口		0.8~1.0
3	入口	倒角入口		0.1~0.5
4		圆弧入口		0.04~0.1
5		流线型入口		0.01~0.02
6		突然扩大		对 $v_1: \xi_1 = \left(1 - \frac{A_1}{A_2}\right)^2$;对 $v_2: \xi_2 = \left(\frac{A_2}{A_1} - 1\right)^2$
7	断面变化	渐　扩		$\xi = \frac{\lambda}{8\sin\frac{\alpha}{2}}\left(1 - \frac{A_1^2}{A_2^2}\right) + \sin\alpha\left(1 - \frac{A_1}{A_2}\right)^2$　$(\alpha \leqslant 20°)$
8		突然缩小		$\xi = 0.5\left(1 - \frac{A_2}{A_1}\right)$
9		渐　缩		$\xi = \frac{\lambda}{8\sin\frac{\alpha}{2}}\left[1 - \left(\frac{A_2}{A_1}\right)^2\right]$

90°弯管：$\xi_{90°} = 0.13 + 1.85\left(\frac{d}{2R}\right)^{3.5}$

R/d	5	2.5	1.33	1.25	1.0
$\xi_{90°}$	0.13	0.14	0.16	0.21	0.29

序号	类别	名称	阻力系数
10		90°弯管	
11	弯管	顺向双弯	$2\xi_{90°}$
12		转向双弯	$3\xi_{90°}$
13		反向双弯	$4\xi_{90°}$

续表 4.3

序号	类别	名　称	简　图	阻力系数 ξ

14　折管（折管）

α/(°)	10	20	30	40	50	60	70	80	90
ξ	0.04	0.10	0.17	0.27	0.40	0.55	0.70	0.90	1.12

15　折管（等断面）　Z 型折管

h/b	0	0.4	0.6	0.8	1.0	1.2	1.4	1.6	1.8	2.0
ξ	0	0.62	0.89	1.61	2.63	3.61	4.01	4.18	4.22	4.18
h/b	2.4	2.8	3.2	4.0	5.0	6.0	7.0	9.0	10.0	∞
ξ	3.75	3.31	3.20	3.08	2.92	2.80	2.70	2.50	2.41	2.30

16　Π 型折管

L/b	0	0.2	0.4	0.6	0.8	1.0	1.2
ξ	3.6	2.5	1.8	1.4	1.3	1.2	1.2
L/b	1.4	1.6	1.8	2.0			
ξ	1.3	1.4	1.5	1.6			

等径三通

序号	名称	阻力系数 ξ
17	直流	0.1
18	转弯流	1.3
19	分流	1.3
20	汇流	3.0
21	斜三通	0.05
22		0.15
23		0.5
24		1.0
25		3.0

26　阀门　闸阀

h/d	0.1	0.2	0.3	0.4	0.5	0.6	0.7	0.8	0.9	1.0
长方断面	193	44.5	17.8	8.12	4.02	2.08	0.95	0.39	0.09	0.05
圆形断面	97.8	35	10	4.6	2.06	0.98	0.44	0.17	0.06	0.05

注：速度 v 用闸门全开时的速度

习　　题

1.已知管径 $d=150$ mm，流量 $Q=15$ L/s，液体温度为 10 ℃，其运动黏度系数 $\nu=0.415$ cm^2/s。试确定：

(1) 在此温度下的流动状态；

(2) 在此温度下的临界速度；

(3) 若过流面积改为面积相等的正方形管道，则其流动状态如何？

2.温度 $T=5$ ℃的水在直径 $d=100$ mm 的管中流动，体积流量 $Q=15$ L/s，问管中水流处于什么运动状态？

3.温度 $T=15$ ℃，运动黏度 $\nu=0.011\ 4$ cm^2/s 的水，在直径 $d=2$ cm 的管中流动，测得流速 $v=8$ cm/s，问水流处于什么状态？ 如要改变其运动，可以采取哪些方法？

4.在横断面积为 2.5 m×2.5 m 的矿井巷道中，当空气流速 $v=1$ m/s 时，气流处于什么运动状态？ 已知井下温度 $T=20$ ℃，空气的运动黏度系数 $\nu=0.15$ cm^2/s。

5.在长度 $l=10\ 000$ m、直径 $d=300$ mm 的管路中输送重度 $\gamma=9.31$ kN/m^3 的重油，其质量流量 $G=2\ 371.6$ kN/h，求油温分别为 10 ℃（$\nu=25$ cm^2/s）和 40 ℃（$\nu=1.5$ cm^2/s）时的水头损失。

6.某一送风管道（钢管，$\Delta=0.2$ mm）长 $l=30$ m，直径 $d=750$ mm，在温度 $T=20$ ℃ 的情况下，送风量 $Q=30\ 000$ m^3/h。问：

(1) 此风管中的沿程损失为多少？

(2) 使用一段时间后，其绝对粗糙度增加到 $\Delta=1.2$ mm，其沿程损失又为多少？ （$T=20$ ℃时，空气的运动黏度系数 $\nu=0.157$ cm^2/s）

7.直径 $d=200$ mm、长度 $l=300$ m 的新铸铁管，输送重度 $\gamma=8.82$ kN/m^3 的石油，已测得流量 $Q=0.027\ 8$ m^3/s。如果冬季时油的运动黏性系数 $\nu_1=1.092$ cm^2/s，夏季时 $\nu_2=0.355$ cm^2/s，问在冬季和夏季中，此输油管路中的水头损失 h_1 各为多少？

第二篇　热量传输

热量传输简称传热，是研究热量传递规律的一门科学，是自然界存在的一种极为普遍而又重要的物理现象。机械制造以及热加工专业中的加热、冷却、熔化和凝固过程都与热量的传输息息相关，热量传输具有特殊的重要性，它在保证工艺实施、提高产品质量和产量等方面起关键作用。

热量传输的研究对象是热量传递规律，其主要包括热量的传递方式以及在特定条件下热量传递、温度分布的有关规律。什么情况下发生热量传递现象呢？凡有生活经验的人就会知道，热量总是由高温物体传向低温物体，物体间温差越大，热量传递就越容易。这就是热力学第二定律。由此可见，在热量传输中温度及其分布是最主要的因素，温差是热量传输的推动力。

在工件的制造工艺中，温度场的测算和控制，不同工况下不同材质及几何形态对温度场变化的影响，工艺缺陷的分析和预防等无不受热量传输规律的制约。因此，研究热量传输是保证工艺实施、提高产品质量和生产率的重要理论依据。

以上说明两个问题：

(1)热量传输的研究对象是热量传递规律。

(2)温差是热量传输的推动力。

第5章 热量传输的基本概念及基本定律

学习要点

四个基本概念：

温度场：$T = f(x, y, z, t)$

温度梯度：$\text{grad } T = \dfrac{\partial T}{\partial x}\boldsymbol{i} + \dfrac{\partial T}{\partial y}\boldsymbol{j} + \dfrac{\partial T}{\partial z}\boldsymbol{k}$

热流量(Φ)：单位时间内经由某一给定面积传递的热量。

热流密度(q)：单位时间内通过单位面积的热量。

三种传热方式：

导热——热导率 λ

对流——对流换热系数 h

辐射——黑体辐射常数 σ_0

两个基本定律及三个基本公式：

傅里叶定律：$\Phi = -\lambda A \dfrac{\mathrm{d}T}{\mathrm{d}x}$

牛顿冷却公式：$q = h\Delta T$

四次方定律：$\Phi = A\sigma_0 T^4$

5.1　基本概念

在介绍热量传递方式之前,先介绍四个基本概念:温度场、等温线和等温面、温度梯度、热流量和热流密度。

5.1.1　温度场

在换热系统中,一般来说,空间各点的温度不一定都是相同的,而且,同一地点的温度也可能随着时间的推移而改变。例如,房间内,一年四季,同一位置,温度是变化的,为描述这种现象而引入温度场的概念,即温度场是指各时刻传热系统中空间一切点的温度分布的总描述。温度场的数学表达式为

$$T = f(x, y, z, t) \tag{5.1}$$

式中　x、y、z——空间直角坐标;

　　　t——时间坐标。

像重力场、速度场一样,物体在热量传递过程中存在着时间和空间上的温度分布。式(5.1)就是它的表达式。

物体中各点的温度不随时间变化的温度场,称为稳态温度场(或定常温度场),其表达式简化为

$$T = f(x, y, z) \tag{5.2}$$

物体中各点的温度随时间改变的温度场,称为非稳态温度场(或非定常温度场),工件在加热或冷却过程中其内部都具有非稳态温度场。

在稳态温度场内的传热称为稳态传热,在非稳态温度场内的传热称为非稳态传热。

在某些特殊情况下,物体的温度仅在一个或两个坐标方向有变化,这种情况下的温度场称为一维温度场或二维温度场,写成表达式为 $T = f(x)$ 或 $T = f(x, t)$,$T = f(x, y)$ 或 $T = f(x, y, t)$。

5.1.2　等温线和等温面

温度场中同一瞬间由相同温度点组成的面称为等温面,它可以是平面,也可以是曲面;等温面上的任意一条线称为等温线,它可以是直线,也可以是曲线。稳态温度场中的等温面与等温线的形状均不随时间而变化。物体内的温度场可用等温面或等温线来形象直观地表示,所以温度场习惯上用等温面图或等温线图来表示。图 5.1(a)所示为铸件在凝固过程中某瞬时的温度场,是用等温线表示铸件某瞬时的温度场的实例。在铸造生产中,常常采用绘制不同时间铸件内凝固温度等温面或等温线的方法来判断铸件的凝固顺序,用以确定铸件断面上缩孔的分布位置,为设置冒口补缩提供依据,如图 5.1(b)所示,其凝固顺序为Ⅰ→Ⅳ。

5.1.3　温度梯度

在同一等温面上,各点的温度是相等的,因此,沿等温面上不会有温度变化,只有穿过

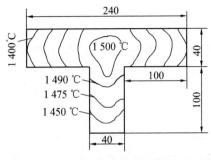

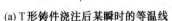

(a) T形铸件浇注后某瞬时的等温线

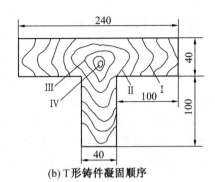

(b) T形铸件凝固顺序

图 5.1　等温线和等温面(长度单位:mm)

等温面才会有温度变化,如图 5.2 所示。在温度场中任取三个等温面,$T-\Delta T$、T、$T+\Delta T$ 分别为三个相邻的等温面的温度,以 n 表示等温面单位法向矢量。当两个等温面间的法向距离 $\Delta n \to 0$ 时,$\dfrac{\Delta T}{\Delta n}$ 的极限 $\dfrac{\partial T}{\partial n}$ 称为温度梯度。温度变化率是个标量,它必须与单位矢量相乘才成为矢量。由于梯度这个矢量是指向变化量最大的方向,而在等温面的法线方向上,单位长度的温度变化率最大,因此把温度场中任意一点沿等温面法线方向的温度变化率称为该点的温度梯度,即

$$\text{grad } T = \lim_{\Delta n \to 0} \frac{\Delta T}{\Delta n} \boldsymbol{n} = \frac{\partial T}{\partial n} \boldsymbol{n} \tag{5.3}$$

对温度梯度的几点说明:

(1) 式(5.3)中 $\boldsymbol{n}$ 表示法向单位矢量。

(2) $\dfrac{\partial T}{\partial n}$ 表示温度在 $\boldsymbol{n}$ 方向上的导数。

温度梯度在空间三个坐标轴上的分量等于其相应的偏导数,即有

$$\text{grad } T = \frac{\partial T}{\partial x} \boldsymbol{i} + \frac{\partial T}{\partial y} \boldsymbol{j} + \frac{\partial T}{\partial z} \boldsymbol{k} \tag{5.4}$$

式中　$\boldsymbol{i}$、$\boldsymbol{j}$、$\boldsymbol{k}$——三个坐标轴上的单位矢量。

图 5.2(a)所示为温度与热流密度矢量 $\boldsymbol{q}$ 的关系,图 5.2(b)所示为等温线与热流线间的关系。热流线是表示热流方向的线,恒与等温线垂直相交。

(3) 规定沿温度升高的方向为正,如图 5.2(a)所示,$\boldsymbol{n}$ 方向为正方向。

(4) 温度梯度越大,说明温度场内各点处温度变化越激烈。

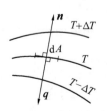

(a) 温度梯度与热流密度矢量

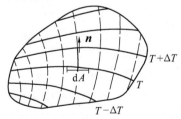

(b) 等温线（实线）与热流线（虚线）

图 5.2　等温线与热流线

5.1.4　热流量和热流密度

温度场中，单位时间内，经由某一给定面积传递的热量称热流量，记为 Φ，单位为 W。单位时间内通过单位面积的热量称为热流密度（又称比热流），记为 q，单位为 W/m^2。

对热流密度有几点说明：

（1）热流密度和温度梯度位于等温面的同一法线上。

（2）规定沿温度降低的方向为正，热流方向与温度梯度方向相反。

（3）引入热流密度的概念，是为了分析方便；引入热流量的概念是为了计算方便。

5.2　热量传递的三种基本方式及其基本规律

热量传递有三种基本方式，即导热、对流和热辐射。下面针对热量传递的三种基本方式分别加以介绍。

5.2.1　导热

1.导热

物体各部分之间不发生相对位移时，依靠物体内部的分子、原子及自由电子等微观粒子的热运动而产生的热量传递称为热传导，简称导热。例如，窑炉的炉衬温度高于炉墙外壳时，炉衬内侧向炉墙壁外侧的热量传递；铸件凝固冷却时，铸件内部的温度高于外侧，铸件内外侧以及砂型中的热量传递；焊接时焊件内部热源附近高温区向周围低温区的热量传递；等等。

从微观角度来看，气体、液体、导电固体和非导电固体的导热机理是有所不同的。气体中的导热是气体分子不规则热运动时相互碰撞的结果。众所周知，气体的温度越高，其分子的平均动能越大，同时不同分子具有不同的动能。不同能量水平的分子相互碰撞，使热量从高温处向低温处传递。导电固体中有相当多的自由电子，它们在晶格之间像气体分子那样运动。自由电子的运动在导电固体的导热中起着主要作用。在非导电固体中，导热是通过晶格结构的振动即原子、分子在其平衡位置附近的振动来实现的。至于液体中的导热机理，对其还存在着不同的观点。有一种观点认为液体定性上类似于气体，只是情况更复杂，因为液体分子间的距离比较近，分子间的作用力对碰撞过程的影响远比气体大；另一种观点则认为液体的导热机理类似于非导电固体，主要是原子或分子的振动在起作用。

本书的讨论仅限于导热现象的宏观规律，那么，导热遵循什么规律呢？

2.傅里叶导热定律

通过对实践经验的提炼，导热现象的规律已经被总结为傅里叶定律。通过平壁的导热如图 5.3 所示。平壁的两个表面均维持各自的均匀温度，这属于沿平壁厚度方向的一维导热问题。对于 x 方向上任意厚度 dx 的微薄层，根据傅里叶定律，单位时间通过该层的热量，与该处的温度变化率及平壁的截面积 A 成正比，即

$$\Phi = -\lambda A \frac{\mathrm{d}T}{\mathrm{d}x} \qquad (5.5)$$

对傅里叶定律的几点说明：

（1）式(5.5)中，λ 是个比例系数，称为热导率或导热系数。

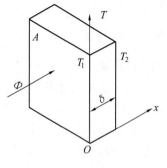

（2）负号表示热量传递的方向与温度升高的方向相反。

（3）傅里叶定律的热流密度表示形式为

$$q = \frac{\Phi}{A} = -\lambda \frac{\mathrm{d}T}{\mathrm{d}x} \qquad (5.6)$$

图 5.3　通过平壁的导热

（4）式(5.5)和式(5.6)是一维稳态导热时傅里叶定律的数学表达式。

（5）傅里叶定律的向量表达式为（参见图 5.2(a)）

$$\boldsymbol{q} = -\lambda \operatorname{grad} T = -\lambda \frac{\partial T}{\partial n} \boldsymbol{n} \qquad (5.7)$$

3. 热导率

傅里叶定律中的热导率 λ 是物质的热物性参数，代表着物质本身导热能力的大小，其定义式可由傅里叶定律表达式推出。

由式(5.7)得到

$$\lambda = -\frac{\boldsymbol{q}}{\dfrac{\partial T}{\partial n} \boldsymbol{n}} \qquad (5.8)$$

由此可见，热导率在数值上等于温度梯度为 1 个单位时，物体内具有的热流密度，单位为 $W/(m \cdot K)$。它反映出了在相同的温度梯度下，物体的热导率越大，导热量也越大。因此，λ 是表征物体导热能力的重要物性参数。

热导率的大小取决于物质的种类和温度。

（1）不同的物质，导热能力不同，λ 值也就不同。即使是同一种物质，在不同温度时 λ 值也不同。比如，金属材料的热导率比较高，常温条件(20 ℃)下纯铜为 399 $W/(m \cdot K)$；碳钢($w_c \approx 1.5\%$)为 36.7 $W/(m \cdot K)$。非金属材料及液体的热导率较低，如 20 ℃时水的 λ 值为0.599 $W/(m \cdot K)$。气体的热导率最小，如 20 ℃时干空气的 λ 值为 0.259 $W/(m \cdot K)$。

（2）热导率与温度之间的关系很复杂，同种材料的 λ 值与温度有关，对于铁、碳钢和低合金钢，λ 值随温度的增加而下降；对于高合金钢（不锈钢、耐热钢等），λ 值则随着温度的增加而增加。有经验证明，在工程实用计算中，当温度变化时，大多数物质的热导率与温度的关系可近似地认为是直线关系，即

$$\lambda = \lambda_0 + bT \qquad (5.9)$$

式中　λ——温度为 T 时的热导率；

$\quad\quad \lambda_0$——T 为 0 ℃时的热导率；

$\quad\quad b$——由实验测定的温度系数。

工程计算采用的热导率都是用专门实验测定的。一些常用材料热导率的值列在附录

3 和附录 4 中。

5.2.2 对流

1.对流

对流是指流体各部分之间发生相对位移时,冷热流体相互掺混所引起的热量传递方式。

对流仅能发生在流体中,而且必然伴随着导热现象。工程上常遇到的不是单纯的对流方式,而是流体流过固体表面时对流和导热联合起作用的传热方式。后者称为对流换热以区别于单纯对流。本书主要讨论对流换热。

根据引起流体流动的原因不同,对流换热可分为自然对流与强制对流两大类。自然对流是由于流体冷、热各部分密度不同而引起的,暖气片表面附近热空气向上流动就是其中的一个例子。如果流动是由水泵、风机或其他压差所造成的,则称为强制对流。另外,沸腾及凝结也属于对流换热,熔化及凝固过程除导热外还常伴有对流换热,并且它们都是带有相变的对流换热现象。

2.计算公式

对流换热的形式较多,但无论哪一种形式的对流换热,单位时间、单位面积上所交换的热量都可以采用牛顿冷却公式来计算。

流体被加热时

$$q = h(T_w - T_f) \qquad (W/m^2) \qquad (5.10)$$

流体被冷却时

$$q = h(T_f - T_w) \qquad (W/m^2) \qquad (5.11)$$

式中 h——对流换热系数,其定义可由上式推出;

T_w、T_f——分别为壁面及流体温度。

如果把温差(也称温压)记为 ΔT,并规定永远取正值,则牛顿冷却公式可表示为

$$q = h\Delta T \qquad (W/m^2) \qquad (5.12)$$

$$\Phi = hA\Delta T \qquad (W) \qquad (5.13)$$

式中 A——物体参与换热的面积。

对流换热系数 h 的大小与换热过程的许多因素有关,如 λ、μ、ρ、c_p 等。因此,可以说,牛顿冷却公式仅仅给出了 h 的定义式,提供了一种处理问题的方法,而傅里叶定律则揭示了导热规律。

对流换热系数 h 不是物性参数,求解各种情况下的对流换热系数 h 的值或计算式,是对流换热研究的主要任务。

5.2.3 热辐射

1.热辐射的含义

通过电磁波传递能量的方式称为辐射。物体会因各种原因发出辐射能,其中由于具有温度而发出辐射能的现象称为热辐射。通过热辐射进行热量传递称为辐射换热。

2.热辐射的特点

热辐射通常具有如下特点：

(1)依靠电磁波传递能量。

(2)热辐射不需要任何介质，可以在真空中传播。当两个物体被真空隔开时，例如地球与太阳之间，导热与对流都不会发生，而只能进行辐射换热。

(3)辐射换热不仅产生能量的转移，而且还伴随着能量形式的转化。辐射时热能转换为辐射能，而被吸收时又将辐射能转换为热能。

(4)自然界中所有物体都在不停地向空间发出热辐射，同时，又不断地吸收其他物体发出的热辐射，辐射和吸收过程的综合结果就形成了物体间以辐射方式进行的热量传递——辐射换热。

物体与周围环境处于热平衡时，物体发出的辐射能和吸收的辐射能相等，辐射换热量等于零。但这时，辐射过程、吸收过程仍在不停地进行，这种平衡属于动态平衡。

3.斯忒藩－玻耳兹曼定律

实验表明，物体的辐射能力与温度有关，同一温度下不同物体的辐射和吸收本领也不一样。因此，辐射能力的大小与物体种类和温度有关。

有一种称为黑体(绝对黑体)的理想物体，它吸收所有投射到它表面上的辐射能，同时它的辐射能力也是最大的，黑体的概念在辐射理论中具有重要意义。

设有一黑体，表面积为 A，热力学温度为 $T(\mathrm{K})$，则单位时间内黑体发射的辐射能 Φ 由斯忒藩－玻耳兹曼定律(也称四次方定律)描述为

$$\Phi = A\sigma_0 T^4 \quad (\mathrm{W}) \tag{5.14}$$

式中　σ_0——黑体辐射常数，$\sigma_0 = 5.67 \times 10^{-8} \mathrm{~W/(m^2 \cdot K^4)}$。

一切实际物体的辐射能力均小于同温度下的黑体的辐射能力，实际物体的辐射能采用下式计算：

$$\Phi = \varepsilon A\sigma_0 T^4 \quad (\mathrm{W}) \tag{5.15}$$

式中　ε——实际物体的黑度(或发射率)。

黑度表示实际物体与黑体之间的接近程度，其值与物体的种类和表面状态有关，介于 $0 \sim 1$ 之间。

式(5.14)、式(5.15)中的 Φ 均指向外辐射的热流量，不是辐射换热量，斯忒藩－玻耳兹曼定律是由理论推导出并经实验验证的。

以上总结了热量传递的三种基本方式，由于机理不同，各种热量传递方式所遵循的规律也不同，依次分开论述比较适宜。但要注意，在工程问题中，同一环节有时存在着两种或者两种以上热量传递方式同时出现的情况，把同一环节中两种以上的热量传递方式同时出现的换热称为复合换热。例如一块高温钢板在厂房中的冷却散热，既有辐射换热方式，同时又有对流换热(自然对流换热)方式。两种方式散热的热流量叠加等于总的散热流量。又如厚大焊件的冷却过程同时存在着导热、对流换热及辐射换热三种热量传递方式。对于这些场合，就不能只顾一种传热方式而遗漏其他种传热方式。

习　题

1. 试述温度场、温度梯度、等温线与等温面的概念。

2. 传热有哪几种方式？请举例说明。

3. 同一等温面上的点之间能发生热量传递吗？不同温度的等温线或等温面能相交吗？为什么？

4. 在用氧乙炔气割炬切割钢板过程中,钢板经历的热量传递过程是稳态的还是非稳态的？

5. 当铸件在砂型中冷却凝固时,由于铸件收缩导致铸件表面与砂型间产生气隙,气隙中的空气是停滞的,试问通过气隙有哪几种基本热量传递方式？

6. 从传热的角度考虑,采暖散热器和冷风机应放在什么位置(高度)最合适？

7. 用直径 0.18 m、厚 δ_1 的水壶烧开水,热流量为 $1\,000$ W,与水接触的壶底温度为 $107.6\ ℃$。因长期使用,壶底结了一层厚 $\delta_2 = 3$ mm 的水垢,水垢的热导率为 1 W/(m·K)。假如此时与水接触的水垢表面温度仍为 $107.6\ ℃$,壶底热流量不变,问水垢与壶底接触面的温度增加了多少？

8. 一根长 15 m 的蒸汽管道水平通过车间,其保温层外径为 580 mm,外表面温度为 $48\ ℃$,车间内的空气温度为 $30\ ℃$,保温层外表面与空气的对流换热系数为 3.5 W/(m²·K)。求蒸汽管道在车间内的对流散热量。

9. 试求上题中蒸汽管道的辐射热流量 Φ_r。已知系统发射率 ε_s 为保温层外表面的发射率 $\varepsilon_1 = 0.9$,物体 2 为周围物体,其温度 T_2 接近空气温度 T_∞。

通过上两题的计算,说明保温层外表面温度不高时,其辐射散热量与对流散热量相比,是否可以忽略。

第6章 导 热

学 习 要 点

导热微分方程式：
$$\frac{\partial T}{\partial t} = \frac{\lambda}{\rho c}\left(\frac{\partial^2 T}{\partial x^2} + \frac{\partial^2 T}{\partial^2 y} + \frac{\partial^2 T}{\partial z^2}\right) + \frac{q_v}{\rho c}$$

热阻：
$$R_{T,z} = \frac{\Delta T}{\Phi}$$

热阻的串联规律：
$$\frac{T_1 - T_4}{q} = \frac{\delta_1}{\lambda_1} + \frac{\delta_2}{\lambda_2} + \frac{\delta_3}{\lambda_3}$$

稳态导热计算：

单层：
$$q = \frac{\Delta T}{\delta/\lambda}$$

多层平壁：
$$q = \frac{T_1 - T_{n+1}}{\sum\limits_{i=1}^{n} \frac{\delta_i}{\lambda_i}}$$

圆筒壁：
$$\Phi = \frac{2\pi\lambda l(T_1 - T_2)}{\ln(r_2/r_1)} \quad \text{或} \quad \Phi = \frac{2\pi\lambda l(T_1 - T_2)}{\ln(d_2/d_1)}$$

球壁：
$$\Phi = \frac{4\pi\lambda(T_1 - T_2)}{\dfrac{1}{r_1} - \dfrac{1}{r_2}} = \frac{2\pi\lambda\Delta T}{\dfrac{1}{d_1} - \dfrac{1}{d_2}} = \pi\lambda\frac{d_1 d_2}{\delta}\Delta T$$

非稳态导热计算：

集总参数法。

应用诺谟图进行一维及多维计算。

由第 5 章可知,温度场可分为稳态温度场和非稳态温度场。稳态温度场对应的导热称为稳态导热;非稳态温度场对应的导热称为非稳态导热。

6.1 导热微分方程

对于一维稳态导热问题,求解比较简单,直接对傅里叶定律的表达式进行积分就可获得其解。但对于多维导热问题,求解较为复杂,必须解决不同坐标方向间导热关系的相互联系问题。这时,导热问题的数学描述,即导热微分方程式的建立,显得尤为重要。

6.1.1 导热微分方程式

导热微分方程式是描述导热物体内部温度分布的微分方程式,其建立的理论依据是能量守恒定律和傅里叶定律。在推导导热微分方程时,为不使问题过于复杂,减少次要因素的引入,把所研究的对象局限于常物性(即物性参数 λ、c、ρ 等都是常量)的各向同性材料,物体中的内热源是均匀的,把热导率是变量的情况放在后面讨论。在一般情况下,按照能量守恒定律,微元体的热平衡式可以表示为

$$导入微元体的总热流量-导出微元体的总热流量$$
$$=微元体内能的增量-微元体内热源生成的热量 \qquad (6.1a)$$

导入及导出微元体的总热流量可以从傅里叶定律推出,即首先将任意方向的热流量分解成为 x、y、z 三个坐标轴方向的分量,这些分量如图 6.1 所示。根据傅里叶定律,通过 $x=x$、$y=y$、$z=z$ 三个表面导入微元体的热量与通过 $x=x+dx$、$y=y+dy$、$z=z+dz$ 三个表面导出微元体的热流量分别表示为

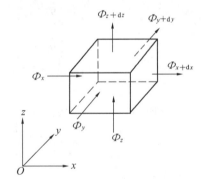

图 6.1 微元平行六面体的导热分析

$$\left. \begin{array}{l} \Phi_x = -\lambda\,\dfrac{\partial T}{\partial x}dydz \\[2mm] \Phi_y = -\lambda\,\dfrac{\partial T}{\partial y}dxdz \\[2mm] \Phi_z = -\lambda\,\dfrac{\partial T}{\partial z}dxdy \end{array} \right\} \qquad (6.1b)$$

$$\left. \begin{array}{l} \Phi_{x+dx} = -\lambda\,\dfrac{\partial}{\partial x}\left(T+\dfrac{\partial T}{\partial x}dx\right)dydz \\[2mm] \Phi_{y+dy} = -\lambda\,\dfrac{\partial}{\partial y}\left(T+\dfrac{\partial T}{\partial y}dy\right)dxdz \\[2mm] \Phi_{z+dz} = -\lambda\,\dfrac{\partial}{\partial z}\left(T+\dfrac{\partial T}{\partial z}dz\right)dxdy \end{array} \right\} \qquad (6.1c)$$

$$微元体内能的增量 = \rho c\,\frac{\partial T}{\partial t}dxdydz \qquad (6.1d)$$

设单位时间、单位体积内热源生成的热量为 q_v,则

$$微元体内热源的生成热 = q_v dxdydz \qquad (6.1e)$$

将式(6.1b)~(6.1e)代入式(6.1a),可获得导热微分方程式的一般形式,即

$$\frac{\partial T}{\partial t} = \frac{\lambda}{\rho c}\left(\frac{\partial^2 T}{\partial x^2} + \frac{\partial^2 T}{\partial y^2} + \frac{\partial^2 T}{\partial z^2}\right) + \frac{q_v}{\rho c} \tag{6.2}$$

式中　$\lambda/(\rho c) = a$——热扩散率(又称导温系数)。

式(6.2)对稳态、非稳态及有内热源的问题都可适用,稳态问题以及无内热源的问题都是上述微分方程的特例。例如,在稳态、无内热源条件下,导热微分方程简化为

$$\frac{\partial^2 T}{\partial x^2} + \frac{\partial^2 T}{\partial y^2} + \frac{\partial^2 T}{\partial z^2} = 0 \tag{6.3}$$

运用数学上的坐标变换,式(6.2)可以转换成柱坐标或球坐标表达式。参照相应的坐标系统,转换的结果分别是:

柱坐标

$$\frac{\partial T}{\partial t} = a\left(\frac{\partial^2 T}{\partial r^2} + \frac{1}{r}\frac{\partial T}{\partial r} + \frac{1}{r^2}\frac{\partial^2 T}{\partial \theta^2} + \frac{\partial^2 T}{\partial z^2}\right) + \frac{q_v}{\rho c} \tag{6.4}$$

球坐标

$$\frac{\partial T}{\partial t} = a\left[\frac{1}{r^2}\frac{\partial^2 (r^2 T)}{\partial r^2} + \frac{1}{r^2 \sin\theta}\frac{\partial}{\partial \theta}\left(\sin\theta\frac{\partial T}{\partial \theta}\right) + \frac{1}{r^2 \sin^2\theta}\frac{\partial^2 T}{\partial \varphi^2}\right] + \frac{q_v}{\rho c} \tag{6.5}$$

无内热源的稳态导热微分方程式采用柱坐标和球坐标时表达形式分别是:

柱坐标

$$\frac{\partial^2 T}{\partial r^2} + \frac{1}{r}\frac{\partial T}{\partial r} + \frac{1}{r^2}\frac{\partial^2 T}{\partial \theta^2} + \frac{\partial^2 T}{\partial z^2} = 0 \tag{6.6}$$

球坐标

$$\frac{1}{r^2}\frac{\partial^2 (r^2 T)}{\partial r^2} + \frac{1}{r^2 \sin\theta}\frac{\partial}{\partial \theta}\left(\sin\theta\frac{\partial T}{\partial \theta}\right) + \frac{1}{r^2 \sin^2\theta}\frac{\partial^2 T}{\partial \varphi^2} = 0 \tag{6.7}$$

数学上将式(6.3)、式(6.6)、式(6.7)的表达形式简化为

$$\nabla^2 T = 0 \tag{6.8}$$

式中　∇^2——拉普拉斯算子。

式(6.8)亦称为拉普拉斯方程。许多实际问题往往是以上一般的导热微分方程所描述问题的特例。例如,对无内热源的一维稳态导热问题,导热微分方程可简化为

$$\frac{\mathrm{d}^2 T}{\mathrm{d}x^2} = 0 \tag{6.9}$$

注意,此式与应用于 Φ = 常量的一维导热的傅里叶定律表达式(5.5)是一致的。

以上导热微分方程式的讨论都是在热导率 λ 为常量的前提下推导出的。在许多实际导热问题中,把热导率取为常量是可以容许的。然而,有一些特殊场合必须把热导率作为温度的函数,而不能当作常量来处理。这类问题称为变热导率的导热问题。注意到 λ 不能作为常数的特点,可以导出变热导率的导热微分方程式。例如在直角坐标系中,非稳态、有内热源的变热导率的导热微分方程式将不同于式(6.2),而是

$$\rho c\frac{\partial T}{\partial t} = \frac{\partial}{\partial x}\left(\lambda\frac{\partial T}{\partial x}\right) + \frac{\partial}{\partial y}\left(\lambda\frac{\partial T}{\partial y}\right) + \frac{\partial}{\partial z}\left(\lambda\frac{\partial T}{\partial z}\right) + q_v \tag{6.10}$$

这里再次指出,导热微分方程式是描写导热过程共性的数学表达式,对于任何导热过程,不论是稳态的还是非稳态的,一维的还是多维的,导热微分方程都是适用的。因此可以

说,导热微分方程式是求解一切导热问题的出发点。

6.1.2　初始条件及边界条件

求解导热问题,实质上归结为对导热微分方程式的求解。对于上述导热微分方程式,通过数学方法原则上可以获得方程式的通解。然而,就解决实际工程问题而言,不能满足于仅得出通解,还要求出既满足导热微分方程式,又满足根据具体问题规定的一些附加条件下的特解。这些是微分方程式得到特解的附加条件,数学上称为定解条件。

对导热问题来说,求解对象的几何形状(几何条件)及材料(物理条件)都是已知的,一般来讲,非稳态导热问题的定解条件有两个方面:

(1)给出初始时刻的温度分布,即初始条件。

(2)给出物体边界上的温度或换热情况,即边界条件。

只有导热微分方程式连同初始条件和边界条件一起,才能完整地描写一个具体的导热问题。但要注意,对于稳态导热,定解条件仅有边界条件。

导热问题的常见边界条件可归纳为以下三类:

(1)规定了边界上的温度值,称为第一类边界条件。此类边界条件最简单的典型特例就是规定边界温度为常数,即 T_w=常数。对于非稳态导热,这类边界条件要求给出以下关系式:

$$t>0 \text{ 时}, \quad T_w = f_1(t)$$

(2)规定了边界上的热流密度值,称为第二类边界条件。此类边界条件最简单的典型特例就是规定边界上的热流密度为定值,即 q_w=常数。对于非稳态导热,这类边界条件要求给出以下关系式:

$$t>0 \text{ 时}, \quad -\lambda \left(\frac{\partial T}{\partial n}\right)_w = f_2(t)$$

式中　$(\partial T/\partial n)_w$——边界上的温度梯度。

(3)规定了边界上物体与周围流体间的对流换热系数 h 及周围流体的温度 T_f,称为第三类边界条件。以物体被冷却的场合为例,第三类边界条件表示为

$$-\lambda \left(\frac{\partial T}{\partial n}\right)_w = h(T_w - T_f)$$

在非稳态导热时,式中 h 及 T_f 均可为时间 t 的函数。

6.2　一维稳态导热

在工程实践中,经常可见大量的稳态导热问题,有些问题在一定条件下可以简化成一维稳态导热,即温度仅沿一个坐标方向变化。对于一维稳态导热过程,如大平壁、长圆筒壁、球壁等几何形状规则物体的导热问题,采用傅里叶定律直接积分法即可获得其分析解。本节将分别讨论它们的具体解法。

6.2.1　平壁的导热

1.单层平壁的导热

实践经验表明,当平壁的长度和宽度为厚度的 10 倍以上时,平壁的边缘影响可以忽略不计。这样的平壁导热问题可视为仅沿厚度方向进行的一维导热。

如图 6.2 所示,已知单层平壁的两侧表面分别维持均匀而恒定的温度 T_1 和 T_2,壁厚为 δ。假设壁厚远小于高度和宽度,则温度场沿 δ 厚度方向是一维的,即温度只沿着与表面垂直的 x 方向发生变化。可用无内热源的一维导热微分方程式(6.9),即

$$\frac{\mathrm{d}^2 T}{\mathrm{d}x^2} = 0 \tag{6.11a}$$

边界条件为

$$x = 0 \text{ 时}, \quad T = T_1 \tag{6.11b}$$

$$x = \delta \text{ 时}, \quad T = T_2 \tag{6.11c}$$

以上的完整数学描述是求解本问题即温度分布的出发点,目的是解出温度分布表达式,确定热流密度与相关物理量间的具体关系式。

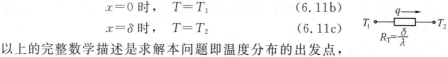

图 6.2　单层平壁导热示意图

对微分方程式(6.11a)连续积分两次,得其通解为

$$T = c_1 x + c_2 \tag{6.11d}$$

式中　c_1、c_2——积分常数,由边界条件式(6.11b)、式(6.11c)确定。

于是解得温度分布为

$$T = \frac{T_2 - T_1}{\delta} x + T_1 \tag{6.11e}$$

由于 δ、T_1、T_2 都是定值,所以温度呈线性分布,换句话说,温度分布线的斜率是常量,即

$$\frac{\mathrm{d}T}{\mathrm{d}x} = \frac{T_2 - T_1}{\delta} \tag{6.11f}$$

已知 $\mathrm{d}T/\mathrm{d}x$,代入傅里叶定律式

$$q = -\lambda \frac{\mathrm{d}T}{\mathrm{d}x}$$

即可获得通过平壁的热流密度 $q = f(T_1, T_2, \lambda, \delta)$ 的具体关系式为

$$q = \frac{\lambda(T_1 - T_2)}{\delta} = \frac{\lambda}{\delta} \Delta T \tag{6.12}$$

式(6.12)即是平壁导热的计算公式,它揭示了 q、λ、δ 和 ΔT 四个物理量间的内在联系。例如,对于一块给定材料和厚度的平壁,已知其热流密度时,平壁两表面之间的温差就可从下式求出,即

$$\Delta T = \frac{q\delta}{\lambda}$$

当热导率是温度的线性函数时,即 $\lambda = \lambda_0(1 + bT)$,只要取计算区域平均温度下的 $\overline{\lambda}$

值代入 λ 的计算公式,就可获得正确的结果。

【例 6.1】 一耐火砖炉墙,厚度为 $\delta=370$ mm 的硅砖,已知内壁面温度 $T_1=1\,650\,℃$,外壁面温度 $T_2=300\,℃$,若耐火砖的热导率为 $\overline{\lambda}=0.815+0.000\,76\,\overline{T}$,试求每平方米炉墙面积的散热量。

解 平均温度下炉墙的热导率为

$$\overline{\lambda}=0.815+0.000\,76\times\left(\frac{1\,650+300}{2}\right)=1.556[\mathrm{W}/(\mathrm{m}\cdot℃)]$$

代入式(6.12)得每平方米炉墙的热损失为

$$q=\frac{\overline{\lambda}(T_1-T_2)}{\delta}=\frac{1.556\times(1\,650-300)}{0.37}=5\,677(\mathrm{W/m^2})$$

2. 多层平壁的导热

由若干层不同材料的平壁叠合在一起组成的复合壁称多层平壁。在求解多层平壁的导热问题之前,这里首先引出一个传热分析中颇为重要的概念——热阻,然后讨论多层平壁导热的计算。

热量传递是自然界中的一种能量转移过程,它与自然界中其他转移过程,如电量的转移、动量的转移、质量的转移有类似之处。各种转移过程的共同规律性可总结为

$$过程中的转移量=\frac{过程的动力}{过程的阻力}$$

在电学中,这种规律性就是众所周知的欧姆定律,即

$$I=\frac{U}{R}$$

在导热中,相应的表达式(6.12)可改写为

$$q=\frac{\Delta T}{\dfrac{\delta}{\lambda}} \tag{6.13}$$

这种表达形式有助于更清楚地理解式中各项的物理意义。式中热流密度 q 为导热过程的热转移量,温差 ΔT 为导热过程的动力,而分母 δ/λ 则为导热过程的阻力,热转移过程的阻力称为热阻,记为 R_T,它与电传输过程中的电阻 R 相当。热阻 R_T 是针对单位面积而言的,有时需要讨论整个表面积 A 的热阻,这时总面积的热阻定义式为

$$R_{T,z}=\frac{\Delta T}{\Phi}$$

在理想接触情况下,可以应用热阻概念来分析复合平壁的导热问题。

现在应用热阻的概念来推导通过多层平壁导热的计算公式。如采用耐火砖层、保温砖层和金属护板叠合而成的炉窑墙的导热计算等。一个三层壁的示意图如图 6.3 所示(所采用的方法可推广到任意多层壁)。假定层与层之间接触良好,即为理想状态,因此层间分界面没有产生温差。已知各层的厚度分别为 δ_1、δ_2 和 δ_3,并且已知多层壁内外两侧表面的温度分别为 T_1 和 T_4(中间温度 T_2 和 T_3 是不知道的)。现求通过多层壁的热流密度 q 的计算公式。

应用表达式(6.13)可写出各层的热阻如下:

$$\left.\begin{aligned}
\frac{T_1-T_2}{q}&=\frac{\delta_1}{\lambda_1}\\[4pt]
\frac{T_2-T_3}{q}&=\frac{\delta_2}{\lambda_2}\\[4pt]
\frac{T_3-T_4}{q}&=\frac{\delta_3}{\lambda_3}
\end{aligned}\right\} \tag{6.14}$$

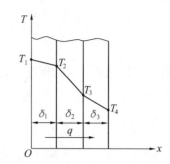

串联热阻叠加原则是有效的,即串联过程的总热阻等于其分热阻的总和。把式(6.14)中三式相加就得到多层壁的总热阻,即

$$\frac{T_1-T_4}{q}=\frac{\delta_1}{\lambda_1}+\frac{\delta_2}{\lambda_2}+\frac{\delta_3}{\lambda_3}$$

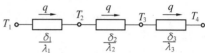

由此可得热流密度的计算公式为

$$q=\frac{T_1-T_4}{\dfrac{\delta_1}{\lambda_1}+\dfrac{\delta_2}{\lambda_2}+\dfrac{\delta_3}{\lambda_3}} \tag{6.15}$$

图 6.3　三层平壁

依此类推,n 层多层壁的计算公式是

$$q=\frac{T_1-T_{n+1}}{\displaystyle\sum_{i=1}^{n}\frac{\delta_i}{\lambda_i}}$$

解得热流密度后,层间分界面上未知温度 T_2 和 T_3 就可利用式(6.14)求出。例如

$$T_2=T_1-q\frac{\delta_1}{\lambda_1} \tag{6.16}$$

$$T_3=T_2-q\frac{\delta_2}{\lambda_2} \tag{6.17}$$

热阻这个概念不局限于导热,对于对流换热、辐射换热以及复合换热过程也是适用的。

【例 6.2】　窑炉炉墙由厚 115 mm 的耐火黏土砖和厚 125 mm 的 B 级硅藻土砖再加上外敷石棉板叠成。耐火黏土砖的 $\overline{\lambda}_1=0.88+0.000\,58\,\overline{T}$,B 级硅藻土砖的 $\overline{\lambda}_2=0.047\,7+0.000\,2\,\overline{T}$。已知炉墙内表面温度为 495 ℃,硅藻土砖与石棉板间的温度为 207 ℃,试求每平方米炉墙每秒的热损失 q 及耐火黏土砖与硅藻土砖分界面上的温度。

解　采用图 6.3 中的符号,$\delta_1=115$ mm,$\delta_2=125$ mm,$T_1=495$ ℃,$T_3=207$ ℃。采用试算法,估计分界面的平均温度 T_2,各层砖的热导率可按 T_2 进行计算,待算得分界面的温度 T_2' 后与 T_2 进行比较,若两者相差不大(工程上差值一般小于 4%),则计算结束,否则重复上述计算,直至满足要求为止。

(1)假设 $T_2=400$ ℃ $\in$ (207 ℃,495 ℃),则每层砖的热导率为

$$\lambda_1=0.88+0.000\,58\times\left(\frac{495+400}{2}\right)=1.14\,[\text{W}/(\text{m}\cdot℃)]$$

$$\lambda_2=0.047\,7+0.000\,2\times\left(\frac{400+207}{2}\right)=0.108\,[\text{W}/(\text{m}\cdot℃)]$$

代入式(6.15)得每平方米炉墙每秒的热损失为

$$q = \frac{T_1 - T_3}{\dfrac{\delta_1}{\lambda_1} + \dfrac{\delta_2}{\lambda_2}} = \frac{495 - 207}{\dfrac{0.115}{1.14} + \dfrac{0.125}{0.108}} = 228.6(\text{W/m}^2)$$

将此 q 值代入式(6.16)得耐火黏土砖与硅藻土砖层分界面温度 T_2' 为

$$T_2' = T_1 - q\frac{\delta_1}{\lambda_1} = 495 - 228.6 \times \frac{0.115}{1.14} = 472.1(\text{℃})$$

由于 $T_2 < T_2'$ 且两者相差较大,故假设温度较低,需参照 T_2' 重新设定 T_2。

(2)假设 $T_2 = 471$ ℃,则每层砖的热导率为

$$\lambda_1 = 0.88 + 0.000\,58 \times \left(\frac{495 + 471}{2}\right) = 1.160\,14\ [\text{W/(m·℃)}]$$

$$\lambda_2 = 0.047\,7 + 0.000\,2 \times \left(\frac{471 + 207}{2}\right) = 0.115\,5\ [\text{W/(m·℃)}]$$

代入式(6.15)得每平方米炉墙每秒的热损失为

$$q = \frac{T_1 - T_3}{\dfrac{\delta_1}{\lambda_1} + \dfrac{\delta_2}{\lambda_2}} = \frac{495 - 207}{\dfrac{0.115}{1.160\,14} + \dfrac{0.125}{0.115\,5}} = 244.3(\text{W/m}^2)$$

将此 q 值代入式(6.16)得耐火黏土砖与硅藻土砖层分界面温度 T_2' 为

$$T_2' = T_1 - q\frac{\delta_1}{\lambda_1} = 495 - 244.3 \times \frac{0.115}{1.162\,75} = 470.8\ (\text{℃})$$

由于 $T_2 \approx T_2'$,故假设温度合适,耐火黏土砖与硅藻土砖层分界面温度即为 471 ℃,每平方米炉墙每秒的热损失为 244 W/m^2。

6.2.2 圆筒壁的导热

圆筒壁导热在工程上应用很广,如热风管道、冲天炉炉身及管式换热设备的传热计算等都要涉及圆筒壁的导热问题。

1. 单层圆筒壁的稳态导热

如图 6.4 所示,已知内、外半径分别 r_1、r_2 的圆筒壁的内、外表面分别维持均匀恒定的温度 T_1 和 T_2。假设热导率 λ 为常数。如果圆筒壁的长度很长,沿轴向的导热可略去不计,温度仅沿半径方向发生变化,若采用柱坐标(r, θ, z)时,就成为一维导热问题。导热微分方程式简化为

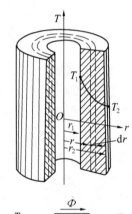

$$\frac{\text{d}}{\text{d}r}\left[r\frac{\text{d}T}{\text{d}r}\right] = 0 \qquad (6.18a)$$

边界条件表达式为

$$r = r_1 \text{ 时}, \quad T = T_1 \qquad (6.18b)$$

$$r = r_2 \text{ 时}, \quad T = T_2 \qquad (6.18c)$$

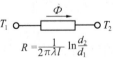

图 6.4 单层圆筒壁

对式(6.18a)积分得其通解为

$$T = c_1 \ln r + c_2 \qquad (6.18d)$$

积分常数 c_1 和 c_2 由边界条件确定。将边界条件式(6.18b)和式(6.18c)分别代入式(6.18d),解得

$$c_1 = \frac{T_2 - T_1}{\ln \dfrac{r_2}{r_1}}$$

$$c_2 = T_1 - \frac{T_2 - T_1}{\ln \dfrac{r_2}{r_1}} \ln r_1$$

代入式(6.18d),得温度分布为

$$T = T_1 + \frac{T_2 - T_1}{\ln \dfrac{r_2}{r_1}} \ln \frac{r}{r_1} \tag{6.19}$$

由式(6.19)不难看出,与平壁中的线性温度分布不同,圆筒壁中的温度分布是对数曲线形式。

解得温度分布后,原则上将 dT/dr 代入傅里叶导热方程即可求得通过圆筒壁的热流量。但要注意在圆筒壁导热中不同 r 处的热流密度 q 在稳态下不是常量,所以有必要采用傅里叶定律的热流量表达式(5.5),有

$$\Phi = -\lambda A \frac{dT}{dr} = -\lambda 2\pi r l \frac{dT}{dr} \tag{6.20}$$

对式(6.19)求导数可得

$$\frac{dT}{dr} = \frac{1}{r} \frac{T_2 - T_1}{\ln \dfrac{r_2}{r_1}}$$

代入式(6.20)即得热流量计算公式为

$$\Phi = \frac{2\pi \lambda l(T_1 - T_2)}{\ln \dfrac{r_2}{r_1}} \quad \text{或} \quad \Phi = \frac{2\pi \lambda l(T_1 - T_2)}{\ln \dfrac{d_2}{d_1}} \tag{6.21}$$

对于圆筒壁,其总面积热阻为

$$R_{T,z} = \frac{\Delta T}{\Phi} = \frac{\ln \dfrac{d_2}{d_1}}{2\pi \lambda l} \tag{6.22}$$

2. 多层圆筒壁的稳态导热

在实际工程中,最常见的是由几种不同材料组合而成的多层圆筒壁,如铸造车间中由炉衬和炉壳组成的冲天炉炉壁、加保温层的热风管道等。与分析多层平壁一样,运用串联热阻叠加原则,可得如图 6.5 所示的通过多层圆筒壁导热的热流量为

$$\Phi = \frac{2\pi l(T_1 - T_4)}{\dfrac{\ln \dfrac{d_2}{d_1}}{\lambda_1} + \dfrac{\ln \dfrac{d_3}{d_2}}{\lambda_2} + \dfrac{\ln \dfrac{d_4}{d_3}}{\lambda_3}} \tag{6.23}$$

【例 6.3】 为了减少热损失和保证安全工作条件,在外径为 133 mm 的蒸汽管道外覆盖保温层。蒸汽管道外表面温度为 400 ℃,按工厂安全操作规定,保温材料外侧温度不得超过 50 ℃,如果采用水泥硅石制品保温材料,并把每米长管道的热损失 Φ/l 控制在 465 W/m 以内,试求保温层厚度。

解 为确定热导率值,先算出保温材料的平均温度,即

$$\overline{T}=\frac{400+50}{2}=225\ (℃)$$

从附录 4 中查出水泥硅石制品 λ 的表达式,得

$$\overline{\lambda}=0.103+0.000\ 198\overline{T}$$
$$=0.103+0.000\ 198\times225$$
$$=0.148\ [W/(m\cdot℃)]$$

因为 $d_1=133$ mm 是已知的,要确定保温层厚度 δ,需先求得 d_2。将式(6.21)改写成

$$\ln\frac{d_2}{d_1}=\frac{2\pi\lambda}{\dfrac{\Phi}{l}}(T_1-T_2)$$

$$\ln d_2=\frac{2\pi\lambda}{\dfrac{\Phi}{l}}(T_1-T_2)+\ln d_1$$

$$=\frac{2\pi\times0.148}{465}(673-323)+\ln 0.133$$

$$=-1.317$$

求得 $\qquad\qquad d_2=0.268$ m

保温层厚度为

$$\delta=\frac{d_2-d_1}{2}=\frac{0.268-0.133}{2}=0.067\ 5\ (m)=67.5(mm)$$

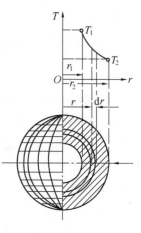

图 6.5　多层圆筒壁

6.2.3* 球壁的导热

球壁的导热如图 6.6 所示。已知球壁的内、外半径分别为 r_1、r_2,内、外表面分别维持恒定的均匀温度 T_1 和 T_2。设热导率 λ 为常量。现在要求出通过球壁导热的热流量 Φ 的计算公式。

在上述情况下,温度只沿径向变化,在球坐标系中为一维导热问题。微分方程式(6.7)简化为

$$\frac{d^2T}{dr^2}+\frac{2}{r}\frac{dT}{dr}=0 \qquad (6.24)$$

边界条件为

$$r=r_1\ 时,\quad T=T_1$$
$$r=r_2\ 时,\quad T=T_2$$

对式(6.24)积分得

$$T=c_2-\frac{c_1}{r}$$

积分常数 c_1 和 c_2 由边界条件确定

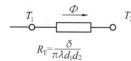

图 6.6　球壁的导热

$$c_1 = \frac{T_1 - T_2}{\dfrac{1}{r_2} - \dfrac{1}{r_1}}, \quad c_2 = T_1 - \frac{T_1 - T_2}{\dfrac{1}{r_1} - \dfrac{1}{r_2}} \frac{1}{r_1}$$

代入上式得到球壁的温度分布表达式为

$$T = T_1 - \frac{T_1 - T_2}{\dfrac{1}{r_1} - \dfrac{1}{r_2}} \left(\frac{1}{r_1} - \frac{1}{r} \right) \tag{6.25}$$

式(6.25)表明,在 λ 为常量时,球壁内的温度按双曲线规律变化。由于热流密度随 r 变化而总热流量 Φ 不变,因此求导热量时也必须应用以热流量表示的傅里叶定律式(5.5),即

$$\Phi = -\lambda A \frac{\mathrm{d}T}{\mathrm{d}r} = -\lambda (4\pi r^2) \frac{\mathrm{d}T}{\mathrm{d}r} \tag{6.26}$$

对式(6.25)求导数,并代入式(6.26),得到通过球壁导热量的计算公式

$$\Phi = \frac{4\pi\lambda(T_1 - T_2)}{\dfrac{1}{r_1} - \dfrac{1}{r_2}} = \frac{2\pi\lambda\Delta T}{\dfrac{1}{d_1} - \dfrac{1}{d_2}} = \pi\lambda \frac{d_1 d_2}{\delta} \Delta T \tag{6.27}$$

式中　δ——球壁厚度。

【例 6.4】　测定颗粒状材料常用的球壁导热仪如图 6.7 所示。它被用来测定砂子的热导率。两同心球壳由薄纯铜板制成,其导热热阻可忽略不计。内外层球壳之间填满砂子,内层球壳中装有电热丝,通电后所产生的热量通过内层球壁、被测材料层及外球壁向外散出,在工况稳定后读取数据。在实验中测得 T_1、T_2 分别为 85.5 ℃及 45.7 ℃,通过电热丝的电流 I 为 251 mA,电压 U 为 52 V。已知内、外球壳直径 d_1、d_2 分别为 80 mm 和 160 mm,试求砂子的热导率。

解　$\Phi = IU = 0.251 \times 52 = 13.1$（W）

由式(6.27)得

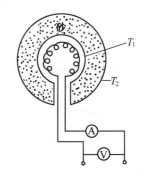

图 6.7　球壁导热仪

$$\lambda = \frac{\Phi\delta}{\pi d_1 d_2 \Delta T} = \frac{13.1 \times 0.04}{\pi \times 0.08 \times 0.16 \times (358.5 - 318.7)} = 0.327 \, [\text{W/(m·K)}]$$

6.3　非稳态导热

6.3.1　非稳态导热的基本概念

在非稳态导热中,物体内的温度不仅随空间位置变化,而且还随时间变化。在自然界和工程中也存在着大量非稳态导热问题,如室外空气温度的变化,涡轮机启动、停车时转盘和叶片温度的变化,金属在加热炉内加热,金属的淬火,铸型的烘干,铸件的凝固及焊件的冷却等均属于非稳态导热。

非稳态导热的微分方程式及其定解条件在前面已讨论过,它们是求解所有非稳态导热问题的基础。下面首先分析非稳态导热过程的特征及明确要解决的问题。

在 5.1 节中已讲过,非稳态导热物体的温度场表示为

$$T = f(x, y, z, t)$$

它比稳态导热多了一个时间变量,因此非稳态导热问题要比稳态导热更为复杂。为使问题简化,先从一维非稳态导热过程出发,来分析非稳态导热的特点。

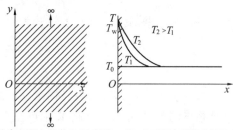

以一块半无限大平壁的导热为例,其初始温度均匀并等于室温 T_0,其表面被突然加热。如图 6.8 所示,起初表面温度 T_w 开始上升而中心温度仍为初始的温度 T_0。然后,随着时间的推移,温度变化波及范围不断扩

(a)半无限大物体的示意图　(b) 半无限大物体内的温度场

图 6.8　表面温度跃升后的温度变化示意图

大,导致内部温度也开始上升。经历了一段时间后,整个平壁趋近并最终达到热平衡状态。

以上分析表明:

（1）物体内温度的变化,存在着部分物体不参与变化和整个物体参与变化两个阶段。

（2）不同位置达到指定温度的时间不同,这是非稳态导热问题求解的重要任务。

（3）在热量传递的过程中,由于物体本身的温度变化要积蓄（或放出）热量,传热开始时这份热量较大,随着物体温度的变化,这份热量逐渐减少,在热平衡状态下降为零。即积蓄（或放出）的热量是随时间而变化的,这也是非稳态导热问题求解的任务。

要解决以上问题,必须首先求出物体在非稳态导热过程中的温度场。求解非稳态导热过程中的温度场,通常采用的方法有分析解法、数值解法、图解法和热电模拟法。在非稳态导热部分,我们将介绍集总参数法（内部导热热阻可以忽略）、第三类边界条件和第一类边界条件下无限大平壁（内部导热热阻不可以忽略）的非稳态导热问题。集总参数法比较简单,容易理解;后两者比较复杂,因此略去了冗长的数学推导,只简单地介绍分析方法和步骤。对诺谟图在一维和多维非稳态导热问题计算中的应用做了详细介绍。

6.3.2* 集总参数法

当固体内部的导热热阻远小于其表面的换热热阻时,固体内部的温度趋于一致,以至可以认为整个固体在同一瞬间均处于同一温度之下。在这种情况下,固体的温度仅是时间 t 的一元函数而与坐标无关,好像该固体原来连续分布的质量与质量热容汇总到一个点上,而只有单一的温度值那样。这种忽略物体内部导热热阻的简化分析方法称为集总参数法。

例如,当无限大平壁在流体中加热时,平壁的热导率 λ 很大、表面换热系数 h 很小,且几何尺寸即平壁的半厚度 $\delta/2$ 很小时,由这些物理量可组成毕渥数

$$Bi = \frac{hL}{\lambda} = \frac{L}{\lambda} \Big/ \frac{1}{h} = \frac{\text{内部导热热阻}}{\text{外部（表面）换热热阻}} \tag{6.28a}$$

式中　L——当量尺寸。

对于无限大平壁,$L = \delta/2$（半厚）;对于无限长圆柱体和球体,$L_e = d/2 = R$（半径）。显

然,式(6.28a)中 $Bi \ll 1$,物体符合用集总参数法简化计算的条件。理论上可以证明,当 $Bi \ll 0.1$ 时,用集总参数法分析非稳态导热问题误差不超过 5%(详见本章 6.4 节)。

集总参数法的计算公式可以应用能量守恒定律导出。

设有一任意形状的固体,其体积为 V,表面积为 A,具有均匀的初始温度 T_0。突然被置于温度恒为 T_f 的流体中,设 $T_0 > T_f$。固体与流体间的换热系数 h 及固体的特性参数均保持常数。假设此问题可以应用集总参数法,试求物体温度随时间的变化关系。

首先建立起物体的热量平衡关系。按能量守恒定律,在没有内热源的情况下,物体的内能增量应该等于净导入物体的热量。物体内部热阻忽略时,温度与坐标无关,式(6.2)简化为

$$\rho c \frac{\mathrm{d}T}{\mathrm{d}t} = -\frac{\Phi}{V} \tag{6.28b}$$

式中　Φ——净导出物体界面的热量或广义热源,按对流换热的牛顿冷却定律有

$$\Phi = hA(T - T_f) \tag{6.28c}$$

将式(6.28c)代入式(6.28b),得

$$\rho c V \frac{\mathrm{d}T}{\mathrm{d}t} = -hA(T - T_f) \tag{6.28d}$$

这就是本问题的基本微分方程式。

引入过余温度 $\theta = T - T_f$,式(6.28d)可改写成

$$\rho c V \frac{\mathrm{d}\theta}{\mathrm{d}t} = -hA\theta \tag{6.28e}$$

初始条件以过余温度表示为

$$\theta(0) = T_0 - T_f = \theta_0 \tag{6.28f}$$

上列方程组可采用分离变量法求解。将式(6.28e)分离变量得

$$\frac{\mathrm{d}\theta}{\theta} = -\frac{hA}{\rho c V}\mathrm{d}t \tag{6.28g}$$

取 t 从 0 至 t 的积分

$$\int_{\theta_0}^{\theta} \frac{\mathrm{d}\theta}{\theta} = -\int_0^t \frac{hA}{\rho c V}\mathrm{d}t$$

$$\ln \frac{\theta}{\theta_0} = -\frac{hA}{\rho c V} t \tag{6.28h}$$

$$\frac{\theta}{\theta_0} = \frac{T - T_f}{T_0 - T_f} = \exp\left(-\frac{hA}{\rho c V} t\right) \tag{6.29}$$

式中右端的指数可以表示成准则形式,即

$$\frac{hA}{\rho c V} t = \frac{hV}{\lambda A} \frac{\lambda A^2}{\rho c V^2} t = \frac{h\frac{V}{A}}{\lambda} \frac{at}{\left(\frac{V}{A}\right)^2} = Bi_v Fo_v \tag{6.30}$$

Bi 和 Fo 统称特征数,分别为毕渥数和傅里叶数。毕渥数的定义已介绍过,傅里叶数为无量纲时间,记为 Fo,这里为

$$Fo_v = at/L_c^2$$

V/A 具有长度的量纲,记为特征尺寸 L_c,下角码 v 用来表示准则中的特性尺寸为 V/A。这样的准则更具有代表性。Bi_v 与定义式中 Bi 意义不同,前者采用特征尺寸 L_c(大平壁为 $\delta/2$,长圆柱体为 $R/2$,球体为 $R/3$),而后者采用引用尺寸 L_e(大平壁为半厚 $\delta/2$,长圆柱体、球体为半径 R)。L_c 和 L 的关系为

$$\frac{L_c}{L}=M$$

式中 M——与几何形状有关的常数,无限大平壁时 $M=1$,无限长圆柱时 $M=1/2$,球体时 $M=1/3$。

对平壁、圆柱、球体,前面条件 $Bi\ll1$,毕渥数还可表示为

$$Bi_v=\frac{h\frac{V}{A}}{\lambda}<0.1M \tag{6.31}$$

一般式(6.31)为容许采用集总参数法的判据。还应该指出,Bi_v 准则中不同几何形状物体的特性尺度分别如下:

厚度为 2δ 的平壁 $\qquad \frac{V}{A}=\frac{A\delta}{A}=\delta$

半径为 R 的圆柱 $\qquad \frac{V}{A}=\frac{\pi R^2 l}{2\pi R l}=\frac{R}{2}$

半径为 R 的球体 $\qquad \frac{V}{A}=\frac{\frac{4}{3}\pi R^3}{4\pi R^2}=\frac{R}{3}$

由此可见,平壁的 $Bi_v=Bi$,圆柱的 $Bi_v=Bi/2$,球体的 $Bi_v=Bi/3$。这就是式(6.31)中引入 M 因子的原因。

用准则形式表示,式(6.29)可表示为

$$\frac{\theta}{\theta_0}=\frac{T-T_f}{T_0-T_f}=\exp(-Bi_v Fo_v) \tag{6.32}$$

式(6.32)或式(6.29)表明,当采用集总参数法分析时,物体中的过余温度随时间呈指数曲线关系变化,如图 6.9 所示。两式中 e 的指数中的 $hA/(\rho cV)$ 具有 $1/t$ 的量纲。若令 $t=\rho cV/(hA)$,则有

$$\frac{\theta}{\theta_0}=\frac{T-T_f}{T_0-T_f}=\exp(-1)=0.368=36.8\%$$

$\rho cV/(hA)$ 称为时间常数。当时间 t 达到时间常数值时,物体的过余温度已经达到初始过余温度的 36.8%,所以时间常数可以看作

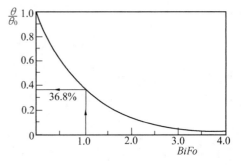

图 6.9 集总参数法分析过余温度的变化曲线

是物体对流体温度变动响应快慢的指标。从物理意义上来说,物体对流体温度变化响应的快慢取决于其自身的热容(ρcV)及表面换热条件(hA)两个方面。热容越大,表面换热条件越差,则响应越慢。时间常数反映这两种影响的综合效果。

从式(6.32)还可以推导出瞬时热流量 Φ。由瞬时热量 Φ 的定义式得

$$\Phi = -\rho c V \frac{\mathrm{d}T}{\mathrm{d}t} = -\rho c V (T_0 - T_f) \left(-\frac{hA}{\rho c V}\right) \exp\left(-\frac{hA}{\rho c V} t\right)$$

$$= (T_0 - T_f) hA \exp\left(-\frac{hA}{\rho c V} t\right) \tag{6.33}$$

物体在 $0 \sim t$ 时间内散失的累计热量 Q_t 可通过对 Φ 积分求得,即

$$Q_t = \int_0^t \Phi \mathrm{d}t = (T_0 - T_f) hA \int_0^t \exp\left(-\frac{hA}{\rho c V} t\right) \mathrm{d}t$$

$$= (T_0 - T_f) \rho c V \left[1 - \exp\left(-\frac{hA}{\rho c V} t\right)\right] \tag{6.34}$$

【例 6.5】　一温度为 20 ℃的圆钢,长 0.3 m,直径为 0.06 m,热导率为 35 W/(m·K),密度为 7 800 kg/m³,质量热容为 460 J/(kg·K),通过长 6 m、温度为 1 250 ℃的加热炉时表面换热系数为 100 W/(m²·K),如欲将圆钢加热到 850 ℃,求圆钢通过加热炉的速度。

解　首先检验是否容许采用集总参数法。为此计算 Bi_v 特征数,即

$$Bi_v = \frac{h \dfrac{V}{A}}{\lambda} = \frac{\left(h \cdot \dfrac{1}{4} \pi d^2 l\right) \Big/ \left(\pi \mathrm{d}l + 2 \times \dfrac{1}{4} \pi d^2\right)}{\lambda}$$

$$= \frac{\left[100 \times \dfrac{\pi}{4} \times (0.06^2 \times 0.3)\right] \Big/ \left(\pi \times 0.06 \times 0.3 + 2 \times \dfrac{1}{4} \pi \times 0.06^2\right)}{35}$$

$$= 0.039 < 0.1M$$

本题中 $M = \dfrac{1}{2}$,所以可采用集总参数法分析。

将已知数据代入式(6.29)

$$\frac{\theta}{\theta_0} = \frac{T - T_\infty}{T_0 - T_\infty} = \exp\left(-\frac{hA}{\rho c V} t\right)$$

代入已知数据得

$$\frac{850 - 1\ 250}{20 - 1\ 250} = \exp\left(-\frac{100}{7\ 800 \times 460 \times 0.013} t\right)$$

得通过加热炉所需时间为

$$t = 548.14 \text{ s}$$

圆钢通过加热炉的速度为

$$v = \frac{6}{548.14} = 0.010\ 9 \text{ (m/s)}$$

6.4　一维非稳态导热

6.4.1　第三类边界条件下的一维非稳态导热问题——周围介质温度为常数

工程上经常遇到内部热阻不可忽略的物体在第三类边界条件下的非稳态导热问题,此时,集总参数法已不再适用。由于非稳态导热问题的复杂性,采用数学分析法求解困

难,常利用数值计算和比拟法求解,但对于几何形状和边界条件不复杂的情况仍可用导热微分方程和定解条件求解,画成诺谟图供工程上使用。现以无限大平壁对称加热为例予以说明。

1.无限大平壁的分析解和诺谟图

为了说明第三类边界条件下非稳态导热时物体中的温度变化特性与边界条件参数的关系,分析以下简单情形。

对于厚度有限而宽度无限的平壁,数学上称为无限大平壁。首先以温度均匀、厚度为 2δ 的无限大平壁作为讨论对象,如图 6.10 所示,平壁与介质的对流换热系数 h 为常数,平壁两侧具有相同的边界条件,即可以中心截面为对称面。

由于对称的原因,只需讨论半个壁厚的温度场。图 6.10 显示了平壁初始温度为 T_0,在第三类

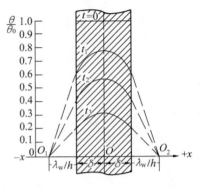

图 6.10 　无限大平壁在冷却过程中的温度分布

边界条件下的冷却。为了使边界条件齐次化及表达上的简练,习惯上采用以周围介质温度 T_f 为起点基准的过余温度 $\theta = T - T_f$,而不直接用 T。采用了过余温度,半个平壁厚度适用的微分方程式及定解条件可表示为

$$\frac{\partial \theta}{\partial t} = a \frac{\partial^2 \theta}{\partial x^2} \tag{6.35a}$$

初始条件 $t = 0$ 时

$$\theta = \theta_0$$

边界条件 $t > 0, x = \delta$ 处

$$-\frac{\partial \theta}{\partial x} = \frac{h}{\lambda} \theta \tag{6.35b}$$

$x = 0$ 处

$$\frac{\partial \theta}{\partial x} = 0 \tag{6.35c}$$

这个问题的分析解,以及在第三类条件下其他简单几何形状物体问题的分析解,可采用分离变量法求得,并且已经被整理成便于应用的线算图。这类线算图称为诺谟图,图中的坐标及参变量都是无量纲的综合量。无量纲的综合量被称为相似准则,简称准则。在物理现象中,物理量不是单个地起作用,而是以准则这种组合量发挥其作用的。下面的分析将以第三类边界条件下的一维非稳态导热问题为例,阐明微分方程及其定解条件下的解必然可以表达成几个准则之间的关系式。

如选取平壁的半厚 δ 为长度的基准量,变量 x 与 δ 之比为无量纲长度 $X = x/\delta$。推广到方程式中其他变量 θ 和 t,选取 θ_0 和 t_0 为基准量可得无量纲温度和无量纲时间为

$$\Theta = \frac{\theta}{\theta_0}, \quad \tau = \frac{t}{t_0}$$

采用这些无量纲变量,微分方程式(6.35a)～(6.35c)可转换为

$$\frac{\partial \Theta}{\partial \tau} = \frac{at_0}{\delta^2} \frac{\partial^2 \Theta}{\partial X^2} \tag{6.35d}$$

$\tau = 0$ 时

$$\Theta = 1 \tag{6.35e}$$

$\tau > 0$ 时 $X = 1$ 处

$$-\left[\frac{\partial \Theta}{\partial X}\right]_{X=1} = \frac{h\delta}{\lambda}\Theta\bigg|_{X=1} \tag{6.35f}$$

方程组中的式(6.35d)～(6.35f)实现了原来的方程式(6.35a)～(6.35c)的无量纲化。无量纲转换改变了表达形式，但没有改变其所描述的物理现象的本质。式中 $at/\delta^2 = Fo; h\delta/\lambda = Bi$。

式(6.35d)的解，原则上具有下列形式：

$$\Theta = f_1(Fo, X, \tau) \tag{6.35g}$$

在选定的点，X 为定值，即 $X = C$，方程式(6.35g)简化为

$$\Theta_{X=C} = f_2(Fo, \tau) \tag{6.35h}$$

从方程式(6.35f)可得

$$\Theta_{X=C} = f_3(Bi, \tau) \tag{6.35i}$$

从式(6.35i)可推知 $\tau = f_4(Bi, \Theta_{X=1})$，代入式(6.35h)可得

$$\Theta_{X=1} = f_5(Fo, Bi) \tag{6.35j}$$

式(6.35j)就是平壁表面过余温度 θ 的解，同理可得壁中心过余温度 θ_m 的解，原则上具有下列形式：

$$\frac{\theta_m}{\theta_0} = \Theta_{X=0} = f_6(Fo, Bi) \tag{6.36}$$

式(6.35j)及式(6.36)就是壁内特定点温度场的解的准则关系式。图 6.11 所示为中心过余温度的理论解析式(6.36)表示的诺漠图。已知 Fo 和 Bi 准则，从图上可以得到 θ_m/θ_0 值。

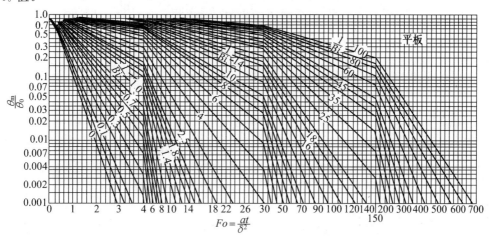

图 6.11　厚度为 2δ 的无限大平壁中心温度的诺漠图

应当指出，将方程组的解归结为准则关系式是认识上的一个飞跃。它更深刻地反映

了物理现象的本质,使变量大幅度减少。如对特定点的过余温度 θ,在方程组式 (6.35a)～(6.35c)中有四个变量 t、a、λ 和 h,而在准则关系式(6.36)中,变量就成为 Fo 和 Bi 两个。这样大大有利于表达求解的结果,也有利于对影响因素的分析。各个准则反映了与现象有关的物理量间的内在联系,物理量不是单个地而是组成无量纲的物理量组合在一起起作用的。

毕渥数 Bi 可表示成为 $\dfrac{\delta/\lambda}{1/h}$,前面已介绍过,其具有对比热阻的物理意义。傅里叶数 Fo 可表示成 $t/(\delta^2 \cdot a^{-1})$,分子是时间,分母也具有时间的量纲,它反映了热扰动透过平壁的时间,所以傅里叶数 Fo 具有对比时间的物理意义。Fo 值越大,热扰动就将越快地传播到物体的内部。

已知中心过余温度 θ_m,任意点 x 的过余温度 θ 可从下列准则关系式中推算出来:

$$\frac{\theta}{\theta_m} = \frac{\theta}{\theta_0}\frac{\theta_0}{\theta_m} = f_7(Bi, X) \tag{6.37}$$

图 6.12 所示为用式(6.37)形式绘出的诺谟图。图上纵坐标为 θ/θ_m,横坐标为 $1/Bi$,X 为参变量。

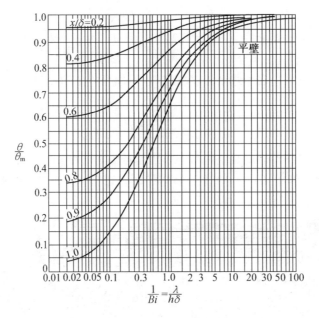

图 6.12 厚度为 2δ 的无限大平壁的 θ/θ_m 曲线

$0\sim t$ 时间内传给物体的累计热量可以根据固体内能的变化来计算。令温度等于环境温度 T_f 的物体内能为内能的起算点,则无限大平壁每平方米截面的初始内能为

$$Q_0 = V\rho c(T_0 - T_f) = 2\delta \times 1 \times 1 \times \rho c(T_0 - T_f) = 2\delta\rho c\theta_0$$

式中 V——每平方米截面平壁的体积。

上式表示初始内能正比例于初始过余温度,已知 $0\sim t$ 时间内平壁的积分平均过余温度 $\bar{\theta}$,即可推算出累计热量为

$$Q = 2\delta\rho c\theta = 2\delta\rho c\theta_0 \frac{\bar{\theta}}{\theta_0} = Q_0 \frac{\bar{\theta}}{\theta_0} \tag{6.38}$$

由于物体内各点温度是 Fo 和 Bi 两准则的函数，$\bar{\theta}/\theta_0$ 也是 Fo 和 Bi 两准则的函数。于是可得

$$\frac{Q}{Q_0} = f_8(Fo, Bi) \tag{6.39}$$

图 6.13 所示为无量纲累计热量 Q/Q_0 与 t 的诺漠图。为了读图方便，横坐标取 $Bi^2 Fo$ 的组合。

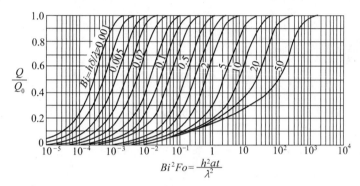

图 6.13　无限大平壁(厚 2δ)中累计热量 $\dfrac{Q}{Q_0}$ 与时间的诺漠图

这里值得指出，诺漠图虽然有简捷方便的优点，但其计算的准确度受到有限的图线的影响。随着近代计算技术的迅速发展，直接应用分析解或其近似拟合式计算的方法日益受到重视。

2. 无限长圆柱体的诺漠图

无限长圆柱体在第三类边界条件下传热时的温度分布分析(采用圆柱体坐标)更为复杂，附录 5 图 1～3 所示分别为无限长圆柱的诺漠图。利用这些图也可以求出无限长圆柱体内的温度场。

3. 球体的诺漠图

球体的诺漠图如附录 5 图 4～6 所示。

【例 6.6】　一块厚 200 mm 的钢板，初始温度为 20 ℃，被送入 1 000 ℃ 高温的热炉内，两侧受热。已知钢板的 $\lambda = 34.8$ W/(m·K)，$a = 0.555 \times 10^{-5}$ m²/s，加热过程中的平均表面对流换热系数 $h = 174$ W/(m²·K)。试求：

(1) 钢板受热表面温度达到 500 ℃ 所需的时间；

(2) 此段时间内每平方米截面传入钢板的累计热量。

解　(1) 在此问题中，钢板半厚 $\delta = 100$ mm，于是在表面上

$$\frac{x}{\delta} = 1$$

计算出 Bi 数

$$Bi = \frac{h\delta}{\lambda} = \frac{174 \times 0.1}{34.8} = 0.5$$

从图 6.12 查得,在平壁表面上(即 $x/\delta=1.0$ 时)$\theta/\theta_m=\theta_w/\theta_m=0.80$(此处 θ_w 为表面上的过余温度)。同时,根据已知条件,表面上的无量纲过余温度 θ_w/θ_0 为

$$\frac{\theta_w}{\theta_0}=\frac{T_w-T_f}{T_0-T_f}=\frac{773-1\ 273}{293-1\ 273}=0.51$$

平壁中心的无量纲过余温度 θ_m/θ_0 即可确定如下:

$$\frac{\theta_m}{\theta_0}=\frac{\theta_w}{\theta_0}\frac{\theta_m}{\theta_w}=\frac{0.51}{0.80}=0.637$$

已知 θ_m/θ_0 及 Bi 准则之值,从图 6.11 查得 $Fo=1.2$。由此推算出

$$t=1.2\frac{\delta^2}{a}=1.2\times\frac{0.1^2}{0.555\times10^{-5}}=2\ 160\ (s)=0.6(h)$$

(2)应用图 6.13,先算出

$$Bi^2Fo=\frac{h^2at}{\lambda^2}=\frac{(174)^2\times0.555\times10^{-5}\times2\ 160}{(34.8)^2}=0.30$$

从图 6.13 查得 $Q/Q_0=0.78$,再从已知条件得 $\rho c=\lambda/a=6.27\times10^6$,于是每平方米截面的累计热量为

$$Q=0.78Q_0=0.78\times2\times0.1\times6.27\times10^6\times(20-1\ 000)=-9.59\times10^8(J)$$

负号表示热量从炉子传入钢板车。

6.4.2 第一类边界条件下的一维非稳态导热——表面温度为常数

一维导热典型的简单几何形态,除了平壁、圆筒壁和球壁以外,还有半无限大物体。所谓半无限大物体,是指物体一端为一平面,而另一端延伸至无限远的物体。数学上,取平面界面为 y 坐标轴,与界面成法线方向的为 x 坐标轴,则半无限大物体占有 $x\geqslant0$、y 为 $-\infty\sim\infty$ 的区域(图 6.8(a))。半无限大物体是实际问题的理想化模型,有其重要意义。对于有限厚度的平壁单面受热的情况,只要平壁的另一侧未受到升温波及,就可应用半无限大物体的理论公式。比如,铸造中砂型的受热升温,只要在工程上有意义的时间内砂型外侧未被升温波及,就可以按半无限大物体进行分析。这里将以半无限大物体作为讨论对象。

1. 温度场的求解

常物性一维非稳态导热适用的微分方程为

$$\frac{\partial T}{\partial t}=a\frac{\partial^2 T}{\partial x^2} \tag{6.40}$$

非稳态导热过程开始以前,物体处于一定的环境温度 T_0,故初始条件可表示成

$$t=0\ 时,\quad T=T_0=定值 \tag{6.41a}$$

对最简单的第一类边界条件进行分析,即过程开始时,壁表面温度瞬时升高并维持在恒定的温度,即

$$t>0,x=0\ 处,\quad T=T_w=定值 \tag{6.41b}$$

微分方程式在上述初始及边界条件下的理论解为

$$\frac{T_w-T}{T_w-T_0}=erf\left(\frac{x}{2\sqrt{at}}\right)=erf(N) \tag{6.42}$$

或 $$T = T_w + (T_0 - T_w)\,\text{erf}(N) \tag{6.43}$$

上两式中，$N = x/(2\sqrt{at})$，$\text{erf}(N)$ 为高斯误差函数，它的数值可按 N 值从附录 6 中查出。上两式既可用来计算某时刻 t、特定点 x 处的温度，亦可反过来计算上述 x 处达到某一温度 T 所需的时间。

按式（6.43）所描绘出的不同时刻半无限大物体内的温度场如图 6.8(b) 所示。随着时间的增大，表面温度变化所波及的深度不断增加。高斯误差函数示意图如图 6.14 所示。

由图可以看出，当 $N = 2.0$ 时，$(T_w - T)/(T_w - T_0) \approx 1$，即 $T = T_0$。换句话说，可以认为，由 $N = 2$ 确定的 x 点处温度尚未发生变化。从 $N = x/(2\sqrt{at}) = 2.0$ 的关系可得

$$t = \frac{x^2}{16a} = 0.062\ 5\,\frac{x^2}{a} \tag{6.44}$$

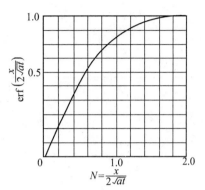

图 6.14　高斯误差函数示意图

即 x 被选定时，x 点未受表面温度变化涉及的时间 t 可由式（6.44）确定。这段时间 t 称为 x 点的惰性时间。式（6.44）表明，惰性时间与表面温度 T_w 无关，它与深度 x 的平方成正比，而与热扩散率 a 成反比。热扩散率越小，惰性时间越大。

2. 表面的瞬时热流密度

在非稳态导热中，物体表面上的温度梯度随时间 t 而变化，如图 6.8 所示，所以从傅里叶定律能解得表面的瞬时热流密度 q_w。对式（6.43）求导，得

$$\frac{\partial T}{\partial x} = (T_0 - T_w)\frac{\partial}{\partial x}\left[\text{erf}\left(\frac{x}{2\sqrt{at}}\right)\right] = \frac{T_0 - T_w}{\sqrt{\pi at}}\exp\left(-\frac{x^2}{4at}\right)$$

代入傅里叶定律表达式，得

$$q_w = -\lambda\left.\frac{\partial T}{\partial x}\right|_{X=0} = \lambda(T_w - T_0)\frac{1}{\sqrt{\pi at}} \tag{6.45}$$

从上式可以看出，q_w 随着时间 t 的增加而递减。如果在 $0 \sim t$ 一段时间内 T_w 保持不变，则式（6.45）中除 t 以外都是常量。将 q_w 在 $0 \sim t$ 范围内积分即得到整段时间内消耗于加热每平方米半无限大物体的热量 Q_w（亦称累计热量，单位为 J/m^2）为

$$Q_w = \int_0^t q_w\,\mathrm{d}t = \lambda(T_w - T_0)\frac{1}{\sqrt{\pi a}}\int_0^t\frac{\mathrm{d}t}{\sqrt{t}} = 2\lambda(T_w - T_0)\sqrt{\frac{t}{\pi a}} \tag{6.46}$$

可以看出，Q_w 与时间 t 的平方根成正比，即随时间增加而递增，但增加的势头逐渐减少，这与温度梯度的变化相对应。

式（6.46）中，材质不同的影响体现在 $\lambda/\sqrt{a}$ 上，物性的这种组合可表示为

$$\frac{\lambda}{\sqrt{a}} = \sqrt{\lambda c\rho} = b \tag{6.47}$$

式中　b——蓄热系数，完全取决于材料的热物性。

蓄热系数综合地反映了材料的蓄热能力，也是一个热物性参数。表 6.1 列出了铸铁

和铸型蓄热系数 b 的参考值。

瞬时热流密度 q_w 和 t 时间内每平方米物体的蓄热量 Q_w 用蓄热系数 b 表示时有下列形式：

$$q_w = \frac{b}{\sqrt{\pi t}}(T_w - T_0) \tag{6.48a}$$

$$Q_w = \frac{2b}{\sqrt{\pi}}(T_w - T_0)\sqrt{t} \tag{6.48b}$$

表 6.1 铸铁和铸型的热物性

材料	热物性参数				
	热导率 λ /(W·m^{-1}·K^{-1})	质量热容 c /(J·kg^{-1}·K^{-1})	密度 ρ /(kg·m^{-3})	热扩散率 a /(m^2·s^{-1})	蓄热系数 b /(J·m^{-2}·K^{-1}·s$^{-1/2}$)
铸　铁	0.170	2.76	7 000	8.82×10^{-6}	57.14
砂　型	1.15×10^{-3}	2.79	1 350	2.41×10^{-7}	7.43
金属型	0.226	1.99	7 100	1.58×10^{-5}	56.77

蓄热系数 b 是个综合衡量材料蓄热和导热能力的物理量。因为常数 $1/\sqrt{\pi} = 0.56$，故从式(6.48a)可知，$0.56b$ 就等于单位温升、单位时间的瞬时热流密度值；而从式(6.48b)可知，$1.12b$ 就等于单位温升、单位时间物体的蓄热量。蓄热系数的物理意义从日常生活经验中也很容易理解。例如冬天用手握铁棍和木棍，尽管它们温度都相同，但总是感觉铁棍比较凉，这是因为铁的蓄热系数比木材的大 30 倍左右，铁通过手取走的热量远大于木材。

由于砂型的热导率较小，型壁较厚，所以平面砂型壁可按半无限大平壁处理。本节得到的公式应用于铸造工艺，可以计算砂型中特定点在 t 时刻达到的温度，以及铸件传入砂型的瞬时热流密度和 $0 \sim t$ 时间内传入砂型的累计热量。瞬时热流密度 q_w 和累计热量 Q_w 都与蓄热系数成正比，所以选用不同造型材料，即改变蓄热系数，就成为控制凝固过程和铸件质量的重要手段。

【例 6.7】 一大型平壁状铸铁件在砂型中凝固冷却。设砂型内侧表面温度维持 1 200 ℃不变，砂型初始温度为 20 ℃，热扩散率 $a = 2.41 \times 10^{-7}$ m^2/s，试求浇注后 1.5 h 砂型中离内侧表面 50 mm 处的温度。

解
$$N = \frac{x}{2\sqrt{at}} = \frac{50 \times 10^{-3}}{2\sqrt{2.41 \times 10^{-7} \times 1.5 \times 3\ 600}} = 0.694$$

从附录 6 中查得

$$\text{erf}(0.694) = 0.673\ 6$$

代入式(6.43)，得

$$T = T_w + (T_0 - T_w)\text{erf}(N) = 1\ 473 + (293 - 1\ 473) \times 0.673\ 6 = 678\ (K)$$

6.5* 二维及三维非稳态导热

在工程上遇到的非稳态问题不仅仅是一维的，在很多情况下是二维或三维的非稳态导热问题,比如无限长的长方柱体和短圆柱体的非稳态导热是二维的,平行六面体的非稳态导热是三维的。这些非稳态导热问题也可以由各自的导热微分方程和定解条件求得,但求解困难很大。上述二维和三维导热物体可由一维导热物体相交而成。例如,无限长的长方柱体可由两个无限大平壁垂直相交构成;短圆柱体可由一个无限大平壁与一个无限长圆柱体垂直相交构成;平行六面体可由三个无限大平壁垂直相交构成,如图 6.15 所示。对于第三类边界条件和 T_w＝常数的第一类边界条件下的导热,已经在数学上证明:多维问题的解等于各个坐标上一维解的乘积。

如果分别用下标 p 和 c 表示无限大平壁和无限长圆柱体,则上述二维和三维非稳态导热物体的相对过余温度分布为

无限长的长方柱体
$$\frac{\theta}{\theta_0}=\left(\frac{\theta}{\theta_0}\right)_{p1}\left(\frac{\theta}{\theta_0}\right)_{p2} \tag{6.49}$$

短圆柱体
$$\frac{\theta}{\theta_0}=\left(\frac{\theta}{\theta_0}\right)_{p}\left(\frac{\theta}{\theta_0}\right)_{c} \tag{6.50}$$

长方体
$$\frac{\theta}{\theta_0}=\left(\frac{\theta}{\theta_0}\right)_{p1}\left(\frac{\theta}{\theta_0}\right)_{p2}\left(\frac{\theta}{\theta_0}\right)_{p3} \tag{6.51}$$

因此,可用一维非稳态导热的诺谟图求解上述二维和三维非稳态导热物体的温度分布,具有很大的实用意义。

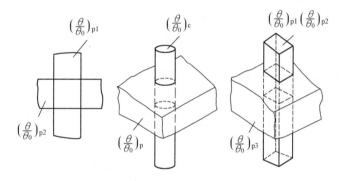

图 6.15　二维和三维非稳态导热问题用一维导热问题求解的图示

【例 6.8】　初始温度为 300 ℃,直径为 120 mm,高为 120 mm 的短钢柱体,被置于温度为 30 ℃的大油槽中,其全部表面均可受到油的冷却,冷却过程中钢柱体与油的表面换热系数为 $h=300$ W/(m^2·K)。钢柱体的热导率 $\lambda=48$ W/(m·K),热扩散率 $a=1\times 10^{-5}\,m^2/s$。试确定 5 min 后钢柱体中的最大温差。

解　本题属二维非稳态导热问题,可采用无限长圆柱体和无限大平壁的乘积解求解。由于圆柱体内最高温度位于柱体中心,最低温度位于柱体的上、下边角处,故对无限长圆柱体有

$$\frac{1}{Bi}=\frac{\lambda}{hR}=\frac{48}{300\times 0.06}=2.67$$

$$Fo=\frac{at}{R^2}=\frac{1\times 10^{-5}\times 5\times 60}{0.06^2}=0.833$$

由附录 5 得

$$\left(\frac{\theta_{\mathrm{m}}}{\theta_0}\right)_{\mathrm{c}}=0.6, \quad \left(\frac{\theta_{\mathrm{w}}}{\theta_0}\right)_{\mathrm{c}}=0.84$$

θ_{w} 表示表面过余温度,所以

$$\left(\frac{\theta_{\mathrm{w}}}{\theta_0}\right)_{\mathrm{c}}=\left(\frac{\theta_{\mathrm{m}}}{\theta_0}\right)_{\mathrm{c}}\left(\frac{\theta_{\mathrm{w}}}{\theta_{\mathrm{m}}}\right)_{\mathrm{c}}=0.6\times0.84=0.504$$

对于无限大平壁有

$$\frac{1}{Bi}=2.67, \quad Fo=0.833$$

由图 6.11 和图 6.12 得

$$\left(\frac{\theta_{\mathrm{m}}}{\theta_0}\right)_{\mathrm{p}}=0.8, \quad \left(\frac{\theta_{\mathrm{w}}}{\theta_{\mathrm{m}}}\right)_{\mathrm{p}}=0.85$$

所以

$$\left(\frac{\theta_{\mathrm{w}}}{\theta_0}\right)_{\mathrm{p}}=\left(\frac{\theta_{\mathrm{w}}}{\theta_{\mathrm{m}}}\right)_{\mathrm{p}}\left(\frac{\theta_{\mathrm{m}}}{\theta_0}\right)_{\mathrm{p}}=0.85\times0.8=0.68$$

得钢柱体中的最低温度

$$\left(\frac{\theta_{\mathrm{w}}}{\theta_0}\right)=\left(\frac{\theta_{\mathrm{w}}}{\theta_0}\right)_{\mathrm{p}}\left(\frac{\theta_{\mathrm{w}}}{\theta_0}\right)_{\mathrm{c}}=0.68\times0.504=0.343$$

即有

$$T_{\mathrm{w}}=0.343\theta_0+T_{\mathrm{f}}=0.343\times(573-303)+303=395.61 \text{(K)}=122.6 \text{(℃)}$$

钢柱体中的最高温度

$$\left(\frac{\theta_{\mathrm{m}}}{\theta_0}\right)=\left(\frac{\theta_{\mathrm{m}}}{\theta_0}\right)_{\mathrm{p}}\left(\frac{\theta_{\mathrm{m}}}{\theta_0}\right)_{\mathrm{c}}=0.8\times0.6=0.48$$

即有

$$T_{\mathrm{m}}=0.48\theta_0+T_{\mathrm{f}}=0.48\times(573-303)+303=432.6 \text{(K)}=159.6 \text{(℃)}$$

故 5 min 后钢柱体中的最大温差为

$$\Delta T_{\max}=T_{\mathrm{m}}-T_{\mathrm{w}}=159.6-122.6=37 \text{(℃)}$$

【例 6.9】 三边尺寸为 $2\delta_1=0.5$ m,$2\delta_2=0.7$ m,$2\delta_3=1$ m 的钢锭,初温 $T_0=20$ ℃,推入炉温为 1 200 ℃的加热炉内加热,求 4 h 后钢锭的最低温度与最高温度。已知钢锭的 $\lambda=40.5$ W/(m·K),热扩散率 $a=0.722\times10^{-5}$ m^2/s,边界上的表面对流换热系数 $h=348$ W/(m^2·K)。

解 问题的解可由三块相应的无限大平壁的解得出。最低温度位于钢锭的中心,即三块无限大平壁中心截面的交点上,而最高温度则位于钢锭的顶角上,即三块平壁表面的公共交点上。

取钢锭上中心为原点,根据图 6.15 有

$$(Bi)_{\mathrm{p1}}=\frac{h\delta_1}{\lambda}=\frac{348\times0.25}{40.5}=2.14$$

$$(Fo)_{\mathrm{p1}}=\frac{at}{\delta_1^2}=\frac{0.722\times10^{-5}\times4\times3\,600}{0.25^2}=1.66$$

$$(Bi)_{\mathrm{p2}}=\frac{h\delta_2}{\lambda}=\frac{348\times0.35}{40.5}=3.00$$

$$(Fo)_{p2} = \frac{at}{\delta_2^2} = \frac{0.722 \times 10^{-5} \times 4 \times 3\ 600}{0.35^2} = 0.85$$

$$(Bi)_{p3} = \frac{h\delta_3}{\lambda} = \frac{348 \times 0.5}{40.5} = 4.29$$

$$(Fo)_{p3} = \frac{at}{\delta_3^2} = \frac{0.722 \times 10^{-5} \times 4 \times 3\ 600}{0.5^2} = 0.416$$

令 θ_w 表示表面过余温度,根据以上准则值查图 6.11、图 6.12 得

$$(\theta_m/\theta_0)_{p1} = 0.17, \quad (\theta_m/\theta_0)_{p2} = 0.38, \quad (\theta_m/\theta_0)_{p3} = 0.63$$

$$(\theta_w/\theta_m)_{p1} = 0.45, \quad (\theta_w/\theta_m)_{p2} = 0.36, \quad (\theta_w/\theta_m)_{p3} = 0.275$$

钢锭中心的无量纲过余温度为

$$\theta_m/\theta_0 = (\theta_m/\theta_0)_{p1}(\theta_m/\theta_0)_{p2}(\theta_m/\theta_0)_{p3} = 0.17 \times 0.38 \times 0.63 = 0.040\ 6$$

于是钢锭的最低温度为

$$T_m = 0.040\ 6\theta_0 + T_f = 0.040\ 6 \times (293 - 1\ 473) + 1\ 473 = 1\ 425.1\ (K) = 1\ 152.1\ (℃)$$

为求钢锭的最高温度,先求三块平壁表面的无量纲过余温度如下:

$$(\theta_w/\theta_0)_{p1} = (\theta_m/\theta_0)_{p1}(\theta_w/\theta_m)_{p1} = 0.17 \times 0.45 = 0.076\ 5$$

$$(\theta_w/\theta_0)_{p2} = (\theta_m/\theta_0)_{p2}(\theta_w/\theta_m)_{p2} = 0.38 \times 0.36 = 0.137$$

$$(\theta_w/\theta_0)_{p3} = (\theta_m/\theta_0)_{p3}(\theta_w/\theta_m)_{p3} = 0.63 \times 0.275 = 0.173$$

钢锭顶角的无量纲过余温度为

$$\theta/\theta_0 = (\theta_w/\theta_0)_{p1}(\theta_w/\theta_0)_{p2}(\theta_w/\theta_0)_{p3} = 0.076\ 5 \times 0.137 \times 0.173 = 0.001\ 81$$

于是钢锭的最高温度为

$$T_w = 0.001\ 81\theta_0 + T_f = 0.001\ 81 \times (293 - 1\ 473) + 1\ 473$$

$$= 1\ 470.9\ (K) = 1\ 197.9(℃)$$

习　题

1. 根据对热导率主要影响因素的分析,试说明在选择和安装保温材料时要注意哪些问题。

2. 金属材料的热导率很大,发泡金属为什么又能作为保温隔热材料?

3. 试以生活中的例子说明材料热扩散率对非稳态导热的影响。

4. 什么叫非稳态导热过程? 为什么初始温度均匀的物体在表面突然有传热时,表面温度分布曲线比物体内部温度分布曲线倾斜得厉害?

5. 非稳态导热物体可以用集总参数法简化分析的条件是什么?

6. 由导热微分方程式可见,非稳态导热只与热扩散率有关,而与热导率无关。对吗? (提示:导热的完整数学描述为导热微分方程式和定解条件。)

7. 一双层玻璃窗由两层厚为 6 mm 的玻璃及其间的空气隙所组成,空气厚度为 8 mm。假设面向室内的玻璃表面温度与面向室外的玻璃表面温度各为 20 ℃ 及 −20 ℃,试确定该双层玻璃的热损失。如果采用单层玻璃窗,其他条件不变,其热损失是双层玻璃的多少倍? 玻璃的尺寸为 60 cm × 60 cm,不考虑空气间隙中的自然对流,玻璃的热导率

为 0.78 W/(m·K)。

8.一平底锅烧开水,锅底已有厚度为 3 mm 的水垢,其热导率为 1 W/(m·K),已知与水相接触的水垢层表面温度为 111 ℃。通过锅底的热流密度为 42 400 W/m²,试求金属锅底的最高温度。

9.有一厚度为 20 mm 的平面墙,其热导率为 1.3 W/(m·K)。为使墙的每平方米热损失不超过 1 500 W,在外侧表面覆盖了一层 0.1 W/(m·K)的保温材料,已知复合壁两侧表面温度分布为 750 ℃和 55 ℃,试确定保温层的厚度。

10.用 345 mm 厚的普通黏土砖和 115 mm 厚的轻质黏土砖(ρ=600 kg/m³)砌成平面炉墙,其内表面温度为 1 250 ℃,外表面温度为 150 ℃,试求界面的温度和热流量 Φ。

11.冲天炉热风管道的内、外直径分别为 160 mm 和 170 mm,管外覆盖厚度为 80 mm 的石棉保温层,管壁和石棉的热导率分别为 58.2 W/(m·K)和 0.116 W/(m·K)。已知管道内表面温度为 240 ℃,石棉层表面温度为 40 ℃,求每米管道的散热量。

12.一个加热炉的耐火墙采用镁砖砌成,其厚度 δ=370 mm。已知镁砖内外侧表面温度分别为 1 650 ℃和 300 ℃,求通过每平方米炉墙的热损失。

13.外径为 100 mm 的蒸汽管道,覆盖保温层采用密度为 20 kg/m³ 的超细玻璃棉毡。已知蒸汽管外壁温度为 400 ℃,要求保温层外表面温度不超过 50 ℃,而每米长管道散热量小于 163 W,试确定所需保温层的厚度。

14.采用如图 6.7 所示的球壁导热仪来确定一种紧密压实型砂的热导率。被测材料的内、外直径分别为 d_1 = 75 mm,d_2 = 150 mm。达到稳态后读得 T_1 = 52.8 ℃,T_2=47.3 ℃,加热器电流 I=0.123 A,电压 U=15 V,试计算型砂的热导率。

15.在如图 6.3 所示的三层平壁的稳态导热中,已测得 T_1、T_2、T_3、T_4 分别为600 ℃、500 ℃、200 ℃及 100 ℃,试求各层热阻的比例。

16.把初始温度相同、材料相同的金属板、细圆柱体和小球放在同一种介质中加热。如薄板厚度、细圆柱体直径、小球直径相等,对流换热系数相同,求把它们加热到同样温度所需时间之比。

17.一电阻加热器初始温度为 T_0,其内部突然产生热量,功率为 P。加热器外表面积 A 暴露在温度为 T_∞ 的流体中,对流换热系数为 h。如组成导热区的物体体积为 V,物性值 ρ、c_p、λ 等均为已知量,试用集总参数法求加热器温度与时间的关系。

18.一块单侧表面积为 A、初始温度为 T_0 的平壁,一侧表面突然受到恒定热流密度 q_0 的加热,另一侧表面则受温度为 T_∞ 的气流冷却,对流换热系数为 h。试列出物体温度随时间变化的微分方程式并求解之。设内热阻可以不计,其他几何、物性参数均已知。

19.一热电偶的 $\rho c V/A$ 之值为 2.094 kJ/(m²·K),初始温度为 25 ℃,后被置于温度为320 ℃的气流中。试计算在气流与热电偶之间的对流换热系数为 58 W/(m²·K)及116 W/(m²·K)的两种情形下,热电偶的时间常数,并画出两种情形下热电偶读数的过余温度随时间变化的曲线。

20.试求高 0.3 m、宽 0.6 m 且很长的矩形截面铜柱体放入加热炉内 1 h 后的中心温度。已知铜柱初始温度为 20 ℃,炉温为 1 020 ℃,对流换热系数 h=232.6 W/(m²·K),λ=34.9 W/(m·K),c_p=0.198 kJ/(kg·K),ρ=7 800 kg/m³。

21. 一直径为 500 mm,高为 800 mm 的钢锭,初温为 30 ℃,被推入 1 200 ℃的加热炉内。设各表面同时受热,各面对流换热系数均为 $h=180$ W/(m² · K)。已知钢锭的 $\lambda=40$ W/(m · K),$a=8\times10^{-6}$ m²/s,试确定 3 h 后在中央高度截面上半径为 0.13 m 处的温度。

22. 初始温度为 25 ℃的正方形人造木板被置于 425 ℃的环境中。设木块的六个表面均可受到加热,对流换热系数 $h=6.5$ W/(m² · K)。经过 4.9 h(4 小时 50 分 24 秒)后,木块局部区域开始着火。试推算此种材料的着火温度。已知木块的边长为 0.1 m;材料为各向同性,$\lambda=0.65$ W/(m · K),$\rho=810$ kg/m³,$c_p=25\,500.198$ kJ/(kg · K)。

23. 纯铝和纯铜分别在熔点(铝熔点为 600 ℃,铜熔点为 1 083 ℃)浇入由同样造型材料构成的两个砂型中,砂型的密实度也相同。试问两个砂型的蓄热系数哪个大,为什么?

24. 大型铸件在耐火水泥坑中砂型铸造,铸件与坑壁间为砂型,其壁厚为 0.5 m。已知铸件表面与砂型接触面的温度 $T_w=800$ ℃,砂型的热扩散率 $a=0.69\times10^{-6}$ m²/s,砂型初始温度 $T_0=20$ ℃,试求砂型受热 120 h 后的外侧壁面温度。

25. 碳的质量分数 $w_C\approx0.5\%$ 的曲轴,加热到 600 ℃后置于 20 ℃的空气中回火。曲轴的质量为 7.84 kg,表面积为 870 cm²,质量热容为 418.7 J/(kg · K),密度为 7 840 kg/m³,热导率为 42.0 W/(m · K),冷却过程的平均对流换热系数取为 29.1 W/(m² · K),问曲轴中心冷却到 30 ℃所经历的时间。

第7章 对流换热

学习要点

牛顿冷却公式

$$q = h(T_w - T)$$

对流换热的微分方程组：

连续性微分方程

$$\frac{\partial u_x}{\partial x} + \frac{\partial u_y}{\partial y} + \frac{\partial u_z}{\partial z} = 0$$

动量微分方程

$$\frac{\mathrm{D}u}{\mathrm{D}t} = W - \frac{1}{\rho}\nabla p + v\,\nabla^2 u$$

能量微分方程

$$\frac{\partial T}{\partial t} + u_x\frac{\partial T}{\partial x} + u_y\frac{\partial T}{\partial y} + u_z\frac{\partial T}{\partial z} = \frac{\lambda}{\rho c}\left[\frac{\partial^2 T}{\partial x^2} + \frac{\partial^2 T}{\partial y^2} + \frac{\partial^2 T}{\partial z^2}\right]$$

边界层积分方程

$$\frac{\mathrm{d}}{\mathrm{d}x}\left[\int_0^{\delta_\mathrm{T}} u_x(T_\infty - T)\,\mathrm{d}y\right] = h\frac{\partial T}{\partial y}\bigg|_{y=0}$$

定解条件

$$y = 0 : T = T_w$$

$$y \to \infty : T = T_\infty$$

相似第一定律　相似第二定律　相似第三定律

大空间自然对流换热的计算：

$$Nu_\mathrm{m} = C(Gr \cdot Pr)_\mathrm{m}^n$$

强制对流换热的计算：对外掠平板、横掠圆柱、绕流球体、管内流动和相应的进出口的问题进行分析修正。

前几章讨论导热问题时,虽然已经涉及对流换热,但它仅仅限于作为导热问题的边界条件,对流换热系数作为已知量给出。从本章开始,集中讨论对流换热的物理基础,分析对流换热过程的物理模型,建立起对流换热过程的数学描述,并对其积分方法进行分析,进而深入研究对流换热问题的计算方法。

由于对流换热与流体流动密切相关,因此完整的数学描述应包含能量方程、动量方程及连续性方程。数学表达形式为非线性偏微分方程,对于该方程组只能得到很少的解析解,因此实际计算中常采用一些边界层积分方程。虽然边界层积分方程(严格说来是常微分方程)包含的动量、热量传递信息比边界层微分方程少,但是由于求解简单,特别在湍流情况下,利用边界层积分方程总能迅速、简单地获得具有一定近似程度的解。本章介绍边界层概念与边界层换热微分方程组,阐明相似原理及其在对流换热问题中的应用,对自然对流和强制对流换热计算进行论述。

对流换热也可分为无相变的单相流体对流换热和有相变流体的对流换热(凝结和沸腾换热)。对所有这些换热过程,本书仅讨论稳态传热过程。

7.1　对流换热概述

7.1.1　对流换热和牛顿冷却公式

对流换热是指相对运动着的流体与其温度不相同的固体壁面接触,流体与壁面之间的热量交换过程,亦称为"放热"或"给热"过程。例如,金属工件在恒温介质中的加热或冷却,内燃机气缸壁向周围空气传热等,都属于对流换热过程。对流换热的基本计算式是牛顿冷却公式,这里进一步对其进行说明。如图 7.1 所示,温度为 T、速度为 u 的流体,流过一个面积为 A 的任意形状固体表面。如果表面的温度异于来流温度,则将发生对流换热。在固体表面附近

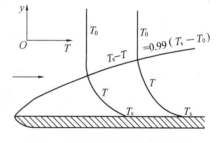

图 7.1　热边界层及层内的温度分布

形成一层极薄的热边界层,在该热边界层内存在较大的温度梯度。由于流动条件沿表面逐渐变化,对流换热系数 h 和单位面积上的对流换热量 q 也将沿表面变化。根据牛顿冷却公式有

$$q = h(T_w - T) \tag{7.1}$$

式中　h——表面 A 处的局部对流换热系数（$W/m^2 \cdot K$）；

　　　q——单位换热面积上的热流量（W/m^2）；

　　　$T_w - T$——表面温度与来流温度之差（K）。

对于整个表面积 A,总的对流换热量可由下式确定:

$$\Phi = hA(T_w - T) \tag{7.2}$$

牛顿冷却公式只是对流换热系数 h 的定义式,它并没有给出对流换热系数和影响它的物理量的内在联系,研究对流换热的目的在于求取对流换热系数。

在热学实验中,一般都要求是理想的绝热系统。由于热的耗散,实验中系统与环境间总存在着热的交换,这必然会给实验结果带来因散热而产生的误差。对这一散热误差,实验上通常采用牛顿冷却定律来修正。牛顿于 1701 年发现,当固体和流体的温度相差不大时,固体表面和与其接触的流体间热量传递的大小和温差成正比。这里需要强调的是,只有在系统与环境间温差 $T_w - T$ 不太大的情况下,才可近似认为公式 $q = hk(T_w - T)$ 中的比例系数 $k = 1$。应用牛顿冷却定律能够正确地反映系统散热规律。

有学者认为在自然冷却散热情况下,牛顿冷却定律的适用条件可以取到实验系统与环境间的温差在 25 ℃ 的范围,当然对于其他的条件应用范围会有一些变化。

流体流过平壁的情况,如图 7.2 所示,当黏性流体流过壁面时,由于黏性的作用,在壁面附近,流体速度随着与壁距离的减

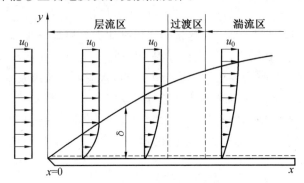

图 7.2 运动边界层及速度分布

小而逐渐降低;在贴壁处,流体速度为零($u = 0$),处于相对静止状态。因此,在固体壁面附近形成了速度梯度较大的流体边界层。随着流体流过壁面的距离不断增长,因受壁面黏性力传递的影响,边界层的厚度在不断增大,而且流体运动状态也会发生变化,将由层流区经过渡区,进入湍流区。应当注意,无论是过渡区还是湍流区,边界层最靠近壁面的一极薄的流体层相对于壁面是不流动的。因此壁面与流体之间的热量只能以导热方式通过贴壁的那一极薄的流体层。如果 q 表示沿壁面处的导热热流密度值,由傅里叶定律,q 也可表示为温度梯度的函数,它由壁面上的流体温度场决定。式(7.1)中的 q,与同一地点单位壁面与流体之间的对流换热量相同,即

$$q = h(T_w - T) = -\lambda \frac{dT}{dx} \tag{7.3}$$

式(7.3)称为传热微分方程或换热微分方程,它把对流换热系数与流体的温度场联系起来。由式(7.3)可见,对流换热系数的大小取决于流体的导热能力和温度分布,特别是贴壁处的流体温度变化率。对于后者,理论分析和实验都表明,它与流体的运动情况,包括邻近壁面的流体运动状况密切相关。而流体的运动情况表现为流速的高低及其分布,以及流体的结构是否出现混流。这些又与促使流体运动的动力、壁面形状和位置、壁面粗糙度及流体的性质等许多因素有关,关于这些问题将在后面讨论。

7.1.2 换热系数的影响因素

如前所述,对流换热系数的影响因素可归结为以下四个方面:流动状态及流动起因、流体的物理性质、流体有无相变和换热面的几何形状、大小及相对位置。

1.流动状态及流动起因

流体的流动状态分为层流和湍流。这两种流态流体的换热有很大的差别,具有不同

的规律。层流时,流体沿平行于流道轴心线的流线流动,没有跨越流线的分速度。沿流道壁面法线方向的热量传递,只能依靠流体分子的迁移运动即热传导方式。湍流时,流体质点运动的流线是杂乱无章的,不仅在平行于流道壁面方向(轴向)有对流,而且由于相邻流层之间的不断扰动混合,形成涡流流动,因此在壁面法线方向(横向)也有对流。因此,湍流时的热量传递,除依靠导热方式外,主要依靠涡流流动,即流体质点从一个流层向相邻流层的随机运动传递热量,使换热大大增强。所以湍流换热要比层流换热强烈,湍流对流换热系数也较大。

驱使流体以某一流速在壁面上流动的起因有两种。一种是由流体内部冷、热各部分密度不同所产生的浮升力作用而引起的,这种流动称为自然对流,如冬季室内空气沿暖气片表面自下而上的自然对流;另一种是流体受迫对流(亦称强迫对流),即流体在泵、风机或水压头等作用下产生的流动。一般来说,强迫对流的流速要比自然对流的高,因而对流换热系数也大,这些已由理论分析和实验所证实。如空气自然对流换热系数为 $5\sim25$ W/(m^2·℃),而其强迫对流换热系数可达 $10\sim100$ W/(m^2·℃)。因此,通常对流换热问题可分为自然对流换热(亦称自由流动换热)和强迫对流换热(被动流动换热)两大类。

2.流体的物理性质

由于流体的物理性质不同,对流换热过程可以是各种各样的。流体的物理性质可因流体的种类、温度和压力的不同而变化。本书主要研究某些物质的物理性质单调变化和变化很小时的换热过程。并且,在对流换热理论分析中,将假定流体的物理性质在所研究的温度范围内为常数。

影响换热的流体物性参数主要是热导率 λ、质量热容 c、密度 ρ、黏度 μ 和体积膨胀系数 α_V 等。热导率 λ 大,则流体内部、流体与壁面之间的导热热阻就小,换热系数较大,故气体的对流换热系数一般低于液体的换热系数,液体中水的换热系数较高,而液态金属又比水的换热系数高。从能量输送对换热的影响来分析,密度 ρ 大的流体,单位体积能携带更多的热量,相应的通过对流作用转移热量的能力大,故换热系数也大。例如 20 ℃时水和空气的质量热容相差悬殊,在形成强迫对流的情况下,水的对流换热系数为空气的 $100\sim150$ 倍。

3.流体有无相变

相变对对流换热的影响主要体现在以下两个方面:首先由于相变伴随着潜热的产生,因此对流换热系数大大提高;另外由于相变会使流动的状态发生很大的变化,进而影响到对流换热系数的大小。当然相变对于换热的影响是从这两个方面综合进行考虑的。

4.换热面的几何形状、大小及相对位置

换热壁面的几何形状和尺寸、壁面与流体的相对几何关系(平行、垂直于壁面等)、壁面粗糙度和管道进口形状等对于对流换热有严重的影响。

7.2 对流换热的微分方程组

单位面积上的内摩擦力为黏滞剪应力(简称黏滞力)τ。由牛顿黏性定律得知,黏滞剪应力决定了速度场,而温度场与流体的速度分布(速度场)密切相关。为求温度场,必须先解得速度场,速度场可由流体运动微分方程(或称动量微分方程)求得。已知速度场,则由传热微分方程解得温度场。上述两个方程加上连续性微分方程,总称为对流换热微分方程组(或称控制方程组),它们与定解条件构成了描述对流换热的完整的数学模型。

为了突出换热微分方程式推导方法所应用的原理和便于掌握方程式的物理意义,本章首先分析直角坐标系下的对流换热问题,并且假定流体为不可压缩的牛顿型流体(服从牛顿黏度定律的流体)、流体的热物性视为常量、流体无内热源。于是,所讨论的问题包括六个未知量,即对流换热系数,直角坐标系中的速度分量 u_x、u_y、u_z,温度 T 和压强 p。推导微分方程组时,取出一边长分别为 $\mathrm{d}x$、$\mathrm{d}y$ 和 $\mathrm{d}z$ 的微元体作为研究对象(控制体),如图 7.3 所示。通过对该六面体控制体的研究,得到换热微分方程的数学描述。

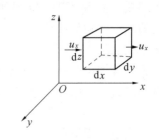

图 7.3　微元体对流换热控制体图

7.2.1　连续性微分方程

对于不可压缩流体,连续性方程可以简化为

$$\frac{\partial u_x}{\partial x}+\frac{\partial u_y}{\partial y}+\frac{\partial u_z}{\partial z}=0 \tag{7.4}$$

7.2.2　动量微分方程

用动量微分方程式描述流体的速度场,可根据动量守恒定理导出。对于如图 7.3 所示的流动流体的微元体,动量守恒定理可表述为:作用在微元流体上所有外力的总和等于微元流体的动量变化率,包括微元体内流体的动量变化率及单位时间进、出微元体的流体动量变化。应用动量守恒定理推导出动量微分方程,方程的一般式为式(3.47)。

式(3.47)是在直角坐标下的动量微分方程,称纳维尔—斯托克斯运动方程,它适用于不可压缩黏性流体的层流运动。对于湍流,若采用其速度、压力等参量的瞬时值,则也适用。

7.2.3　能量微分方程

根据热力学第一定律,对图 7.3 所示的微元体进行能量守恒分析,可建立起描述流体能量传递的能量微分方程(无内热源),以该控制体为分析对象,可以得到以下关系:

$$\boxed{\begin{array}{c}\text{以热对流方式进入}\\\text{控制体的净热量 }Q_1\end{array}}+\boxed{\begin{array}{c}\text{以导热方式进入}\\\text{控制体的净热量 }Q_2\end{array}}+\boxed{\begin{array}{c}\text{外界对控制体}\\\text{做功产生的热量 }Q_3\end{array}}=\boxed{\begin{array}{c}\text{控制体内能}\\\text{的增加量 }Q_4\end{array}} \tag{7.5a}$$

在 $\mathrm{d}t$ 时间内,由平行于 x 方向热对流流入和流出控制体的热量分别为

$$Q'_x=\rho c T u_x \mathrm{d}y\mathrm{d}z\mathrm{d}t \tag{7.5b}$$

$$Q'_{x+\mathrm{d}x}=\rho c\left(T+\frac{\partial T}{\partial x}\mathrm{d}x\right)\left(u_x+\frac{\partial u_x}{\partial x}\mathrm{d}x\right)\mathrm{d}y\mathrm{d}z\mathrm{d}t \tag{7.5c}$$

在 x 方向热对流净进入控制体的热量（略去高阶微小量）为

$$Q'_x - Q'_{x+\mathrm{d}x} = -\rho c \left(u_x \frac{\partial T}{\partial x} + T \frac{\partial u_x}{\partial x} \right) \mathrm{d}x\mathrm{d}y\mathrm{d}z\mathrm{d}t \qquad (7.5\mathrm{d})$$

同理可以得到平行于 y、z 方向热对流净进入控制体的热量为

$$Q'_y - Q'_{y+\mathrm{d}y} = -\rho c \left(u_y \frac{\partial T}{\partial y} + T \frac{\partial u_y}{\partial y} \right) \mathrm{d}x\mathrm{d}y\mathrm{d}z\mathrm{d}t \qquad (7.5\mathrm{e})$$

$$Q'_z - Q'_{z+\mathrm{d}z} = -\rho c \left(u_z \frac{\partial T}{\partial z} + T \frac{\partial u_z}{\partial z} \right) \mathrm{d}x\mathrm{d}y\mathrm{d}z\mathrm{d}t \qquad (7.5\mathrm{f})$$

则在 $\mathrm{d}t$ 时间内热对流进入控制体的净热量 Q_1 为式（7.5d）～（7.5f）三式之和，即

$$Q_1 = -\rho c \left[\left(u_x \frac{\partial T}{\partial x} + u_y \frac{\partial T}{\partial y} + u_z \frac{\partial T}{\partial z} \right) + T \left(\frac{\partial u_x}{\partial x} + \frac{\partial u_y}{\partial y} + \frac{\partial u_z}{\partial z} \right) \right] \mathrm{d}x\mathrm{d}y\mathrm{d}z\mathrm{d}t \qquad (7.5\mathrm{g})$$

对于不可压缩流体，根据连续性方程（式（3.27）），式（7.5g）可简化为

$$Q_1 = -\rho c \left(u_x \frac{\partial T}{\partial x} + u_y \frac{\partial T}{\partial y} + u_z \frac{\partial T}{\partial z} \right) \mathrm{d}x\mathrm{d}y\mathrm{d}z\mathrm{d}t \qquad (7.5\mathrm{h})$$

在 $\mathrm{d}t$ 时间内由导热进入控制体的净热量为

$$Q_2 = \lambda \left(\frac{\partial^2 T}{\partial x^2} + \frac{\partial^2 T}{\partial y^2} + \frac{\partial^2 T}{\partial z^2} \right) \mathrm{d}x\mathrm{d}y\mathrm{d}z\mathrm{d}t \qquad (7.5\mathrm{i})$$

外界对控制体的做功产生的热量 Q_3 推导比较复杂，这里可以忽略，即

$$Q_3 = 0 \qquad (7.5\mathrm{j})$$

在 $\mathrm{d}t$ 时间内，控制体中流体温度发生变化 $\frac{\partial T}{\partial t} \mathrm{d}t$，因此内能的增加量 Q_4 为

$$Q_4 = \rho c \frac{\partial T}{\partial t} \mathrm{d}x\mathrm{d}y\mathrm{d}z\mathrm{d}t \qquad (7.5\mathrm{k})$$

将式（7.5h）～（7.5k）代入文字方程式（7.5a）并整理得到下式：

$$\frac{\partial T}{\partial t} + u_x \frac{\partial T}{\partial x} + u_y \frac{\partial T}{\partial y} + u_z \frac{\partial T}{\partial z} = \frac{\lambda}{\rho c} \left(\frac{\partial^2 T}{\partial x^2} + \frac{\partial^2 T}{\partial y^2} + \frac{\partial^2 T}{\partial z^2} \right) \qquad (7.5\mathrm{l})$$

表示成更简练的数学形式为

$$\frac{\mathrm{D}T}{\mathrm{D}t} = a \nabla^2 T \qquad (7.5\mathrm{m})$$

7.2.4　定解条件

1. 初始条件

初始条件是研究对象在过程开始时所处的状态，如初始时刻的速度和温度分布。对于稳态过程而言，任何固定空间点的任一物理量均与时间无关，因此不需要规定初始条件。

2. 边界条件

边界条件是在区域边界上研究对象所处的状态或状态的变化率，如边界上流体的速度分布情况和温度或热量的分布情况等。

以上导出的连续性微分方程式（7.4），能量微分方程式（7.5l），加上导出的换热微分方程式（7.3）和动量微分方程式（3.38），合计六个方程式，构成对流换热微分方程组，而未

知量亦是六个,所以方程组是封闭的。如果再给出定解条件就构成了不可压缩常物性流体对流换热的完整的数学描写。但是到目前为止,只能对有限条件的对流换热问题得到精确的解析解。

7.2.5 求解对流换热的途径

求解上述微分方程组的主要途径有三个:数学分析解、数值解和实验解。关于数学分析解,由于这些方程式比较复杂,特别是动量微分方程式的高度非线性特点,故数学求解非常困难。这个问题直到 1904 年德国科学家普朗特(L. Prandtl)提出著名的边界层概念,并用它来简化上述方程组后,其数学分析解才成为可能。关于对流换热问题的数值解法,随着计算机的迅速发展和普及,它获得了广泛的应用。实验解法是最早的一种方法,目前仍然是研究对流换热问题的一种主要而可靠的方法。确定对流换热系数 h 通常采用以下四种方式:

(1)求解上述偏微分方程组得到精确的分析或数值解。

(2)应用边界层理论得到边界层微分方程或边界层积分方程的近似解。

(3)利用热量传递和动量传递之间的类似性,解决湍流情况下的对流换热系数问题。

(4)应用相似理论、量纲分析并结合实验,得到一个以特征数形式表示的关联式或图线表格。

此处主要采用前三种方法解决强制对流换热问题,对伴有自然对流的换热问题,由于其难度较大,故本章不做讨论。

7.3* 热边界层概念与边界层换热微分方程组

由 4.3.2 节可知,半个多世纪以前,德国科学家普朗特(Prandtl)在仔细观察黏性流体流过物体表面时的情形的基础上,提出了著名的边界层概念。把这个边界层概念应用于对流换热,对换热微分方程组进行简化,得出边界层换热微分方程组,使对流换热问题的分析求解得到很大的发展。本节将阐述流动边界层和热边界层概念以及边界层换热微分方程组的导出。

7.3.1 热边界层

当黏性流体流过固体壁面时,壁面摩擦阻力的阻滞作用将向壁面附近的流体传递,使流体速度被阻滞减小,形成一速度有明显变化的流体薄层,称为流动边界层(或称速度边界层)。在边界层内,流体速度从壁面上 $u=0$ 变化到接近主流速度。

同样,当流体流过与它温度不同的壁面时,在壁面附近将形成一温度急剧变化的流体薄层,称为热边界层或温度边界层。自壁面到该边界层的外边缘,流体温度从等于壁温变化到接近主流温度。图 7.4 所示为流体纵掠平板被冷却时,边界层流体温度沿壁面法线方向的变化情形。热边界层厚度采用与流动边界层相类似的定义方法,即把等于主流温度 99% 的点的离壁距离规定为热边界层的厚度,以 δ_T 表示。显然 δ_T 将随流体沿壁面流动距离 x 的延伸而增厚。因此,热边界层以外可视为温度梯度为零的等温流动区。

由前面的讨论可知,流动边界层和热边界层的状况将决定边界层内的热量传递。在层流边界层内,壁面法向的热量传递依靠分子运动的导热方式。对于湍流边界层,层流底层是依靠导热传递热量,而在底层以外的湍流核心区,主要依靠涡流这种更强烈的对流效应传递热量。所以,对于工业上常见的流体(除液态金属外)来说,湍流边界层的热阻将主要取决于层流

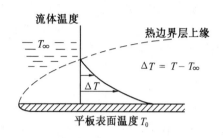

图 7.4 平板壁面上热边界层的形成

底层的导热热阻,底层的温度梯度最大,而湍流核心区温度变化最小。与上述情况相对应,层流边界层段的平均对流换热系数要低于湍流边界层段。

最后顺便指出,上述两种边界层厚度的相对大小取决于流态和流体热物性。在同样流态下,取决于综合物性参数(无量纲量),称普朗特数。当热边界层和流动边界层同时生成和发展时,由普朗特数的定义 $Pr=\dfrac{\lambda}{h}$,当几何尺寸及流速一定时,边界层的厚度取决于普朗特数,λ 越大则边界层越大;h 决定分子能量传递速度,h 越大则温度边界层越大。可以得到以下的结论:$Pr=1$,即 $\lambda=h,\delta=\delta_T$;$Pr>1$,即 $\lambda>h,\delta>\delta_T$;$Pr<1$,即 $\lambda<h,\delta<\delta_T$。

7.3.2 边界层换热微分方程组

前面已经述及,对流换热微分方程组数学分析求解的难度非常大,需根据边界层特性,运用数量级分析法,对该方程组进行合理简化,得到边界层换热微分方程组,然后分析求解。所谓数量级分析,是指通过比较方程式中各量或各项的数量级相对大小,把量级比较大的项保留下来,除去量级相对很小的项,实现方程式的合理简化。方程式中各项数量级的确定方法,可因问题的性质不同而不同,本书采用比较各量在其作用区的积分平均绝对值的确定方法。下面将以不可压缩常物性流体在重力场作用和耗散热都可被忽略时的二维稳态强制层流换热问题为例,来说明这种简化处理方法。

由以上导出的连续性微分方程(7.4),动量微分方程式(3.47),能量微分方程式(7.5h),加上导出的换热微分方程式(7.3),构成了对流换热微分方程组,即

连续性微分方程

$$\frac{\partial u_x}{\partial x}+\frac{\partial u_y}{\partial y}=0 \tag{7.6}$$

x 方向的动量方程

$$u_x\frac{\partial u}{\partial x}+u_y\frac{\partial u}{\partial y}=-\frac{1}{\rho}\frac{\mathrm{d}p}{\mathrm{d}x}+u\frac{\partial^2 u}{\partial y^2} \tag{7.7}$$

能量方程

$$u_x\frac{\partial T}{\partial x}+u_y\frac{\partial T}{\partial y}=\frac{\lambda}{\rho c}\frac{\partial^2 T}{\partial y^2} \tag{7.8}$$

边界条件

$$y=0, \quad T=T_w$$
$$y=\infty, \quad T=T_\infty$$

该方程的形式和流动边界层的动量方程的形式类同,它们的求解方式也相同,首先将未知量无量纲化,然后应用相应的变换,根据复合函数求导原则,将该方程转变为二阶的线性常微分方程,最后得到 Pr 在 $0.6\sim50$ 范围内的对流换热系数,即

$$h=0.332\frac{k}{x}\sqrt{Re_x}\sqrt[3]{Pr} \tag{7.9}$$

利用边界层概念,对上述微分方程组进行简化可以得到对流换热的边界层微分方程解。对于不计体积力的稳态的二维强制对流换热问题,边界层微分方程组得到了一定的简化,但是仍然是非线性偏微分方程。对于工程中遇到的许多实际问题,例如比较复杂的壁面形状、任意变化的速度分布或者复杂的边界条件等,往往无法获得分析解,不得不依赖近似解,因此广泛采用边界层积分方程。

7.3.3 边界层积分方程

虽然边界层积分方程(严格说来是常微分方程)包含的动量、热量传递信息比边界层微分方程少,但是由于求解简单,特别在湍流情况下利用边界层积分方程总能迅速、简单地获得具有一定近似程度的解。考虑体积力、任意位置流速分布及壁面法向速度不为零,可以得到边界层积分方程。

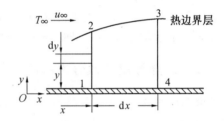

图 7.5 边界层能量方程的推导

在稳态无内热源条件下,进入控制体的热量等于离开控制体的热量。取固定空间体 1234 为控制体,如图 7.5 所示。

(1)边界层内以微元段研究其热量平衡关系,单位时间内流体从平面 1—2 带入的焓值为

$$\rho c_p \int_0^{\delta_1} T u_x \mathrm{d}y \tag{7.10a}$$

通过 3—4 面的焓值为

$$\rho c \int_0^{\delta} T u_x \mathrm{d}y + \frac{\partial}{\partial x}\left(\rho c \int_0^{\delta} T u_x \mathrm{d}y\right)\mathrm{d}x \tag{7.10b}$$

(2)通过 1—4 面进入控制体的热量为

$$-\lambda A \frac{\partial T}{\partial y}\bigg|_{y=0} \mathrm{d}x \tag{7.10c}$$

通过 2—3 面进入控制体的质量应与 1—2 面和 3—4 面质量变化的差相等。1—2 面和 3—4 面之间总质量变化量为

$$\rho \frac{\partial}{\partial x}\left(\int_0^{\delta} u_x \mathrm{d}y\right)\mathrm{d}x$$

总能量变化量为

$$\rho c_p T \frac{\partial}{\partial x}\left(\int_0^{\delta} u_x \mathrm{d}y\right)\mathrm{d}x \tag{7.10d}$$

（3）根据能量方程得到边界层积分方程。

整理式(7.10a)～(7.10d)，分析得到层流边界层对流换热微分方程组为

$$\rho c_p T_\infty \frac{\partial}{\partial x}\left(\int_0^{\delta_T} u_x \mathrm{d}y\right)\mathrm{d}x - \frac{\partial}{\partial x}\left(\rho c_p \int_0^{\delta_T} T u_x \mathrm{d}y\right)\mathrm{d}x - \lambda A \frac{\partial T}{\partial y}\bigg|_{y=0}\mathrm{d}x = 0$$

化简后得

$$\frac{\mathrm{d}}{\mathrm{d}x}\left[\left(\int_0^{\delta_T} u_x(T_\infty - T)\right)\mathrm{d}y\right]\mathrm{d}x = h\frac{\partial T}{\partial y}\bigg|_{y=0} \tag{7.11}$$

相应的边界条件为

$$y = 0, \quad T = T_w$$
$$y \to \infty, \quad T = T_\infty$$

7.3.4　边界层对流换热能量积分方程的求解

如前所述，在常物性条件下，根据换热情况对流动的影响，先用边界层动量积分方程求出流速，在速度场已经确定之后，再确定相应的温度场。求解的步骤如下。

1.界层内温度剖面层族的选取

根据经验确定一个三次的多项式

$$T = a_0 + a_1 y + a_2 y^2 + a_3 y^3 \tag{7.12}$$

其中，a_0、a_1、a_2、a_3 为待定系数。温度的分布应满足边界条件和附加的补充条件，即

$$y = 0, \quad T = T_w$$
$$y \to \infty, \quad T = T_\infty \frac{\partial T}{\partial y} = 0$$
$$y = 0, \quad \frac{\partial^2 T}{\partial y^2} = 0$$

得到边界层温度分布剖面族为

$$\frac{T - T_w}{T_\infty - T_w} = \frac{3}{2}\frac{y}{\delta_T} - \frac{1}{2}\left(\frac{y}{\delta_T}\right)^3 \tag{7.13}$$

δ_T 是以参数形式出现的，而且仅随着 x 的变化而变化，因此该式被称为单参数剖面族。首先需要确定该参数。

2.单参数 δ_T 的确定

由于多数介质的 Pr 数均大于 1，因此，可以近似地认为 $\delta_T < \delta$。这样可以用以前的速度分布式进行代入，于是有

$$\xi = \frac{13}{14Pr} + Cx^{-3/4} \tag{7.14}$$

其中

$$\xi = \frac{\delta_T}{\delta} \tag{7.15}$$

3.对流换热系数关系式

对得到的结果进行整理，可以得到下面的结果：

$$h = 0.332\frac{k}{x}\sqrt{Re}\sqrt[3]{Pr} \tag{7.16}$$

4.边界层积分方程组求解小结

以常物性流体在定常条件外掠平板层流换热问题作为边界层积分方程组的求解示例。已知平板具有定壁温的边界条件,求解思路是,先假定边界层速度分布函数式,由动量积分方程式解出层流速度、边界层厚度及摩擦系数,然后求解能量积分方程式,解出热边界层厚度和对流换热系数。但至今用数学分析法求解对流换热问题仍然十分困难。比拟(或称类比)原理是利用湍流流动的阻力系数来推算湍流换热系数,是求解对流换热问题的一种有效方法。比拟原理还适用于层流及分离流的问题。

7.4* 相似原理及其在对流换热问题中的应用

由于对流换热过程的复杂性,实验研究仍然是目前求解对流换热问题的一个重要而可靠的手段。然而,一般的实验方法存在以下问题:首先,对于具有多个影响因素的物理现象,要确定每个变量对于待求变量的影响,实验次数将非常多,以致实际上难以进行;其次由于实物太大或尚处于研制阶段的新设备,难以在实物上进行实验,相似理论可以有效地解决这些问题。因此,相似理论指导的实验研究方法得到了普遍的应用。本节将以单相(无相变)流体对流换热为例,介绍相似原理及其在实验求解对流换热问题中的应用。

7.4.1 相似的概念及理论基础

"相似"这个概念最早出现在几何学里。简单的几何相似是平面三角形的相似。例如图7.6所示三角形中,相似是指其对应边成比例。

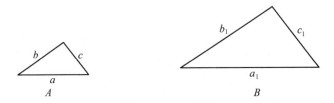

图 7.6 相似三角形示意图

图中 a、b、c 表示图形 A 三个边的长度,而 a_1、b_1、c_1 代表图形 B 三个边的长度。其相应的对应比值为 δ,δ 称为相似常数,可以看出 δ 是无量纲的。

7.4.2 相似的其他形式

除了几何相似以外,通过对运动的研究,可以得出判断两个物体运动是否相似的约束关系,如假定质点 A、B 分别沿着相同的几何形状的路径做匀速运动,速度在几何路径中相似的几何点,其速度矢量大小应当相似,而其方向应当是相同的,因此对于质点 A、B,其速度表示为

$$u_A = \frac{S_A}{t_A} \tag{7.17}$$

$$u_B = \frac{S_B}{t_B} \tag{7.18}$$

将式(7.17)除以式(7.18)，并令

$$\frac{S_A}{S_B}=C_s,\quad \frac{u_A}{u_B}=C_u,\quad \frac{t_A}{t_B}=C_t$$

可得到如下表达式：

$$\frac{C_u C_t}{C_s}=1 \tag{7.19}$$

由于所选择的点 A、B 是任意的，因此对于其他的点也应当满足这样的关系，对于满足 $\dfrac{C_u C_t}{C_s}=1$ 的两个或多个物体来讲，它们的运动是相似的。

7.4.3　流体流动过程中的相似特征数

1.雷诺数 Re

$$Re=\frac{vL}{\nu}=\frac{vL\rho}{\mu}=\frac{\rho v^2}{\dfrac{\mu v}{L}}=\frac{\text{动量通量密度}}{\text{黏性剪切力}}=\frac{\text{流体的惯性力}}{\text{流体的黏性力}}$$

它表示了流体流动过程中的惯性力与黏性力的比值。

2.均时性数 Ho

$$Ho=\frac{vt}{L}=\frac{t}{L/v}$$

其中，L/v 可以理解为一定速度的流体质点通过系统中某一定尺寸所需要的时间，其中 t 为整个系统流通过全程的时间，两者的比值为无量纲数。如果两个不稳定流动的均时性数相等，它们的速度场随时间改变的快慢是相似的。

3.努塞尔数 Nu

$$Nu=\frac{hL}{\lambda}=\frac{L/\lambda}{1/h}$$

它表示了导热热阻与对流热阻的比值。式中包含对流换热系数 h，是被决定准数。

4.普朗特数 Pr

$$Pr=\frac{\nu}{a}$$

是流体的物性相似准数。

5.格拉晓夫数 Gr

$$Gr=\frac{gL^3\alpha_V\Delta T}{\nu^2}$$

它表示了气体上升力与黏性力的比值。Gr 和 Re 分别是自然对流和强制对流的运动相似准数。

6.弗劳德数 Fr

$$Fr=\frac{gL}{v^2}=\frac{\rho gL}{\rho v^2}$$

反映了单位体积流体的重力位能和单位体积流体的动能的关系，因为重力位能与动能分别与重力和惯性力成正比，因此该系数也反映了流体流动中重力和惯性力的比值。

7. 路易斯数 Le

路易斯数的定义式为

$$Le = \frac{a}{D_{AB}}$$

该量为一个与质量传递和热量传递有关的无量纲量,用于描述对流过程中传热和传质各自作用的相对大小。路易斯数同时也可以用其他无量纲数的形式表示,如

$$Le = \frac{Sc}{Pr}$$

大多数气体在气态混合物中扩散路易斯数是 1 的数量级,在工程计算中取其值为 1。

7.4.4 相似定律

这里介绍三个相似定律,利用相似定律可以判定两个现象是否相似,进而应用相应的关系解决对流换热的难题。

1.相似第一定律

彼此相似的现象即具有相同数量和相同形式的相似特征数,此为相似第一定律。任何一种物理现象的定量描述从数学的观点来看都是一个定解问题,两个物理现象相似,其实就是指描述两个现象定解问题的方程彼此相同,因此能够由一个现象的解通过相似变换得出另一个现象的定解。

2.相似第二定律

相似第二定律是指同一类现象,如果定解条件相似,同时由定解条件的物理量所组成的相似特征数在数值上也相等,那么这些现象必定相似。这是判断两现象相似的充分必要条件。

3.相似第三定律

相似第三定律是指描述传递现象各种量之间的关系时可以表示为相似特征数之间的关系,这种特征数关系称为特征数方程。

物理现象的定解问题的解就是给出有关的物理量之间的函数关系。找出这个函数关系式是很困难的,有时是不可能的。相似第三定律指出,任何定解问题的积分结果都可以表示成由这一个定解问题所导出的相似特征数之间的函数关系,而每个特征数由有关的物理量构成,所以它实际上就是定解问题的解。这样的定律的优点在于,当需要用实验的手段找出具体的特征数方程时,实验的变量不是简单的物理变量,而是由物理变量组成的无量纲的相似特征数,这样通过因次分析的方法,可以使实验变量的数量大大减少,同时得到一个更准确的结论。这些变量在前面已经介绍过了。

7.5* 相似模型分析应用

根据前述的相似理论和相应的定律,可以判断两个现象相似与否,并且可以设计相应的模型。在实际的化工设计中常常通过对实际问题建立相似的模型,并对模型进行研究,最终将得到的结论推广到实际问题中。

7.5.1　模型相似的条件

模型研究法的关键是找出与实际相符合的实验模型,为此应当满足以下条件。

1.几何相似

建立实验模型应当是实际模型在几何尺寸上的缩小或放大,应当满足其各个部分的尺寸的比值为一个常数。

2.物理过程

相似模型的过程应当和实际的过程为同一类的过程,服从相同的物理描述方程,并且在过程发展的每一个对应的空间点上存在同名的相似特征数及有相同的数值。

3.定解条件

在过程开始时两个过程应当有相似的状态,并且在边界处应始终保持相似。当然在实际过程中做到完全相似是非常困难的,因此应当忽略一些次要的因素,尽可能地满足主要的因素相似,并对次要的因素进行适当的修正。

7.5.2　近似模型法

在进行模型研究时分析在相似条件中的主次因素,只对主要因素进行分析,对于次要因素进行修正,这样可以大大减少研究的时间,同时又不会引起很大的计算误差。

1.流体流动的稳定性

大量的实验表明,黏性流体在管道中流动时,不管入口速度分布如何,流过一段的距离后速度分布的形状就固定下来了,这种特殊性称为稳定性。黏性流体在复杂形状的流通通道中流动,也具有稳定性的特征。所以在进行模型实验时,只要在模型入口前存在几何相似的稳定段,就能保证进口速度分布相似。同样出口速度的分布相似也不用专门考虑,只要保证出入口通道几何相似即可。

2.流体流动的自模化

在管道流动中,雷诺数决定了流体流动状态。在雷诺数小于一定数值时,流动为层流,其速度的分布彼此相似,和雷诺数的大小无关。对于管道的流动,沿截面的速度分布为轴对称的旋转抛物面,流体的这种特性称为自模化。当雷诺数大于临界雷诺数时,雷诺数的大小对湍流速度的影响减小。当雷诺数达到某一个定值时,流动又一次地进入了自模化状态。因此,只要模型与实物中的流体流动处于同一个自模化区,即使模型和实物的雷诺数不相等,也能做到速度的分布相似,在实际的设计中选用较小的泵或风机就能满足这样的要求。理论和实验的结果表明,流动进入第二自模化区后阻力系数不会再发生变化,这可以作为检验模型中的流动是否进入第二自模化区的一个标志。

3.温度的近似模拟

流体的温度和相应的物性是变化的和不均匀的,模型的设计也应当考虑流体流动中的温度相似,有关温度场相似的特征数是普朗特数,由于温度的影响使该值很难满足,因此通常采用可实现的冷状态进行模拟,然后对相应的温度进行必要的修正。虽然该状态和实际的情况有一些偏差,但是得到的冷状态模拟结果对于工程的问题有重大的指导意义。

7.5.3 模型设计

1.选择关键性的特征数

物理过程的相似是建立在几何相似的基础上的,而模型的几何相似一般易于做到。对于复杂结构的模拟现象,除了出口和入口及需要主要考虑的区域以外,几何相似的条件并不十分严格。完全物理相似是不容易做到的,需要按照所研究过程的特点选择决定性的相似特征数,这样的选择需要根据具体的情况进行分析,如研究黏性流体的强制流动及阻力问题,主要考虑黏性力和惯性力,因此雷诺数为决定性特征数,如果有其他因素的影响,再将其他因素考虑进去。

2.模型尺寸及实验介质的选择

模型与实际设备形状及主要部位有关时,应按着相同的比例进行缩小。模型的尺寸通常是相互影响的,这一制约因素决定了定性特征数,对单一一个决定性特征数的相似,模型尺寸的比例方程比较简单,可以很快地决定其相似过程的实验流速和模型尺寸。

3.定性尺寸和定性温度

在确定决定性特征数时一般需要确定其特征尺寸和特征温度。对于前者,为参与过程的物体或空间的特征尺寸,可以是流体流过物体的空间路程或者是流体流过圆管的直径,不同的特征尺寸会有不同的特征数值。同时温度的不同也会对特征数的大小产生一定的影响,因此,应当选取适当的定性温度,一般选择流体的平均温度作为定性温度。

7.6 自然对流换热的计算

自然对流换热是工程中常见的一种对流换热形式。它不仅存在于各种加热设备、铸型、热管道散热的场合,而且存在于大量的热加工工艺过程中工件散热的场合。高温热工件冷却到最低工作温度的时间取决于自然对流散热及辐射散热情况。连续铸造工艺中铸件的冷却以及铸件凝固过程中的换热也都伴有自然对流换热。

壁面与流体间存在温差时,壁面附近流体温度不均匀造成的流体密度差也会引起自然对流。在一般情况下,不均匀的温度场仅发生在换热面附近的薄层内。图 7.7 所示为一块竖的热壁面近旁薄层内温度和速度的变化图形。其温度单调下降,而速度分布具有两头小中间大的形式。因为在贴壁处流体速度必等于零,而在薄层外端已无温压存在,浮升力消失,所以速度也等于零,在这两者之间速度具有一个峰值。换热越强,薄层内的温度变化越大,流体的自然对流亦越强烈。

在众多的实用自然对流换热问题中,最常见的一类问题是大空间自然对流换热问题。悬吊在大厂房中的热铸件或热工件显然属于此类问题。此时换热面的自然对流不会受到邻近物体换热的干扰。实际上只要换热薄层不受干扰,都可以归入大空间自然对流换热的范围。例如,已经查明,如图 7.8 所示的两个被同样加热的相隔不远的热竖壁,只要 $a/h > 0.28$,两个壁面上的边界层互不干扰,其换热都可采用大空间自然对流换热的计算公式。大空间自然对流换热的实验准则关系式具有下列通用形式:

$$Nu_m = C(Gr \cdot Pr)_m^n \tag{7.20}$$

式中　Nu_m——包含平均换热系数 h 的平均努塞尔准则，$Nu_m = \dfrac{hL}{\lambda_m}$；

　　　下角标 m——定性温度取边界层平均温度 T_m，它定义为

$$T_m = (T_w + T_f)/2 \tag{7.21}$$

式中　T_w——壁面温度；

　　　T_f——远离壁面处的流体温度。

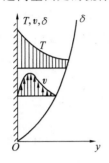

图 7.7　自然对流边界层的速度
　　　　　场及温度场

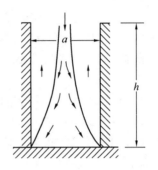

图 7.8　自然对流边界层示意图

　　式(7.20)中的常数 C 和 n 由实验确定。换热面形状与位置、换热边界条件以及层流或湍流的不同流态都影响 C 和 n 的数值。由实验确定的几种典型几何形状与位置常数 C 和 n 值见表 7.1。表中水平板热面朝上及朝下的关联式均为对空气换热的实验结果。特性尺度分别规定为，竖平板及竖圆柱取高度，横圆柱取外径，水平板热面朝上时取板长度（板宽小于 200 mm 时，有边缘效应的影响，可按文献提供的实验资料进行修正），水平板热面朝下时取 l^*。此处 $l^* = A/U$，其中 A 为平板面积，U 为平板边缘的总周长。

表 7.1　自然对流换热中的 C 和 n 值

加热表面 形状与位置	流动情况示意图	系数 C 及指数 n			适用范围 $(Gr \cdot Pr)_m$
		流态	C	n	
竖平板及竖圆柱	H	层流	0.59	$\dfrac{1}{4}$	$10^4 \sim 10^9$
		湍流	0.10	$\dfrac{1}{3}$	$10^9 \sim 10^{13}$
横圆柱	d	层流	0.53	$\dfrac{1}{4}$	$10^4 \sim 10^9$
		湍流	0.13	$\dfrac{1}{3}$	$10^9 \sim 10^{12}$
水平板热面朝上或 冷面朝下	l	层流	0.54	$\dfrac{1}{4}$	$2 \times 10^4 \sim 8 \times 10^6$
		湍流	0.15	$\dfrac{1}{3}$	$8 \times 10^6 \sim 10^{11}$
水平板热面朝下或 冷面朝上		层流	0.58	$\dfrac{1}{5}$	$10^5 \sim 10^{11}$

在一些专业应用中,有时仅涉及某一种气体在有限温度范围内的换热计算。在这种条件下,$Pr=$常数(如空气 $Pr\approx0.7$),而 Gr 准则中的物性也几乎不变,于是准则关系式可简化成如下专用式:

$$h=A(\Delta T/L)^n \tag{7.22}$$

例如,横圆柱在空气中的自然对流换热在 30 ℃ $\leqslant T_m \leqslant$ 70 ℃条件下,以下专用式与准则式的误差不大于 5%:

$$h=1.34(\Delta T/L)^{1/4} \quad (W/m^2 \cdot K) \tag{7.23}$$

由于专用式形式简单、变量关系明显,在专业书刊中也有一定应用。当然,应当记住,虽然在一定条件下它们和准则关系式是等价的,但它们不具备准则关系式的普遍适用特征。

【例 7.1】 试求悬吊在大厂房中的 3 m 高热竖钢板自然对流换热的平均换热系数。已知钢板表面壁温 $T_w=170$ ℃,厂房内温度 $T_f=10$ ℃。

解 计算竖钢板的平均换热系数。首先必须确定 $Gr \cdot Pr$ 乘积的数值,以判别流态而选用 C 和 n 的值。$T_m=(170+10)/2=90$(℃)时查附录 7 有

$$\lambda_m=3.13\times10^{-2} \ W/(m \cdot ℃)$$

$$\nu_m=22.10\times10^{-6} \ m^2/s$$

$$Pr_m=0.690$$

空气的体积膨胀系数 β 可按 $\beta=1/T$ 计算,故 $\beta_m=1/363$,由此可算出

$$Gr_m=gH^3\beta_m\Delta T/\nu_m^2=9.81\times(3)^3\times160/[363\times(22.10)^2\times10^{-12}]=2.39\times10^{11}$$

$$(Gr \cdot Pr)=2.39\times10^{11}\times0.690=1.65\times10^{11}$$

按表 7.1,处于湍流流态时,$C=0.10,n=1/3$,则

$$Nu_m=0.10(Gr \cdot Pr)_m^{1/3}=0.10(1.65\times10^{11})^{1/3}=548$$

于是平均换热系数为

$$h=Nu_m\lambda_m/H=548\times3.13\times10^{-2}/3=5.72 \ W/(m^2 \cdot ℃)$$

应当指出,在气体中散热的物体,存在着对流和辐射两种散热方式。此处仅计算出对流散热。辐射散热可按第 8 章有关公式算出。

7.7 强制对流换热的计算

本节讨论强制对流换热中最常见的三种典型情况:外掠平板、横掠圆柱和管内流动。它们在流动和换热规律上的主要特点和处理方法上相似。其他场合下强制对流换热的计算式可参阅相关文献。

7.7.1 外掠平板

流体顺着平板掠过时,从起始接触点至流程长度为 x_c 的范围,边界层为层流。当流程长度进一步增加时,边界层将经历一段过渡后转变为湍流。层流至湍流的转变由临界雷诺数 $Re_c=u_\infty x_c/\nu$ 确定。Re_c 随来流初扰动、壁面粗糙度的不同而异。在一般有换热的问题中取 $Re_c=5\times10^5$。与边界层流态相对应,可以整理出层流区和湍流区各自的换

热规律。

在层流区,换热系数有随 x 递减的性质,而在向湍流过渡中,换热系数跃升,达到湍流时换热系数进入湍流规律区。实验总结出的平板在常壁温边界条件下平均换热系数的准则关系式如下:

在层流区($Re<5\times10^5$),准则式为

$$Nu=0.664Re^{0.5}Pr^{1/3} \tag{7.24}$$

最终达到湍流区($5\times10^5\leqslant Re\leqslant10^7$)时全长平均换热系数可按准则式

$$Nu=(0.037Re^{0.8}-871)Pr^{1/3} \tag{7.25}$$

计算,式中定性温度取边界层平均温度

$$T_m=(T_w+T_\infty)/2 \tag{7.26}$$

式中　T_w——板面温度;

　　　T_∞——来流温度。

特性尺度取板全长 l。Re 数中的速度取来流速度 u_∞。

【例 7.2】　24 ℃的空气以 60 m/s 的速度外掠一块平板,平板保持 216 ℃的板面温度,板长 0.4 m,试求平均换热系数,不计辐射换热。

解　计算 Re 首先计算定性温度

$$T_m=(T_w+T_\infty)/2=(216+24)/2=120(℃)$$

查附录 7 得

$$\nu=25.45\times10^{-6}\ \text{m}^2/\text{s}$$
$$\lambda=3.34\times10^{-2}\ \text{W}/(\text{m}\cdot℃)$$
$$Pr=0.686$$

由此算出

$$Re=u_\infty l/\nu=60\times0.4/25.45\times10^{-6}=9.43\times10^5>5\times10^5$$

平板后部已达湍流区,全长平均换热系数按式(7.25)计算,有

$$Nu=(0.037Re^{0.8}-871)Pr^{1/3}=[0.037\times(9.43\times10^5)^{0.8}-871]\times(0.686)^{1/3}=1\ 196$$
$$h=Nu\lambda/l=1\ 196\times3.34\times10^{-2}/0.4=99.9\ [\text{W}/(\text{m}^2\cdot℃)]$$

7.7.2　横掠圆柱(圆管)

流体横掠圆柱时的流动特征如图 7.9 所示。边界层的形态出现在前半圈的大部分范围,然后发生绕流脱体,在后半圈出现回流和旋涡。与流动相对应,沿圆周局部换热强度的变化如图 7.9(a)所示,呈现出复杂的细节。不过局部换热系数的变化虽较复杂,但平均换热系数却有明显的渐变规律。在 Re 数变化很大的范围内空气横掠圆柱平均换热的实验结果如图 7.9(b)所示。推荐用以下通用准则关联式进行平均换热系数的计算:

$$Nu=cRe^n \tag{7.27}$$

式中,在不同 Re 区段内,c 和 n 具有不同的数值,见表 7.2。此处,定性温度采用边界层平均温度 $T_m=(T_w+T_f)/2$,特性尺度取圆柱外径 d,Re 数中的流速按来流流速计算。

式(7.27)亦适用于烟气及其他双原子气体。文献指出,若将上式中的常数 c 改为 $c'Pr^{1/3}$,则与液体的实验结果相符,故可采用 $Nu=c'Re^nPr^{1/3}$ 的形式推广应用于液体及非

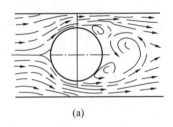
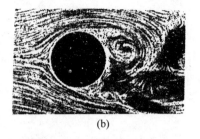

(a)   (b)

图 7.9　空气横掠加热圆柱时流体的速度对等温线的影响

双原子气体。

表 7.2　强制对流换热中的 c 及 n 值

Re	c	n
4～40	0.809	0.385
40～4 000	0.606	0.466
4 000～40 000	0.171	0.618
40 000～250 000	0.023 9	0.805

　　流体流动方向与圆柱轴线的夹角称为冲击角。以上讨论的是冲击角为 90° 的正面冲击情况。斜向冲击时，换热有所削减。实用计算中，可引用一个小于 1 的经验冲击角修正系数 ε_φ 来考虑这种影响，即

$$\varepsilon_\varphi = h_\varphi/h_{90°} \qquad (7.28)$$

ε_φ 的数值可从图 7.10 查取。

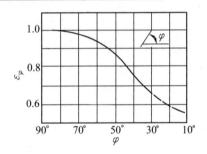

图 7.10　圆柱面冲击角修正系数

【例 7.3】　空气正面横掠外径 $d=20$ mm 的圆管，空气来流流速为 1 m/s。已知空气温度 $T_f = 20$ ℃，管壁温度 $T_w = 80$ ℃，试求平均表面换热系数。

　　解　定性温度为

$$T_m = (T_f + T_w)/2 = (20 + 80)/2 = 50(℃)$$

从附录 7 查得

$$\lambda_m = 2.83 \times 10^{-2} \text{ W/(m · ℃)}$$

$$\nu_m = 17.95 \times 10^{-6} \text{ m}^2/\text{s}$$

由此算得

$$Re = ud/\nu = 1 \times 0.02/(17.95 \times 10^{-6}) = 1\ 110$$

按式(7.27)及表 7.2，得

$$Nu = 0.606 Re^{0.466} = 0.606 \times (1\ 110)^{0.466} = 15.9$$

平均换热系数为

$$h = Nu\lambda_m/d = 15.9 \times 2.83 \times 10^{-2}/0.02 = 22.5\ [\text{W/(m}^2 · ℃)]$$

7.7.3　绕流球体

流体绕流球体时,边界层的发展及分离与绕流圆管相类似。流体与球体表面之间的平均换热系数可以按照下列特征数方程计算:

对于空气 $\qquad\qquad\qquad Nu_m = 0.37Re_m^{0.6}$ $\qquad\qquad\qquad$ (7.29)

对于液体 $\qquad\qquad\qquad Nu_m = 2.0 + 0.6Re_m^{1/2}Pr_m^{1/3}$ $\qquad\qquad$ (7.30)

式(7.29)的使用范围为 $17 < Re_m < 70\,000$,定性温度为平均温度,特征尺寸为球体的直径。式(7.30)的使用范围为 $1 < Re_m < 70\,000$, $0.6 < Pr_m < 400$,定性温度为平均温度,特征尺寸为球体的直径。对于静止液体在均匀温度的球体上的稳态传热,由式(7.30)可知, $Nu_m \approx 2$。

7.7.4　管内流动

流体管内流动时的强制对流换热是工程上常见的典型换热方式。首先必须指出,管内流动换热有层流和湍流的不同规律。暂时不讨论流动在截面上尚未定型的区段,而考虑截面上流动已定型的充分发展段。以临界雷诺数 $Re_c = 2\,300$ 为界, $Re < 2\,300$ 为层流; $Re > 10^4$ 则为湍流。介于这两个雷诺数之间为层流向湍流转变的过渡区段。流态的不同将反映在截面的速度分布上。层流时流体沿轴向分层有序地流动,而湍流时则除贴壁薄层具有层流性质外,截面核心部分具有由于分子团剧烈混合而形成的湍流性质,使流速几乎一致。与此相对应,湍流时的换热也比层流时大为强烈,因此在换热应用中,总希望使管内流动尽可能在湍流区。由于实用上的重要性,本节以湍流区的换热为讨论的重点。

在 $Re > 10\,000$ 的旺盛湍流区,使用最广泛的实验准则式为

$$Nu_f = 0.023Re^{0.8}Pr^{0.4}$$ $\qquad\qquad$ (7.31)

式中,定性温度取流体平均温度 T_f,习惯上 T_f 取管道进出口两截面平均温度的算术平均值;特性尺度取管内径。

应该指出的是,尽管上式在实用上得到广泛应用,在温压(即管壁与流体间的温度差)及流体黏性系数 μ_f 上却都有限制。上式适用于温压不太大及 μ_f 不大于水的黏性系数两倍以内的范围。所谓温压不太大,具体来说,就是指对气体而言,温压不超过 50 ℃,对水不超过 20~30 ℃,对油类不超过 10 ℃。超过限制就会产生较大误差。

下面的分析有助于理解式(7.31)产生较大误差的原因。在有换热的条件下,截面上的速度分布与等温流动的分布有所不同。图7.11示意性地给出了换热时速度分布畸变的景象。图中曲线 1 为等温流动的速度分布。有换热时,以液体为例做分析。液体被冷却时,因液体的黏度随温度的降低而升高,所以,近壁处速度分布低于等温曲线,变成曲线 2。同理,液体被加热时,速度分布变成曲线 3。

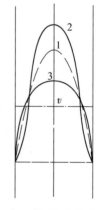

图7.11　换热时管内速度分布的畸变

近壁处流速增大会增强换热,反之会削弱换热。这说明了不均匀热物性对换热的影响。式(7.31)仅适用于可忽略此种影响的场合,因此在温压及黏性系数上必然会有所限制。

超出以上限制时,必须考虑不均匀热物性的影响,推荐在下列实验准则式中任选一个进行计算:

$$Nu_f = 0.027 Re_f^{0.8} Pr^{1/3} (\mu_f/\mu_w)^{0.14} \tag{7.32}$$

$$Nu_f = 0.021 Re_f^{0.8} Pr^{0.43} (Pr_f/Pr_w)^{0.25} \tag{7.33}$$

上两式中,除 μ_w 或 Pr_w 取壁温 T_w 为定性温度外,其余热物性仍采用流体平均温度为定性温度;管内径 d 为特性尺度。

当进行换热计算时,需要明确计算公式的适用条件,下面分别进行讨论。

(1)非圆形截面槽道。已经查明,采用当量直径 d_e 为特性尺度,非圆形截面槽道内强制对流的准则关系式可套用圆管的准则关系式(7.31)、式(7.32)或式(7.33)。当量直径按下式计算:

$$d_e = 4A/U \tag{7.34}$$

式中　A——槽道的截面积(m^2);

　　　U——润湿周长(m),即槽道壁与流体接触面的长度。

例如,对于两个同心套管构成的环形槽道,内管外径为 d_1,而外管内径为 d_2 时,有

$$d_e = \frac{\pi(d_2^2 - d_1^2)}{\pi(d_2 + d_1)} = d_2 - d_1 \tag{7.35}$$

(2)入口段修正。流体进入管口总要经历一个流动未定型的阶段,如图 7.12 所示。同样,温度分布及换热也要经历一个未定型区段。作为示例,空气湍流换热时不同入口条件的效应如图 7.12 所示。

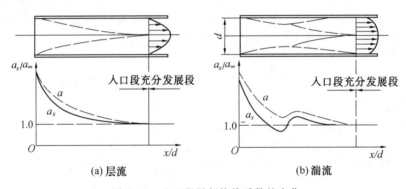

(a)层流　　　　　　　　　　(b)湍流

图 7.12　入口段局部换热系数的变化

所谓具有很长辅助入口段是指在加热段前有长的流动辅助段,使在被加热前流动已达定型状态。由图 7.12 可见,一般来说,入口效应修正系数必须根据具体情况确定,并不存在通用的修正系数。对于通常工业设备中常见的尖角入口,推荐以下入口段修正系数:

$$\varepsilon_1 = 1 + (d/l)^{0.7} \tag{7.36}$$

一般认为,管的长径比 $l/d > 60$ 时,入口段修正可忽略不计。

(3)弯管修正系数。流体流过弯曲管道或螺旋管时,会引起二次环流而强化换热。图 7.13 定性地示出了截面上的二次环流。处理上可用一个大于 1 的弯管修正系数 ε_R 来反映这种强化作用,即

对于气体　　　　　　　$$\varepsilon_R = 1 + 1.77 d/R \tag{7.37}$$

对于液体 $\qquad\qquad \varepsilon_R = 1 + 10.77(d/R)^3$ $\qquad\qquad$ (7.38)

式中　R——弯曲管道的曲率半径(m);

$\qquad$ d——管内径(m)。

最后,对管内层流换热做简要说明。管内层流时,附加的自然对流有时难于避免,使实验准则式更复杂。

对于自然对流受到抑制时,即在 $Gr/Re^2 < 0.1$ 条件下,管内层流换热的计算,在 $Re_f Pr_f d/l \geqslant 10$ 的范围内,推荐下列准则关系式:

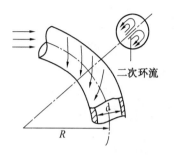

$$Nu_f = 1.86(Re_f Pr_f d/l)^{1/3}(\mu_f/\mu_w)^{0.14} \qquad (7.39)$$

式中,除 μ_w 取 T_w 为定性温度外,其余物性均取流体平均温度 T_2 为定性温度;管内径或当量内径为特性尺度。具有自然对流影响的层流计算式及过渡区的计算式均可参阅传热手册。

图 7.13　螺旋管中的二次环流

【例 7.4】　在一个换热器中用水来冷却管壁。管内径 $d = 17$ mm,长度 $l = 1.5$ m。已知冷却水流速 $u = 2$ m/s,冷却水的平均温度(进出口截面上平均温度的算术平均值)$T_f = 30$ ℃,壁温 $T_w = 35$ ℃,试计算换热系数 h。

解　为选用合适的计算式,先计算 Re 数。按定性温度 $T_f = 30$ ℃,从附录 13 查得

$$\nu_f = 0.805 \times 10^{-6} \text{ m}^2/\text{s}$$

$$\lambda_f = 61.8 \times 10^{-2} \text{ W/(m} \cdot \text{℃)}$$

$$Pr_f = 5.42$$

$$Re_f = ud/\nu_f = 2 \times 0.017/(0.805 \times 10^{-6}) = 42\ 200$$

根据雷诺数的大小,流动属湍流,且温压不大,由式(7.31)有

$$Nu_f = 0.023Re^{0.8}Pr^{0.4} = 0.023 \times (42\ 200)^{0.8} \times (5.42)^{0.4} = 226$$

因为 $l/d = 1.5/0.017 = 88.3 > 60$,所以可不计入口效应修正。由此算出平均换热系数为

$$h = Nu\lambda_f/d = 226 \times 61.8 \times 10^{-2}/0.017 = 8\ 215 \text{ W/(m}^2 \cdot \text{℃)}$$

习　题

1. 某窑炉侧墙高 3 m,总长 12 m,炉墙外壁温 $T_w = 170$ ℃。已知周围空气温度 $T_f = 30$ ℃,试求此侧墙的自然对流散热量。

2. 有一根水平放置的蒸汽管道穿过厂房,其保温层外径为 583 mm,外表面的平均温度为 48 ℃。已知周围空气温度为 23 ℃,试计算每米保温管道由自然对流引起的散热量。

3. 一根 $l/d = 10$ 的金属柱体,从加热炉中取出置于静止的空气中冷却。试问:从加速冷却的观点,柱体应水平放置还是竖直放置(设两种情况下辐射散热均相同)?试估算开始冷却的瞬间在两种放置情况下,自然对流换热系数之比值(两种情况下的流动均为层流)。

4. 一热工件的顶面朝上向空气散热,工件长 500 mm,宽 200 mm。工件表面温度

220 ℃,室温 20 ℃。试求工件顶面自然对流的换热系数。

5. 空气以 10 m/s 的流速外掠表面温度为 128 ℃的平板。流速方向上平板长度为 300 mm,而宽度为 100 mm。已知空气温度为 52 ℃,试求对流换热量。

6. 试用简明的语言说明热边界层的概念。

7. 与完全的能量方程相比,边界层能量方程最重要的特点是什么?

8. 在外掠平板换热问题中,试计算 25 ℃的空气及水达到临界雷诺数各自所需的板长,取流速 $u=1$ m/s 计算。

9. 直径为 0.1 mm 的电阻丝置于空气流中,并与来流方向垂直。来流温度为 20 ℃,电阻丝发热功率为 17.8 W/m,其温度为 40 ℃。允许略去其他热损失,试确定空气的流速。

10. 在稳态工作条件下,20 ℃的空气以 10 m/s 流速横掠外径为 50 mm、管长为 3 m 的圆管后,温度增至 40 ℃。已知横管内匀布电热器消耗的功率为 1 560 W,试求横管外侧壁温。

11. 试计算下列情况下的当量直径:

(1)边 a 及 b 的矩形槽道;

(2)在一个内径为 D 的圆形筒体内布置了 n 根外径为 d 的圆管,流体在圆管外筒体内做纵向(轴向)流动。

12. 发电机的冷却介质从空气改为氢气后可以提高冷却效果。试对氢气与空气的冷却效果进行比较。比较的条件是:都是管内湍流对流换热,通道几何尺寸、流速相同,定性温度均为 50 ℃,均处于常压下,不考虑温压修正。50 ℃的氢气物性:$\rho=0.077\ 5$ kg/m³,$\lambda=19.42\times10^{-2}$ W/(m·℃),$\mu=9.41\times10^{-6}$ kg/(m·s),$c_p=14.36$ kJ/(kg·℃)。

13. 压力为 1.013×10^5 Pa 的空气在内径为 76 mm 的直管内强制流动,入口温度为 65 ℃,入口体积流量为 0.022 m³/s,管壁的平均温度为 180 ℃。试问将空气加热到 115 ℃所需管长为多少?

14. 一螺旋管式换热器用来提高水温,其管子内径 $d=12$ mm,螺旋管共 4 圈,螺旋直径 $D=150$ mm。进口水温 $T'=20$ ℃,水在管内平均流速 $u=0.6$ m/s。管子内壁平均温度 $T_w=80$ ℃。试计算螺旋管出口的水温。

15. 如果流体外掠平板的流动边界层由层流转变为湍流的临界雷诺数 $Re=5\times10^5$,试计算 30 ℃的空气、水和 14 号润滑油达到临界 Re 数时所流过平板的长度 x_f。取流体的 $u_0=1.2$ m/s。

16. 常压下 20 ℃的空气以 10 m/s 的速度纵向流过一平板。平板长 500 mm,平均壁温 60 ℃。试计算离平板前缘 50 m、200 m、500 m 处的热边界层厚度、局部换热系数和平均换热系数。

17. 30 ℃的水以 0.5 m/s 的速度流过一平板,平板长 0.5 m,平均壁温 30 ℃,试求全板长的平均对流换热系数和单位宽度平板的对流换热量。

18. 试用相似分析(相似变换),从边界层能量微分方程式推导出 Pr 准则。

第8章 辐射换热

学习要点

按能量守恒,辐射能:

$$Q_\alpha + Q_\rho + Q_\tau = Q$$

绝对黑体 绝对白体 绝对透明体
热辐射的基本定律:
普朗克定律:

$$E_{b\lambda} = \frac{C_1\lambda^{-5}}{e^{\frac{C_2}{\lambda T}} - 1}$$

维恩定律:

$$\lambda_m T = 2.897\,6 \times 10^{-3}$$

斯忒藩－玻耳兹曼定律:

$$E_b = \int_0^\infty E_{b\lambda}\,d\lambda = \int_0^\infty \frac{C_1\lambda^{-5}}{e^{\frac{C_2}{\lambda T}} - 1}\,d\lambda = C_b\left(\frac{T}{100}\right)^4$$

基尔霍夫定律:

$$\alpha_1 = \varepsilon_1$$

综合传热:

$$\Phi = (h_{对} + h_{辐})(T_1 - T_2)A = h_\Sigma(T_1 - T_2)A$$

多层炉墙导热:

$$q = \frac{T - T_0}{\dfrac{1}{h_{\Sigma_1}} + \dfrac{\delta}{\lambda} + \dfrac{1}{h_{\Sigma_2}}}$$

8.1　热辐射基础

物体间依靠热辐射方式进行的热量传递过程称为辐射换热。在动力工程、化学工程和兵器安全工程中,都存在着大量热辐射和辐射换热问题。在新能源开发方面,如太阳能的利用等也要涉及热辐射问题。本章先介绍热辐射的基本概念,并在讨论黑体热辐射规律的基础上,研究实际物体表面的热辐射特性。在本章的后半部分,将集中讨论物体表面间辐射换热的计算方法和气体辐射及火焰辐射等问题。

8.1.1　热辐射的本质及特点

当原子内部的电子受到激发或振动时,产生交替变化的电场和磁场,发出电磁波并向空间传播,这就是辐射。以不同方式激发物质会发射不同的电磁波,如物质受到外来电子或中子的轰击,或者在振荡电路或化学反应等的作用下,实现电磁波的发射和传播。由于与温度有关的热运动的原因而激发产生电磁波传播,则称为热辐射。只要物体的温度高于绝对零度,物体总是在不断地进行热辐射,并且,辐射的能力将随物体温度高低不同而异。

理论上讲,物体热辐射的电磁波波长可以包括整个波谱,然而在实际的工业用途中,热辐射的波长主要位于 $0.38 \sim 100~\mu m$ 波段内。在热辐射所遇到的温度范围内(一般在 2 000 K以下),如果把太阳辐射也包括在内,热辐射波长区段可放宽为 $0.1 \sim 100~\mu m$,并称此区段的射线为热射线。这种射线投射到物体上被吸收后,可转化为该物体的内能增量而产生热效应。各种电磁波都以光速在介质中传播,这是电磁波的共性,热辐射也不例外。热辐射本质决定了热辐射过程有如下特点:

(1)热辐射不依靠物质的接触而进行热量传递,可以在真空中传播。例如,太阳光能穿越低温太空向地面辐射。而导热和对流换热都必须由冷热物体直接接触或通过中间介质相接触才能进行。

(2)辐射换热过程伴随有能量形式的转化,即物体的部分内能转化为电磁波发射出去,当它被另一物体吸收后,又转化为该物体的内能。

(3)当物体间存在温度差时,由于高温物体辐射给低温物体的能量大于低温物体辐射给高温物体的能量,因此,总的结果是高温物体把能量传给低温物体。当各物体的温度相同时,物体间的辐射换热仍在不断进行,只是每一物体辐射出去的能量等于它吸收的能量,即物体间的净辐射换热量为零,处于动平衡状态。

8.1.2　热辐射的基本概念及基本定律

工程上所出现的传热问题,在概念上可以分成三种基本的形式:热传导、对流换热和热辐射。

在工业中有很多设备利用热辐射进行传热,特别是高温物体的对外传热,其主要的热量传递方式为热辐射。如红外线干燥器、高温工业炉、锅炉等,都是利用辐射传热的设备。

1. 绝对黑体的概念

当物体受热后一部分热能转变为辐射能并以电磁波的形式向外放射。各种不同波长的射线具有不同性质,可见光和红外线能被物体吸收转化为热能,称它们为热射线。各种物体由于原子结构和表面状态的不同,其辐射和吸收热射线的能力也有明显差别。

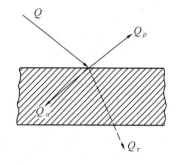

图 8.1　辐射能的吸收、反射和透射

当能量为 Q 的一束热射线投射到物体表面时,同可见光一样,一部分能量 Q_α 被吸收,一部分能量 Q_ρ 被反射,还有一部分能量 Q_τ 透射过物体(图 8.1)。按能量守恒定律有

$$Q_\alpha + Q_\rho + Q_\tau = Q \tag{8.1}$$

或

$$\frac{Q_\alpha}{Q} + \frac{Q_\rho}{Q} + \frac{Q_\tau}{Q} = 1 \tag{8.2}$$

式中　α——物体的吸收比,$\alpha = \dfrac{Q_\alpha}{Q}$;

　　　　ρ——物体的反射比,$\rho = \dfrac{Q_\rho}{Q}$;

　　　　τ——物体的透射比,$\tau = \dfrac{Q_\tau}{Q}$。

$$\alpha + \rho + \tau = 1 \tag{8.3}$$

如果 $\alpha = 1$,则 $\rho = \tau = 0$,即辐射能全部被吸收,这种物体称为绝对黑体,简称黑体。

如果 $\rho = 1$,则 $\alpha = \tau = 0$,即辐射能全部被反射,这种物体称为绝对白体,简称白体。

如果 $\tau = 1$,则 $\alpha = \rho = 0$,即辐射能全部被透射,这种物体称为绝对透明体,简称透明体。

自然界中,绝对的黑体、白体和透明体是不存在的,它们都是假定的理想物体。对于一种实际物体来说,其 α、ρ、τ 的数值不仅取决于物体本身的物理特性,还与表面状态、温度以及投射射线的波长等有关。

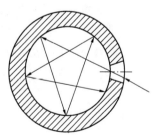

图 8.2　人工黑体模型

为研究方便,人们用人工方法制成黑体模型。在温度均匀、不透过热射线的空心壁上开一小孔(图 8.2),此小孔即具有绝对黑体性质:所有进入小孔的辐射能,在多次反射过程中几乎全部被内壁吸收。小孔面积与空腔内壁面积之比越小,小孔越接近黑体。当它们的面积比小于 0.6%,空腔内壁的吸收率为 0.8 时,则小孔的吸收率大于 0.998,非常接近黑体。

2. 普朗克定律

普朗克于 1900 年根据量子理论导出了黑体在不同温度下的单色辐射力 $E_{b\lambda}$(角标"b"表示黑体)随波长的分布规律,即

$$E_{b\lambda} = \frac{C_1 \lambda^{-5}}{e^{\frac{C_2}{\lambda T}} - 1} \tag{8.4}$$

式中　λ——波长(m)；

$\qquad$ T——黑体表面的绝对温度(K)；

$\qquad$ e——自然对数的底数；

$\qquad$ C_1——常数,其值为 3.743×10^{-16} W·m²；

$\qquad$ C_2——常数,其值为 $1.438\ 7 \times 10^{-2}$ K·m。

式(8.4)称为普朗克定律。将式(8.4)绘成曲线如图8.3所示,可以更清楚地显示不同温度下黑体的 $E_{b\lambda}$ 按波长分布情况。

从该图可得到下述规律：

(1)黑体在每一个温度下,都可辐射出波长从0到∞的各种射线,当 λ 趋近于0或∞时,$E_{b\lambda}$ 值也趋近于零。

(2)在每一温度下,$E_{b\lambda}$ 随波长变化有一最大值,当温度升高时,其最大值向短波方向移动。它们之间存在的关系,即维恩(Wien)定律为

$$\lambda_m T = 2.897\ 6 \times 10^{-3} \text{ m·K} \tag{8.5}$$

式中　λ_m——物体表面最大单色辐射力所对应的波长。

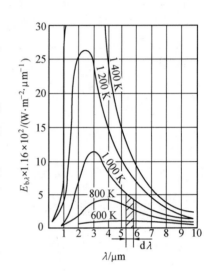

图 8.3　黑体在不同温度下的单色辐射力

由维恩定律可知,对应最大辐射力的波长与绝对温度的乘积为常数,如果知道对应于最大辐射力的波长,便可求出辐射体的表面温度。这就是利用观察火色来判别加热温度的理论依据,该方法不需要在灼热的物体上安装测温元件,有特殊的优越性。

3.斯忒藩－玻耳兹曼定律

在一定温度下,单位面积上单位时间内发射出各种波长的辐射能量的总和,称为该温度下的辐射力,用 E 表示,因此,黑体的辐射力 E_b(单位:W/m²)应为

$$E_b = \int_0^\infty E_{b\lambda} \mathrm{d}\lambda = \int_0^\infty \frac{C_1 \lambda^{-5}}{e^{\frac{C_2}{\lambda T}} - 1} \mathrm{d}\lambda \tag{8.6}$$

积分后上式改写成

$$E_b = \sigma_b T^4 = C_b \left(\frac{T}{100}\right)^4 \tag{8.7}$$

式中　σ_b—— 黑体的辐射常数,其值为 5.675×10^{-8} W/(m²·K⁴)；

$\qquad$ C_b——黑体的辐射系数,其值为 5.675 W/(m²·K⁴)。

式(8.7)表明黑体的辐射力与绝对温度的四次方成正比,称为辐射四次定律,也叫斯忒藩－玻耳兹曼定律。这种形式应用起来比较方便。

4.灰体和实际物体的辐射力

如果物体的辐射光谱是连续的,光谱曲线与黑体的光谱曲线相似,而且它的单色辐射

力 E_λ 与同温度、同波长下黑体的单色辐射力 $E_{b\lambda}$ 之比为定值,并且与波长和温度无关,即

$$\frac{E_{\lambda 1}}{E_{b\lambda 1}} = \frac{E_{\lambda 2}}{E_{b\lambda 2}} = \cdots = \frac{E_{\lambda n}}{E_{b\lambda n}} = \varepsilon_\lambda = 定值 < 1 \qquad (8.8)$$

这种物体被定义为灰体,ε_λ 称为灰体的单色黑度。上述的关系可以用图 8.4 表示,灰体的黑度 ε(或称辐射率)被定义为灰体的辐射力 E 与同温度下黑体辐射力 E_b 之比。对灰体来说 $E/E_b = E_\lambda/E_{b\lambda}$,故 $\varepsilon = \varepsilon_\lambda$,即灰体的黑度与它的单色黑度在数值上相等。因此,灰体的辐射力为

$$E = \varepsilon C_b \left(\frac{T}{100}\right)^4 = C \left(\frac{T}{100}\right)^4 \quad (W/m^2) \qquad (8.9)$$

式中　C——灰体的辐射系数;

　　　ε——灰体的黑度。

灰体黑度值的大小,说明了该灰体接近于黑体的程度,当 $\varepsilon = 1$ 时即为黑体。

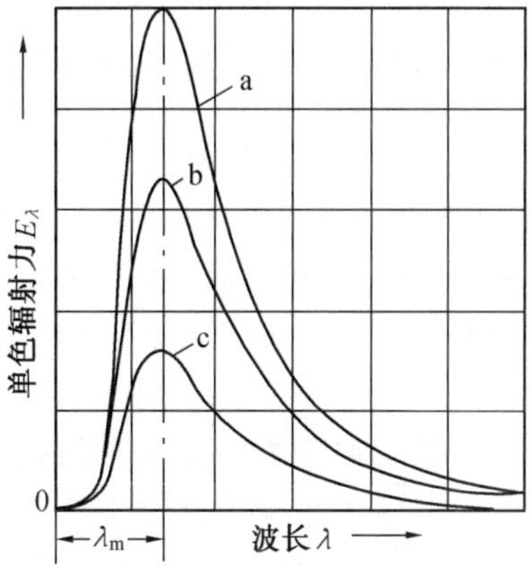

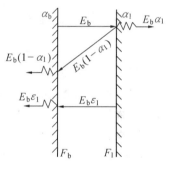

图 8.4　灰体与黑体辐射光谱的比较
a—黑体($\varepsilon = 1$);b—灰体($\varepsilon = 0.67$);
c—灰体($\varepsilon = 0.33$)

5.基尔霍夫定律

物体的辐射和吸收是物体同一性质的两种形式。基尔霍夫定律揭示了灰体的吸收率和黑度之间的关系。

有两个相距很近、面积相等的平行大平面,如图 8.5 所示。两者温度相等,中间为可以透过辐射力的空间,且不受外界影响,F_1 面为任意灰体,其吸收比为 α_1,黑度为 ε_1,F_b 面为黑体,其吸收比为 1。由 F_b 面向 F_1 面辐射的辐射力 E_b,其中有 $E_b \alpha_1$ 部分被 F_1 面所吸收;同时,由 F_1 面所辐射的辐射力 $E_1 = E_b \varepsilon_1$,全部被 F_b 面所吸收。

图 8.5　平衡黑面与灰面之间的辐射热交换

由于两平面的温度相等,它们在辐射换热过程中都没有热量的损失,体系处于平衡状态,则 F_1 面的热支出就等于热收入,热平衡方程为

$$E_1 = E_b \alpha_1 - E_b \varepsilon_1 \qquad (8.10)$$

因此

$$\alpha_1 = \varepsilon_1 \qquad (8.11)$$

式(8.11)称为基尔霍夫定律的数学表达式,可描述为:热平衡条件下,任意灰体对黑体辐射能的吸收比等于同温度下该灰体的黑度。凡吸收比大的物质,其辐射率也大。各种材料的黑度见附录 8。

8.2 热辐射的工程应用

8.2.1 辐射率的工程处理方法

实际物体的辐射和吸收特性不同于黑体,其单色辐射力随波长和温度的变化往往是不规则的,并不遵守普朗克定律。无论是实际物体的单色辐射力还是同温度下黑体的单色辐射力,都可以用随波长变化曲线下的面积表示其辐射力的大小。同样的实际物体在半球空间各方向的辐射强度亦不相同。如前所述,由于自然界一切物体的辐射力都小于同温度下黑体的辐射力,故常用物体的"黑度"(亦称发射率)来表示其辐射能力接近黑体的程度。黑度被定义为物体的辐射力 E 与同温度下黑体的辐射力 E_b 之比。

实验表明,实际物体的辐射强度在半球空间的不同方向上变化,即定向黑度在不同方向上有些不同。一些有代表性的导电体和非导电体具有定向黑度方向分布。实际物体表面的定向黑度也具有上述变化,但并不显著地影响其在半球空间的平均值。一定温度下,所有物体的辐射力中,绝对黑体的辐射率最大。生产部门的实际材料可以近似地当作灰体进行处理。

8.2.2 两物体间的辐射换热

任意放置的两个物体表面会向位于其上方的半球空间进行辐射。一般来说,任何一个表面与其他表面的辐射换热不仅要考虑物体的辐射性质和温度,还要同时考虑两个表面的几何因素对辐射换热的影响,用角系数表示。

1.角系数

物体辐射换热量,与辐射面的形状、大小和相对位置有关。任意放置的两个均匀辐射面,其面积为 A_1 及 A_2,由 A_1 直接辐射到 A_2 上的辐射能 Φ_{12} 与 A_1 面上辐射出去的总辐射能 Φ_1 之比,称为 A_1 对 A_2 的角系数,以 φ_{12} 表示,即

$$\varphi_{12} = \frac{\Phi_{12}}{\Phi_1} \tag{8.12}$$

同理,A_2 对 A_1 的角系数 φ_{21} 为

$$\varphi_{21} = \frac{\Phi_{21}}{\Phi_2} \tag{8.13}$$

式中　Φ_{21}——A_2 辐射到 A_1 上的辐射能(W);

　　　Φ_2——A_2 辐射出去的总辐射能(W)。

角系数只决定于两个换热表面的形状、大小以及两者间的相互位置、距离等几何因素,而与它们的温度、黑度无关。在热处理炉的辐射换热计算中,最基本的是由两个表面组成的封闭系统,如图 8.6 所示。

根据角系数的上述规律可得下列最常见的几种封闭体系内角系数值:

(1)两个相距很近的平行大平面,如图 8.6(a)所示。这时,$\varphi_{21}=1$,$\varphi_{12}=1$。

(2)两个很大的同轴圆柱表面,如图 8.6 (b)所示,它相当于长轴在井式炉内加热时

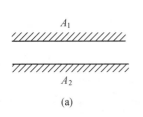 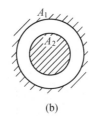 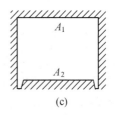

图 8.6 由两个表面组成的封闭体系

的情况。这时 $\varphi_{21}=1,\varphi_{12}=A_2/A_1$。

（3）一个平面和一个曲面，如图 8.6（c）所示，它相当于平板在马弗炉内加热时的情况。这时 $\varphi_{21}=1,\varphi_{12}=A_2/A_1$。

2.封闭体系内两个大平面间的辐射换热

设有两个相互平行、相距又很近的大平面，面积为 $A_1=A_2=A$（图 8.7），各自的表面温度均匀，并保持恒定，其表面温度分别为 T_1、T_2，并且 $T_1>T_2$。两平面间的介质为透明体。如 A_1 面辐射出的能量为 Φ_1，全部投到 A_2 面并全部被吸收，同时 A_2 面辐射出的能量为 Φ_2，也全部投到 A_1 面并全部被吸收。因为 $T_1>T_2$，A_1 面辐射给 A_2 面的热量较多，最终 A_2 面能获得的能量等于两个面所辐射出的能量之差，即辐射换热量为

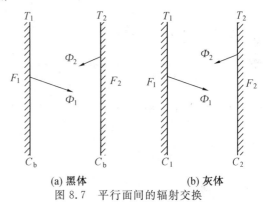

(a) 黑体   (b) 灰体
图 8.7 平行面间的辐射交换

$$\Phi_{12}=\Phi_1-\Phi_2=E_1A_1-E_2A_2 \tag{8.14}$$

如果两平面同为黑体，如图 8.7(a)所示，辐射换热量为

$$\Phi_{12}=C_b\left(\frac{T_2}{100}\right)^4 A_1-C_b\left(\frac{T_2}{100}\right)^4 A_2=C_b\left[\left(\frac{T_1}{100}\right)^4-\left(\frac{T_2}{100}\right)^4\right]A \quad\text{（W）} \tag{8.15}$$

如果两平面都是灰体，如图 8.7(b)所示，辐射热交换过程较为复杂，经数学方法导出 A_1 面辐射给 A_2 面的热量为

$$\Phi_{12}=C_{\text{导}}\left[\left(\frac{T_1}{100}\right)^4-\left(\frac{T_2}{100}\right)^4\right]A \quad\text{（W）} \tag{8.16}$$

$$C_{\text{导}}=\frac{1}{\dfrac{1}{C_1}+\dfrac{1}{C_2}-\dfrac{1}{C_b}} \quad\left[\text{W}/(\text{m}^2\cdot\text{K}^4)\right] \tag{8.17}$$

式中 $C_{\text{导}}$——导出辐射系数；

C_1——A_1 面的灰体辐射系数；

C_2——A_2 面的灰体辐射系数。

将 $C_1=\varepsilon_1 C_b$、$C_2=\varepsilon_2 C_b$ 代入式(8.17)有

$$C_导 = \frac{C_b}{\frac{1}{\varepsilon_1} + \frac{1}{\varepsilon_2} - 1} \qquad (8.18)$$

式中 ε_1——物体 1 的黑度;

ε_2——物体 2 的黑度。

在实际情况下,辐射面的形状、大小和相互位置是多样的,辐射换热不仅与两辐射面的温度和黑度有关,还与它们间的角系数有关。因此,在封闭体系内任意辐射换热的计算公式为

$$\Phi_{12} = C_导 \left[\left(\frac{T_1}{100} \right)^4 - \left(\frac{T_2}{100} \right)^4 \right] A_1 \varphi_{12} \quad (\text{W}) \qquad (8.19)$$

式中

$$C_导 = \frac{1}{\left(\frac{1}{C_1} - \frac{1}{C_b} \right) \varphi_{12} + \frac{1}{C_b} + \left(\frac{1}{C_2} - \frac{1}{C_b} \right) \varphi_{21}} \qquad (8.20)$$

也可以写成

$$C_导 = \frac{C_b}{\left(\frac{1}{\varepsilon_1} - 1 \right) \varphi_{12} + 1 + \left(\frac{1}{\varepsilon_2} - 1 \right) \varphi_{21}} \qquad (8.21)$$

又因为两个辐射面为相互平行的等面积的大平面,所以

$$\varphi_{12} = \varphi_{21} = 1$$

则式(8.21)变成

$$C_导 = \frac{C_b}{\frac{1}{\varepsilon_1} - 1 + \frac{1}{\varepsilon_2}}$$

即为式(8.18)。

8.2.3* 有隔热屏时的辐射换热

为削弱两表面间的辐射换热量,可在两表面之间设置隔热屏(图 8.8)。隔热屏对整个系统不起加入或移走热量的作用,仅是在热流途中增加热阻,可减少单位时间的换热量。

当在两平行大平面之间加隔热屏时,设两辐射面的温度为 T_1、T_2,且 $T_1 > T_2$,隔热板温度为 T_3,辐射系数 $(C_1 = C_2 = C_3)$ 和面积 $(A_1 = A_2 = A_3 = A)$ 均相等。根据式(8.19),它们之间的辐射能量为

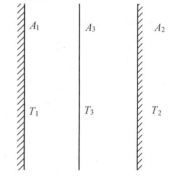

图 8.8 隔热屏示意图

$$\Phi_{13} = C_导 \left[\left(\frac{T_1}{100} \right)^4 - \left(\frac{T_3}{100} \right)^4 \right] A \varphi_{13} \qquad (8.22)$$

$$\Phi_{32} = C_导 \left[\left(\frac{T_3}{100} \right)^4 - \left(\frac{T_2}{100} \right)^4 \right] A \varphi_{32} \qquad (8.23)$$

当体系内达到了稳定状态时,$\Phi_{13} = \Phi_{32}$,又因 $\varphi_{13} = \varphi_{32} = 1$,所以有

$$\Phi_{13} = C_导 \left[\left(\frac{T_1}{100} \right)^4 - \left(\frac{T_3}{100} \right)^4 \right] A = \Phi_{32} = C_导 \left[\left(\frac{T_3}{100} \right)^4 - \left(\frac{T_2}{100} \right)^4 \right] A$$

即有

$$\left(\frac{T_1}{100} \right)^4 - \left(\frac{T_3}{100} \right)^4 = \left(\frac{T_3}{100} \right)^4 - \left(\frac{T_2}{100} \right)^4 \tag{8.24}$$

将式(8.24)代入式(8.22)和式(8.23)得到

$$\Phi_{13} = \Phi_{32} = \frac{1}{2} C_导 \left[\left(\frac{T_1}{100} \right)^4 - \left(\frac{T_2}{100} \right)^4 \right] A \tag{8.25}$$

由式(8.24)与式(8.19)比较可以看出,两个辐射面之间放置了隔板,若导出辐射系数不变,则辐射能量可减少一半。如放置了 n 个隔板,同理可以证明交换能量为原有的 $\frac{1}{n+1}$,即

$$\Phi_n = \frac{1}{n+1} \Phi \quad (W) \tag{8.26}$$

式中　Φ_n——放置 n 层隔板时的辐射能;

　　　Φ——未放置隔板时的辐射能。

8.2.4* 通过孔口的辐射换热

在炉墙上常设有炉门孔、窥视孔及其他孔口,当这些孔敞开时,炉腔内的热量便向外辐射,在炉子设计计算过程中需计算这项热损失。

1.薄墙的辐射换热

当炉墙厚度与孔口尺寸相比较小时,可以认为孔口处的炉墙表面不影响炉腔的热辐射,如图8.9(a)所示,从孔口辐射的能量可以认为是黑体间的辐射热交换,即

$$\Phi = C_b \left[\left(\frac{T_1}{100} \right)^4 - \left(\frac{T_2}{100} \right)^4 \right] A \quad (W) \tag{8.27}$$

式中　T_1——开孔内的温度(K);

　　　T_2——开孔外的温度(K);

　　　A——孔口面积(m^2)。

2.厚墙的辐射换热

当炉墙厚度与孔口尺寸相比较大时,如图

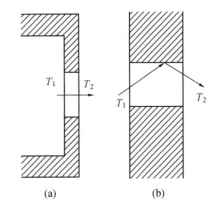

图 8.9　通过孔口的热辐射

8.9(b)所示,从孔口辐射出的能量有部分要落到孔口周围的炉墙表面,被吸收和反射,不能全部辐射到孔口之外,这时辐射的能量为

$$\Phi = C_b \phi \left[\left(\frac{T_1}{100} \right)^4 - \left(\frac{T_2}{100} \right)^4 \right] A \quad (W) \tag{8.28}$$

式中　ϕ——孔口的遮蔽系数,是小于 1 的值。

ϕ 大小与孔口的形状、大小及炉墙厚度有关(图8.10),孔口越深,截面积越小,遮蔽效果越好。

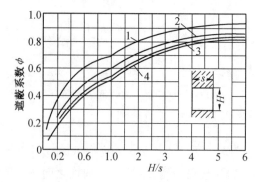

图 8.10　孔口的遮蔽系数

1—拉长的矩形;2—1:2 矩形;3—方形;4—圆形

8.2.5　气体与固体间的辐射换热

1.气体辐射与吸收的特性

(1)气体的吸收和辐射能力与气体的分子结构有关。只有三原子和多原子气体(如 CO_2、H_2O、SO_2、CH_4、NH_3 等)才具有较大的吸收和辐射能力,单原子和同元素双原子气体(如 N_2、O_2、H_2 等)的吸收和辐射能力可以忽略,将其看作是透明体。

(2)气体辐射和吸收波谱不连续,具有明显的选择性。某一种气体只吸收和辐射某些波长范围(波带)内的辐射能,对波带以外的辐射能则既不吸收也不辐射。例如,水蒸气有三个主要吸收波带,即 $2.55\sim2.84\ \mu m$,$5.6\sim7.6\ \mu m$,$12.0\sim30\ \mu m$;CO_2 的吸收波带为 $2.65\sim2.80\ \mu m$,$4.15\sim4.48\ \mu m$,$13.5\sim17.0\ \mu m$。

(3)气体对辐射线没有反射能力,投射到气体层界面上的辐射能在穿过气体的行程中被吸收而逐渐减弱。显然,气体的吸收能力取决于热射线在透过途中所碰到的气体分子数目,而气体层中分子数目,又正比于射线行程长度 S 和气体的分压 p。

2.气体的辐射力和黑度

实验表明,气体的辐射力并不服从四次方定律,例如 E_{CO_2} 与 $T_g^{3.5}$ 成正比,但为了计算方便,仍利用四次方定律计算,而将其偏差计入气体黑度内,则气体的辐射力为

$$E_g = \varepsilon_g C_b \left(\frac{T_g}{100}\right)^4 \quad (\text{W/m}^2) \tag{8.29}$$

式中　　T_g——气体温度;

　　　　ε_g——气体黑度。

在热平衡的情况下,ε_g 等于其同温度下的吸收率 α_g。气体的黑度是温度、分压和行程长度的函数,即

$$\alpha_g = \varepsilon_g = f(T_g, p, S) \tag{8.30}$$

计算时,S 值取平均射线行程长度,它与容器形状和尺寸有关,可依下式计算:

$$S = 3.6V/A \tag{8.31}$$

式中　　V——容器体积;

　　　　A——包围气体的容器表面积。

3. 火焰辐射

火焰的辐射能力随火焰的形态而异,按其性质分为暗焰和辉焰。若火焰为完全燃烧产物,其所含的辐射气体主要是 H_2O 和 CO_2,它们的辐射光谱没有可见光波,亮度很小,故称暗焰。暗焰的黑度较小,一般为 $0.15 \sim 0.3$。

若火焰中含有固体燃料颗粒或热分解产生的小碳粒,它们的辐射光谱是连续的,有可见光射线,亮度较大,故称为辉焰。辉焰的辐射能力远高于暗焰。气体燃料的辉焰黑度为 $0.2 \sim 0.3$,重油辉焰黑度为 $0.35 \sim 0.4$。

4. 气体与固体壁面间的辐射换热

炉子或通道内充满具有辐射能力的气体时,气体将与周围壁面间发生辐射换热,在工程计算中,可近似地按下式计算:

$$\Phi = \frac{C_b A}{\dfrac{1}{\varepsilon_g} + \dfrac{1}{\varepsilon_w} - 1}\left[\left(\frac{T_g}{100}\right)^4 - \left(\frac{T_w}{100}\right)^4\right] \tag{8.32}$$

式中　T_g——气体温度(K);

　　　T_w——壁面温度(K);

　　　ε_g——气体黑度;

　　　ε_w——壁面黑度;

　　　A——气体与壁面的接触面积(m^2)。

8.3　综合传热

前面分别讨论了传导、对流和辐射的基本规律及其计算方法。在实际传热过程中往往是两种或三种传热方式同时发生,所以必须考虑它们的综合传热效果。例如工件在热处理电阻炉内加热时,电热体和炉墙内壁以辐射和对流方式先将热量传给工件表面,然后热量再由工件表面以传导方式传至工件内部,工件加热的快慢是三种传热方式综合作用的结果。

8.3.1　对流和辐射同时存在时的传热

工件在热处理炉内加热时,热源与工件表面间不仅有辐射换热,还有对流换热。因而单位时间内炉膛传给工件表面的总热流量为

$$\Phi = \Phi_{对} + \Phi_{辐} = h_{对}(T_1 - T_2)A + C_导\left[\left(\frac{T_1}{100}\right)^4 - \left(\frac{T_2}{100}\right)^4\right]A \tag{8.33}$$

为了便于对更复杂的传热过程进行综合计算以及对不同类型炉子的传热能力的大小进行比较,一般将它改写成传热一般方程的形式,即

$$\Phi = h_{对}(T_1 - T_2)A + C_导\frac{\left[\left(\dfrac{T_1}{100}\right)^4 - \left(\dfrac{T_2}{100}\right)^4\right]}{T_1 - T_2}(T_1 - T_2)A$$

$$= (h_{对} + h_{辐})(T_1 - T_2)A = h_{\Sigma}(T_1 - T_2)A \quad (W) \tag{8.34}$$

式中　T_1——炉膛温度(℃);

T_2——工件表面温度(℃);

$h_{对}$——对流换热系数[W/(m² · K)];

$h_{辐}$——辐射换热系数[W/(m² · K)];

h_{Σ}——综合传热或总换热系数[W/(m² · K)],它表示了炉子的传热能力。

对不同类型的炉子,辐射和对流在炉内所起的作用并不相同。例如在中、高温电阻炉和真空电阻炉内,炉膛传热以辐射换热为主,而对流换热的作用极小以至可忽略不计,$h_{辐}$就代表这类炉子的传热能力;在低温空气循环电阻炉以及盐浴炉内,炉膛传热以对流换热为主,而其他传热方式可忽略不计,所以 $h_{对}$ 就代表了这类炉子的传热能力;对装有风扇的中温电阻炉或燃料炉来说,对流和辐射的作用均不可忽略,因而这类热处理炉传热能力的大小,应该用 h_{Σ} 值来表示。

当研究炉墙外表面向车间散热时,h_{Σ} 的大小表示了炉墙外表面向车间散热的强弱程度,这时式(8.33)中 T_1、T_2 分别为炉墙外表面和车间的温度。

8.3.2 炉墙的综合传热

在炉内热流通过炉墙传到周围的空气中,这一过程包括炉气以对流和辐射方式将热量传给内壁,内壁又以传导方式传到外壁,外壁则以对流和辐射方式传给周围的空气,如图 8.11 所示。设炉壁内外表面温度分别为 T_1、T_2,炉膛内空气温度和炉外空气温度分别为 T、T_0,炉壁厚度为 δ,热导率为 λ,则热量传递过程表示如下:

(1)高温气体以辐射和对流方式传给内壁的热流密度为

$$q_1 = h_{\Sigma_1}(T - T_1) \quad (W/m^2) \qquad (8.35)$$

(2)炉壁以传导方式由内壁传到外壁的热流密度为

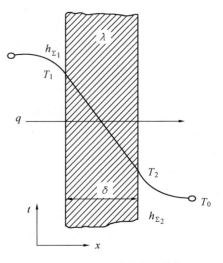

图 8.11 平壁炉墙的综合传热

$$q_2 = \frac{\lambda}{\delta}(T_1 - T_2) \quad (W/m^2) \qquad (8.36)$$

(3)外壁以辐射和对流方式传给周围空气的热流密度为

$$q_3 = h_{\Sigma_2}(T_2 - T_0) \quad (W/m^2) \qquad (8.37)$$

在稳定传热情况下,$q = q_1 = q_2 = q_3$,整理式(8.35)~(8.37)得到

$$q = \frac{T - T_0}{\dfrac{1}{h_{\Sigma_1}} + \dfrac{\delta}{\lambda} + \dfrac{1}{h_{\Sigma_2}}} \quad (W/m^2) \qquad (8.38)$$

式中 q——炉气通过炉墙向车间空气中的散热热流密度(W/m²);

h_{Σ_1}——炉气对炉墙内表面的综合换热系数[W/(m² · ℃)];

h_{Σ_2}——炉墙外表面对空气的综合换热系数[W/(m² · ℃)],见附录9。

由式(8.38)可以看出,墙内外气体可以看成是多层平壁的组成部分,即平壁内侧有一附加层,热阻为 $\dfrac{1}{h_{\Sigma_1}}$,其外侧也有一附加层,热阻为 $\dfrac{1}{h_{\Sigma_2}}$。由于值 h_{Σ_1} 较大,故其热阻 $\dfrac{1}{h_{\Sigma_1}}$ 很小,可以忽略不计。式(8.38)可写成

$$q = \frac{T - T_0}{\dfrac{\delta}{\lambda} + \dfrac{1}{h_{\Sigma_2}}} \quad (\mathrm{W/m^2}) \tag{8.39}$$

对于多层炉壁的传热过程,可以导出下式:

$$q = \frac{T - T_0}{\dfrac{\delta_1}{\lambda_1} + \dfrac{\delta_2}{\lambda_2} + \cdots + \dfrac{\delta_n}{\lambda_n} + \dfrac{1}{h_{\Sigma_2}}} \quad (\mathrm{W/m^2}) \tag{8.40}$$

8.4　辐射计算例题

【例 8.1】　某燃烧加热室内的火焰平均温度为 1 000 ℃。计算为使火焰的辐射传热增加一倍,应当使火焰燃烧温度升高到多少? 假定被燃烧的物体的平均温度为 400 ℃,火焰及被燃物表面的辐射率均为定值。

解　设燃烧加热室及被燃物的温度为 T_2、T_1,被燃物单位面积、单位时间吸收的辐射热量为

$$\Phi_w = h_{\text{辐}} \left[\left(\frac{T_2}{100} \right)^4 - \left(\frac{T_1}{100} \right)^4 \right] \tag{1}$$

式中的系数 $h_{\text{辐}}$ 为与火焰、被燃物的辐射率及表面状态有关的参数。

另外,根据题意有

$$2\Phi_w = h_{\text{辐}} \left[\left(\frac{T_2'}{100} \right)^4 - \left(\frac{T_1}{100} \right)^4 \right] \tag{2}$$

根据式(1)、式(2)得到如下关系式:

$$2 \left[\left(\frac{T_2}{100} \right)^4 - \left(\frac{T_1}{100} \right)^4 \right] = \left[\left(\frac{T_2'}{100} \right)^4 - \left(\frac{T_1}{100} \right)^4 \right]$$

将数据代入,得到 $T_2 = 1\ 226$ ℃。即炉温的温度升高了 226 ℃。

【例 8.2】　将一个长 1 m、直径为 2 cm 经一般研磨的钢棒投入 1 000 ℃ 的加热炉内,钢棒的最初温度为 20 ℃,求钢棒加热到 500 ℃ 大约需要多少时间? 钢的密度为 $7.86 \times 10^3\ \mathrm{kg/m^3}$,质量热容为 0.640 kJ/(kg·K)。

解　钢棒由于吸收了热辐射,其温度升高。根据公式

$$\Phi_w = 5.67 \times \varepsilon \times \left[\left(\frac{T_2}{100} \right)^4 - \left(\frac{T_1}{100} \right)^4 \right] A$$

其中　　　　　　　　$A = \pi \times 0.02 \times 1 + 2\pi \times \left(\frac{0.02}{2} \right)^2 = 0.063\ 5 \ (\mathrm{m^2})$

从附录 8 可以查出钢棒的黑度为 0.14~0.32,这里取它的值为 0.23。于是钢棒投入炉内时的热辐射量为

$$\Phi_w = 5.67 \times 0.23 \times \left[\left(\frac{1\ 000 + 273.15}{100} \right)^4 - \left(\frac{20 + 273.15}{100} \right)^4 \right] \times 0.063\ 5 = 2\ 153 \ (\mathrm{W})$$

当温度再次升至 500 ℃时,钢棒所接受的辐射热为

$$\Phi'_w = 5.67 \times 0.23 \times \left[\left(\frac{1\,000 + 273.15}{100} \right)^4 - \left(\frac{500 + 273.15}{100} \right)^4 \right] \times 0.063\,5 = 1\,880\,(W)$$

因此,钢棒吸收的平均辐射热为

$$\Phi''_w = \frac{\Phi_w + \Phi'_w}{2} = 2\,016\,(W)$$

钢棒由 20 ℃升高到 500 ℃所需要的热量为

$$Q_{Fe} = m c_p (T_2 - T_1) = \frac{\pi}{4} d^2 l \rho c_p (T_2 - T_1)$$

$$= \frac{\pi}{4} 0.02^2 \times 1 \times 7.86 \times 10^3 \times 0.640 \times 10^3 (500 - 20) = 7.584 \times 10^5 (J)$$

设所需要的时间为 θ,则应有 $2\,016 \times \theta = 7.584 \times 10^5$,得到 $\theta = 376$ s。因此,钢棒加热到500 ℃大约需要的时间是 376 s。

【例 8.3】 一个锅炉内,水的沸点为 177 ℃,锅炉内加热的火床温度为 1 327 ℃,在锅炉总吸收热量中,有 85% 来自火焰的辐射热,其余的 15% 来自火焰的对流换热,如果锅炉内壁面有一层平均厚度为 3 mm 的水垢,锅炉的蒸发能力将降低多少? 已知炉体受热的辐射率为 0.9,水垢的热导率为 1.74 W/(m·K)。

解 设锅炉总的吸收的热量中,辐射换热为 Φ_w,对流换热为 Φ_d,假定火床被锅炉的下表面完全覆盖,此时的角系数可以近似等于 1。因此,结垢前的单位时间、单位面积的辐射换热量为

$$\Phi_w = 5.67 \times \varepsilon \times \left[\left(\frac{T_2}{100} \right)^4 - \left(\frac{T_1}{100} \right)^4 \right]$$

$$= 5.67 \times 0.9 \times \left[\left(\frac{1\,327 + 273.15}{100} \right)^4 - \left(\frac{177 + 273.15}{100} \right)^4 \right]$$

$$= 3.32 \times 10^5 \, (W/m^2)$$

对流换热的热量为

$$\Phi_d = \frac{15}{85} \times \Phi_w = \frac{15}{85} \times 3.32 \times 10^5 = 5.86 \times 10^4 \, (W \cdot m^{-2})$$

总传热量为

$$\Phi_z = \frac{100}{85} \times \Phi_w = \frac{100}{85} \times 3.32 \times 10^5 = 3.906 \times 10^5 \, (W \cdot m^{-2})$$

假定锅炉的下表面的温度为 177 ℃,可以得出火焰对于锅炉下表面的换热系数为

$$h(T_2 - T_1) = \Phi_d$$

因此得到了对流换热系数为

$$h = \frac{\Phi_d}{T_2 - T_1} = \frac{5.86 \times 10^4}{1\,327 - 177} = 50.96 \, (W \cdot m^{-2} \cdot K^{-1})$$

结垢后,火焰传递的热量分为了两个部分,这时的锅炉壁面的温度 T_x 会发生变化。但是依然存在以下的热量平衡关系,即通过污垢层的热量 Φ'_z 等于火焰辐射 Φ'_w 和对流换热的热量 Φ'_d 之和。其中的对流换热系数可以认为是不变的,得到了以下的关系式:

$$\Phi'_z = \Phi'_d + \Phi'_w$$

$$\frac{\lambda}{\delta}(T_x - 177 - 273.15) = h(1\,327 + 273.15 - T_x) + 5.67 \times \varepsilon \left[\left(\frac{1\,327 + 273.15}{100} \right)^4 - \left(\frac{T_x}{100} \right)^4 \right]$$

将其他的数据代入,解该方程得到所求的温度为

$$T_x = 766.2 \text{ K}$$

这时传递的热量为

$$\Phi'_z = \frac{1.74}{0.003}(766.2 - 177 - 273.15) = 1.83 \times 10^5 (\text{W} \cdot \text{m}^{-2})$$

因此,总的蒸发能力降低的百分数为

$$\frac{\Phi_w - \Phi'_z}{\Phi_w} = \frac{3.32 \times 10^5 - 1.83 \times 10^5}{3.32 \times 10^5} \times 100\% = 45\%$$

所以锅炉的蒸发能力降低了 45%。

习　　题

1. 试比较对流、辐射换热过程的共通性和特殊性。

2. 怎样强化高温热处理炉炉内辐射换热和减少辐射热损失?

3. 试分析不同类型热处理炉炉内综合传热情况。

4. 两块相距很近的相互平行的大平板 1 和 2,温度分别保持 $T_1 = 527$ ℃、$T_2 = 27$ ℃。表面黑度分别为 0.6、0.8,试求单位面积辐射换热量 Φ。

5. 冷藏瓶由真空玻璃夹层所组成,在夹层的两相对壁面上镀银,黑度为 0.05。内层壁的外径为 110 mm,温度为 0 ℃;外层壁的内径为 220 mm,壁温为 37 ℃。玻璃夹层高 180 mm。如果不计瓶口的导热损失,试求由于辐射换热冷藏瓶每小时的传热量。

6. 一同心长套管,内管的外径 $d_1 = 50$ mm,壁温 $T_1 = 277$ ℃,黑度 $\varepsilon_1 = 0.6$;外管的内径 $d_2 = 300$ mm,壁温 $T_w = 27$ ℃,黑度 $\varepsilon_2 = 0.3$。试求:

(1)每米套管内、外壁面间的辐射换热量 Φ_1、Φ_2;

(2)用直径 $d_3 = 150$ mm、黑度 $\varepsilon_3 = 0.2$ 的薄壁铝管作为遮热管插入套管的内、外管之间,试计算换热管的壁温 T_3。

7. 一电烙铁的端部面积为 0.001 3 m^2,黑度为 0.8,置于温度为 25 ℃ 的房间内。烙铁端部表面与空间的对流换热系数为 9.5 W/(m^2 · K),当加于烙铁端部的电功率为 20 W 时,试计算达到稳态时烙铁端部的表面温度。

8. 一直径为 40 mm、深为 100 mm 的空腔是由黑度为 0.8 的材料制成的,空腔壁温为 200 ℃。用透过率为 0.7、反射率为 0、黑度为 0.3 的透明材料盖住空腔的孔口。透明材料外表面的对流换热系数为 17 W/(m^2 · ℃),周围环境和空气的温度为 25 ℃,试计算空腔的净辐射损失和孔口透明覆盖层的温度(不计空腔内的对流换热)。

9. 有一长、宽、高分别为 5 m、3.5 m 和 3 m 的房间,地板的温度为 27 ℃,天花板的温度为 13 ℃,四周墙壁都是绝热的。如房间内各墙壁的黑度均为 0.8,试求:

(1)地板、天花板的净辐射换热量;

(2)四周墙壁的温度。

10. 两块面积分别为 90 cm×60 cm,间距为 60 cm 的平行平板,其中一块 A_1 的温度 $T_1=550$ ℃, $\varepsilon_1=0.61$;另一块为绝热平板。将此两平行平板放置在温度为 10 ℃ 的大房间内,试求:

(1)绝热板的温度;

(2)加热板的净辐射换热量。

11. 为了从一个宇宙飞船向另一个宇宙飞船传递能量,每个飞船备有一块边长为 1.5 m 的正方形平板,将两飞船的姿态调至两平板互相平行,板间距为 300 mm,一块平板的温度为 800 ℃,另一块为 280 ℃,黑度分别为 0.5 和 0.8,并假设外部空间为绝对的黑体,试求:

(1)两飞船间的辐射换热量;

(2)热平板的净热损失。

12. 100 W 灯泡的钨丝温度为 2 800 K,发射率为 0.30。

(1)如果 96% 的热量依靠辐射方式散出,试计算钨丝所需要的最小表面积;

(2)计算钨丝单色辐射力最大时的波长。

13. 炉膛内火焰的平均温度为 1 500 K。试计算炉墙观火孔打开时火孔的辐射力。

14. 两块无限大的平行平板,其发射率均为 0.6,温度分别为 648.9 ℃ 和 426.6 ℃。两平板间距为 76.2 mm,充满了压力为 $1.013×10^5$ Pa 的 CO_2 气体,试求两个平板间每平方米面积的辐射换热量。

15. 深秋季节的清晨,树叶常常结霜。问树叶上、下表面哪一面结霜? 为什么?

16. 窗玻璃对红外线几乎不透明,但为什么隔着玻璃晒太阳感到暖暖的?

17. 人造地球卫星在返回地球表面时为何容易被烧毁?

第三篇　质量传输

物质从体系的某一部分迁移到另一部分的现象，即物质由高浓度向低浓度转移的过程，称为质量传输（质量传递），简称传质。

质量传输产生的原因较多，可归纳为：

（1）均一状态相体系中不同空间或不同状态相间的组分浓度和化学位差别。

（2）流体的宏观流动将物质从一处迁移到另一处。

在能源、动力、低温工程、化工及环境保护等工程领域中，存在着大量的物料干燥、加湿、去湿、吸收、脱吸等传质过程。在日常生活中，传质现象也到处可见。衣服的晾干是日常生活中遇到的空气—水分二元混合物中的传质现象。

传质的基本方式有两种，即扩散传质和对流传质。在静止的流体中或在垂直于浓度梯度方向做层流流动的流体中传质，是由分子或原子扩散引起的，称扩散传质，它的机理类似于导热。在流体中由于对流掺混引起的质量传递，称为对流传质，它和热交换中的对流换热相类似。那么，通过不同的相界面进行的传质，既有扩散传质的特征，又有对流传质的特征，这种传质过程称为相间传质。

第9章 质量传输中的基本概念

学习要点

质量传输:

扩散传质　对流传质　相间传质

浓度

质量浓度(质量密度)：$\rho_i = \dfrac{m_i}{V}$

质量分数：$w_i = \dfrac{m_i}{\displaystyle\sum_{i=1}^{n} m_i} = \dfrac{\rho_i}{\rho}$

物质的量浓度：$c_i = \dfrac{\rho_i}{10^{-3} M_i}$

摩尔分数：$x_i = \dfrac{c_i}{\displaystyle\sum_{i=1}^{n} c_i} = \dfrac{c_i}{c}$

分压：$p_i = c_i RT$

速度

以静止坐标为参考基准：$v = \dfrac{\displaystyle\sum_{i=1}^{n} \rho_i v_i}{\displaystyle\sum_{i=1}^{n} \rho_i}$，　$v_M = \dfrac{\displaystyle\sum_{i=1}^{n} c_i v_i}{\displaystyle\sum_{i=1}^{n} c_i}$

以平均速度为参考基准：$v_i - v$，　$v_i - v_M$

传质通量

相对于静止坐标系 $\begin{cases} \text{质量通量：} n_i = \rho_i v_i \\ \text{摩尔通量：} N_i = c_i v_i \end{cases}$

相对于质量平均速度 —— 质量通量：$j_i = \rho_i (v_i - v)$

相对于摩尔平均速度 —— 摩尔通量：$J_i = c_i (v_i - v_M)$

9.1 质量传输的基本方式

物质的分子或原子在空间迁移的方式有三种,即扩散传质、对流传质和相间传质。下面分别讨论三种传质的基本概念。

9.1.1 扩散传质

当体系中某一组元的浓度分布不均匀时,由高浓度区迁出的该组元分子(或原子)数目将比低浓度区迁出的分子(或原子)数目多,使两区的浓度差减小。这种由体系中存在的某组分浓度差而引起的质量传输称为扩散传质。

因此说,浓度差是扩散传质的驱动力。扩散传质的机理与热传导相似,故也称传导传质,如金属件的成分均匀化过程,凝固的偏析过程,热处理中的渗碳、渗氮,等等。

9.1.2 对流传质

在流体中,由流体宏观运动引起的物质从一处迁移到另一处的现象称为对流传质。对流传质与流体的状态、流体动量传输密切相关,其机理与对流换热相似。

9.1.3 相间传质

前两种传质是在均一的相内进行的,而相间传质则是通过不同相的相界面进行的。如钢液真空脱气时,气体分子是通过液、气界面迁移的;渗碳处理时,传质是通过气、固界面进行的;盐浴渗金属时,金属原子迁移是通过固、液界面实现的。

相间传质既有原子(分子)扩散,又有流体中对流传质,在界面上有时发生集聚状态的变化或化学反应,相界面两边介质的性质和运动状态等都对相间传质有所影响。因此,相间传质是个综合的过程。

9.2 浓度、速度、传质通量(扩散通量)

9.2.1 浓度

浓度是指单位体积内某组分所占的物质量,可用不同方式表示。

1.质量浓度(质量密度)

单位体积混合物中含 i 组分的质量称 i 的质量浓度,或称 i 的质量密度,即

$$\rho_i = \frac{m_i}{V} \quad (\text{kg/m}^3) \tag{9.1}$$

式中　　m_i——i 组分的质量(kg);

　　　　V——混合物的体积(m^3)。

含有 n 个组分混合物的总质量浓度(质量密度)为

$$\rho = \frac{1}{V}\sum_{i=1}^{n} m_i = \sum_{i=1}^{n} \rho_i \quad (\text{kg/ m}^3) \tag{9.2}$$

2. 质量分数 w_i

混合物中所含 i 组分的质量与混合物的质量之比称为 i 的质量分数,即

$$w_i = \frac{m_i}{\sum_{i=1}^{n} m_i} = \frac{\rho_i}{\rho} \tag{9.3}$$

体系中各组分的质量分数之和为 1,即

$$\sum_{i=1}^{n} w_i = 1 \tag{9.4}$$

3. 物质的量浓度

单位体积混合物中含 i 组分的物质的量称 i 的物质的量浓度,即

$$c_i = \frac{\rho_i}{10^{-3} M_i} \quad (\text{mol/m}^3) \tag{9.5}$$

式中　M_i——i 组分的相对分子质量。

含有 n 个组分混合物总物质的量浓度则为

$$c = \sum_{i=1}^{n} c_i \quad (\text{mol/m}^3) \tag{9.6}$$

4. 摩尔分数

混合物中所含 i 组分的物质的量与混合物的物质的量之比称为 i 的摩尔分数,即

$$x_i = \frac{c_i}{\sum_{i=1}^{n} c_i} = \frac{c_i}{c} \tag{9.7}$$

体系中各组分的摩尔分数之和为 1,即

$$\sum_{i=1}^{n} x_i = 1 \tag{9.8}$$

5. 分压

气体混合物中 i 组分气体形成的压强 p_i 称 i 气体的分压,对理想气体而言,p_i 与 i 气体的物质的量浓度的关系为

$$p_i = c_i RT \quad (\text{Pa}) \tag{9.9}$$

式中　R—— 气体常数,$R = 8.314\,3\,[\text{J}/(\text{mol} \cdot \text{K})]$;

　　　T —— 热力学温度(K)。

组分气体分压 p_i 与其摩尔分数 x_i 的关系为

$$x_i = \frac{p_i}{p} \tag{9.10}$$

式中　p—— 混合物气体总压强,$p = \sum_{i=1}^{n} p_i$。

质量分数 w_i 与摩尔分数 x_i 之间的关系为

$$x_i = \frac{w_i / M_i}{\sum_{i=1}^{n} w_i / M_i} \tag{9.11}$$

【例 9.1】 求 1.013×10^5 Pa(1 大气压)气压下,298 K 的空气与饱和水蒸气的混合物中的水蒸气浓度。已知该温度下饱和水蒸气压强 $p_A = 0.031\,68 \times 10^5$ Pa,水的相对分子质量 $M_A = 18$,空气相对分子质量 $M_B = 28.9$。

解 1 大气压混合气体中空气的分压为

$$p_B = p - p_A = 1.013\,25 \times 10^5 - 0.031\,68 \times 10^5 = 0.981\,6 \times 10^5 (\text{Pa})$$

水蒸气的各种浓度如下。

(1) 摩尔分数。由式(9.10)可知摩尔分数为

$$x_A = \frac{p_{Ai}}{P} = \frac{0.031\,68 \times 10^5}{1.013\,25 \times 10^5} = 0.031\,3$$

(2) 质量分数。由式(9.3)可知质量分数为

$$w_A = \frac{x_A M_A}{x_A M_A + x_B M_B} = \frac{x_A M_A}{x_A M_A + (1 - x_A) M_B}$$

$$= \frac{0.031\,3 \times 18}{0.031\,8 \times 18 + (1 - 0.031\,3) \times 28.9} = 0.019\,7$$

(3) 物质的量浓度。由式(9.9)可知物质的量浓度为

$$c_A = \frac{p_A}{RT} = \frac{0.031\,68 \times 10^5}{8.314 \times 298} = 1.28 (\text{mol/m}^3)$$

(4) 质量浓度。由式(9.5)可知质量浓度为

$$\rho_A = c_A M_A \times 10^{-3} = 1.28 \times 18 \times 10^{-3} = 0.023 (\text{kg/m}^3)$$

9.2.2　速度

当一混合物出现扩散现象时,各组分具有不同的运动速度。速度与所选的参考基准有关。

1. 以静止坐标为参考基准

令 v_i 为组分相对于静止坐标系的速度(m/s),对于一个 n 元系统,混合流体的质量平均速度 v 定义为

$$v = \frac{\sum_{i=1}^{n} \rho_i v_i}{\sum_{i=1}^{n} \rho_i} \quad (\text{m/s}) \tag{9.12}$$

混合物体的摩尔平均速度 v_M 定义为

$$v_M = \frac{\sum_{i=1}^{n} c_i v_i}{\sum_{i=1}^{n} c_i} \quad (\text{mol/s}) \tag{9.13}$$

2. 以平均速度为参考基准

对于一个运动系统,以质量平均速度 v 和摩尔平均速度 v_M 为参考基准时,观察到各组元的相对速度为

$$v_i - v = 组元\ i\ 相对于\ v\ 的扩散速度\quad (m/s) \tag{9.14}$$

$$v_i - v_M = 组元\ i\ 相对于\ v_M\ 的扩散速度\quad (mol/s) \tag{9.15}$$

9.2.3　传质通量(扩散通量)

宏观而言,质量传输过程就是物质从某一空间向另一空间的定向流动。单位时间内通过单位面积的组分 i 的物质的量,即是传质通量,它是 i 组分的流速和浓度的乘积,是一矢量,其方向与速度方向一致。它既可以静止坐标为基准,也可以质量平均速度或摩尔平均速度为基准。

(1) 相对于静止坐标系的质量通量和摩尔通量为

$$质量通量\ n_i = \rho_i v_i \quad [kg/(m^2 \cdot s)] \tag{9.16}$$

$$摩尔通量\ N_i = c_i v_i \quad [mol/(m^2 \cdot s)] \tag{9.17}$$

(2) 相对于质量平均速度的质量通量和相对于摩尔平均速度的摩尔通量分别为

$$质量通量\ j_i = \rho_i(v_i - v) \quad [kg/(m^2 \cdot s)] \tag{9.18}$$

$$摩尔通量\ J_i = c_i(v_i - v_M) \quad [mol/(m^2 \cdot s)] \tag{9.19}$$

双组分混合物中,质量分数 $w_A(w = \rho_A/\rho)$ 和摩尔分数 x_A 的各种表达式及浓度、流速、传质通量之间的相互关系式见表 9.1。

在材料、化工、冶金工程中,大多数采用以静止坐标为参考基准的质量通量 n_i 和摩尔通量 N_i;在许多扩散问题的研究中,习惯采用相对于摩尔平均速度的摩尔通量 J_i;而在热扩散、离子扩散问题的研究中,则采用相对于质量平均速度的质量通量 j_i。因此,要给出上述各种传质通量之间的相互关系。

表 9.1　双组分混合物中各组分的浓度、速度及通量密度的各种表达式

	浓　　　度	
	质量基准	摩尔基准
定义式	$\rho = \rho_A + \rho_B$,混合物的质量浓度(kg/m^3) ρ_A, ρ_B,组分 A 和组分 B 的质量浓度 $w_A = \dfrac{\rho_A}{\rho}$,组分 A 的质量分数	$c = c_A + c_B$,混合物的物质的量浓度(mol/m^3) c_A, c_B,组分 A 和组分 B 的物质的量浓度 $x_A = \dfrac{c_A}{c}$,组分 A 的摩尔分数
关系式	$M = \rho/c$,混合物的平均摩尔质量 $w_A + w_B = 1$ $w_A = \dfrac{x_A M_A}{x_A M_A + x_B M_B}$ $\dfrac{w_A}{M_A} + \dfrac{w_B}{M_B} = \dfrac{1}{M}$	$x_A + x_B = 1$ $x_A = \dfrac{w_A/M_A}{\dfrac{w_A}{M_A} + \dfrac{w_B}{M_B}}$ $x_A M_A + x_B M_B = M$

续表 9.1

速　　度

定义式	v_A,相对于静止坐标的组分 A 的扩散速度
	v_A-v,相对于质量平均速度的组分 A 的扩散速度
	v_A-v_M,相对于摩尔平均速度的组分 A 的扩散速度
	v,质量平均速度$=\dfrac{1}{\rho}(\rho_A v_A+\rho_B v_B)=w_A v_A+w_B v_B$
	v_M,摩尔平均速度$=\dfrac{1}{c}(c_A v_A+c_B v_B)=x_A v_A+x_B v_B$

扩散通量密度

		质量通量密度$/(\text{kg}\cdot\text{m}^{-2}\cdot\text{s}^{-1})$	摩尔通量密度$/(\text{mol}\cdot\text{m}^{-2}\cdot\text{s}^{-1})$
定义式	相对于静止坐标	$n_A=\rho_A v_A$	$N_A=c_A v_A$
	相对于质量平均速度 v	$j_A=\rho_A(v_A-v)$	
	相对于摩尔平均速度 v_M		$J_A=c_A(v_A-v_M)$
关系式	总的扩散通量	$n_A+n_B=n=\rho v$	$N_A+N_B=N=c v_M$
		$j_A+j_B=\rho$	$J_A+J_B=0$
		$n_A=N_A M_A$	$N_A=n_A/M_A$
		$n_A=j_A+\rho_A v$	$N_A=J_A+c_A v_M$
		$j_A=n_A-w_A(n_A+n_B)$	$J_A=N_A-x_A(N_A+N_B)$

习　　题

1. 解释下列概念:扩散传质,对流传质,相间传质。

2. 浓度、速度、通量的表示方法有哪些,有何不同?

3. 有一 O_2(A)与 CO_2(B)的混合物,温度为 294 K,压力为 1.519×10^5 Pa,已知 $x_A=0.40$,$v_A=0.88$ m/s,$v_B=0.02$ m/s,试计算下列各值:

(1) 混合物、组分 A 和组分 B 物质的量浓度 c、c_A 和 c_B(mol/m³);

(2) 混合物、组分 A 和组分 B 物质的质量浓度 ρ、ρ_A 和 ρ_B(kg/m³);

(3) v_A-v,v_B-v (m/s);

(4) v_A-v_M,v_B-v_M(m/s);

(5) N (mol·m^{-2}·s^{-1});

(6) n_A,n_B,n (kg·m^{-2}·s^{-1});

(7) j_B(kg·m^{-2}·s^{-1}),J_B(mol·m^{-2}·s^{-1})。

4. 空气中氧的摩尔分数为 21%,氮的摩尔分数为 79%。试计算在温度为 298 K、压强为 1.013×10^5 Pa 时氧和氮的质量分数、物质的量浓度。已知氧的摩尔质量为 0.032 kg/mol,氮的摩尔质量为 0.028 kg/mol。

第 10 章　传质微分方程

学习要点

质量守恒原理：

$$流入量-流出量+生成量=累积量$$

传质微分方程(以组分 A 为例)：

$$\frac{\mathrm{D}(\rho w_{\mathrm{A}})}{\mathrm{D}t}+\nabla(\rho w_{\mathrm{A}}v)=D_{\mathrm{AB}}\nabla^2(\rho w_{\mathrm{A}})+r_{\mathrm{A}}$$

其他几种不同形式：

以质量浓度表示为

$$\frac{\mathrm{D}\rho_{\mathrm{A}}}{\mathrm{D}t}+\nabla(\rho_{\mathrm{A}}v)=D_{\mathrm{AB}}\nabla^2\rho_{\mathrm{A}}+r_{\mathrm{A}}$$

以物质的量浓度表示为

$$\frac{\mathrm{D}c_{\mathrm{A}}}{\mathrm{D}t}+\nabla(c_{\mathrm{A}}v)=D_{\mathrm{AB}}\nabla^2c_{\mathrm{A}}+R_{\mathrm{A}}$$

以质量通量表示为

$$\frac{\mathrm{D}\rho_{\mathrm{A}}}{\mathrm{D}t}+\nabla n_{\mathrm{A}}-r_{\mathrm{A}}=0$$

以摩尔通量表示为

$$\frac{\mathrm{D}c_{\mathrm{A}}}{\mathrm{D}t}+\nabla N_{\mathrm{A}}-R_{\mathrm{A}}=0$$

传质微分方程的简化形式：

$\rho=$常数，则$\nabla v=0$，$\dfrac{\mathrm{D}\rho_{\mathrm{A}}}{\mathrm{D}t}-D_{\mathrm{AB}}\nabla^2\rho_{\mathrm{A}}-r_{\mathrm{A}}=0$

$v=$常数，则$r_{\mathrm{A}}=r_{\mathrm{B}}=0$，$v\nabla\rho_{\mathrm{A}}=D_{\mathrm{AB}}\nabla^2\rho_{\mathrm{A}}$，$v\nabla c_{\mathrm{A}}=D_{\mathrm{AB}}\nabla^2c_{\mathrm{A}}$

$v=0$，则$r_{\mathrm{A}}=r_{\mathrm{B}}=0$，$\dfrac{\partial\rho_{\mathrm{A}}}{\partial t}=D_{\mathrm{AB}}\nabla^2\rho_{\mathrm{A}}$，$\dfrac{\partial c_{\mathrm{A}}}{\partial t}=D_{\mathrm{AB}}\nabla^2c_{\mathrm{A}}$

当多组分混合流体中的某些组分存在密度（或浓度）梯度时，这些组分的物质将以扩散或对流的形式进行质量传输。对于多组分混合流体中的每一组分来说，质量守恒原理依然成立。

10.1　传质微分方程的推导

为简单起见，用欧拉方程从质量守恒原理出发来推导双组分混合物中组分 A 和组分 B 的连续性方程（质量传输微分方程）。

如果在进行传质过程的同时，还发生化学反应，那么在考虑组分 A 的质量守恒时，还应该包括由化学反应引起的组分 A 的生成量或减少量。对于任意选定的微元体，组分 A 的质量守恒原则的文字方程表述如下：

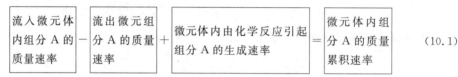

$$\boxed{\begin{array}{c}流入微元体\\内组分 A 的\\质量速率\end{array}} - \boxed{\begin{array}{c}流出微元组\\分 A 的质量\\速率\end{array}} + \boxed{\begin{array}{c}微元体内由化学反应引起\\组分 A 的生成速率\end{array}} = \boxed{\begin{array}{c}微元体内组\\分 A 的质量\\累积速率\end{array}} \qquad (10.1)$$

在直角坐标系 (x, y, z) 中，任意选定一微元六面体，以 ρ 表示微元体内混合物的质量浓度，ρ_A 和 ρ_B 分别表示组分 A 和组分 B 的质量浓度，v_x、v_y、v_z 分别表示混合物的质量平均速度在 x、y、z 方向上的分量。如图 10.1 所示，单位时间内经过左侧控制面流入微元体的组分 A 的质量通量，是由混合物整体流动产生的组分 A 的对流扩

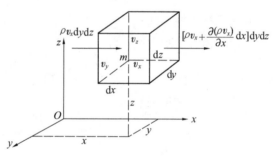

图 10.1　微小六面体空间

散通量 $\rho_A v_x \mathrm{d}y\mathrm{d}z$，和由于组分 A 的质量分数梯度引起的组分 A 的分子扩散通量 $j_{Ax}\mathrm{d}y\mathrm{d}z$ 两部分组成。因此，经过左侧控制面流入微元体的组分 A 的质量速率为

$$(\rho_A v_x + j_{Ax})\mathrm{d}y\mathrm{d}z \qquad (10.2)$$

而经过右侧控制面流出控制体的组分 A 的质量速率为

$$\left[(\rho_A v_x + j_{Ax}) + \frac{\partial}{\partial x}(\rho_A v_x + j_{Ax})\mathrm{d}x\right]\mathrm{d}y\mathrm{d}z \qquad (10.3)$$

将式(10.2)减去式(10.3)，则得到组分 A 沿 x 方向的净质量速率，同理也可导出 y 方向和 z 方向的质量速率。

在 x 方向上 $\qquad\qquad -\dfrac{\partial}{\partial x}(\rho_A v_x + j_{Ax})\mathrm{d}x\mathrm{d}y\mathrm{d}z \qquad\qquad (10.4a)$

在 y 方向上 $\qquad\qquad -\dfrac{\partial}{\partial y}(\rho_A v_y + j_{Ay})\mathrm{d}x\mathrm{d}y\mathrm{d}z \qquad\qquad (10.4b)$

在 z 方向上 $\qquad\qquad -\dfrac{\partial}{\partial z}(\rho_A v_z + j_{Az})\mathrm{d}x\mathrm{d}y\mathrm{d}z \qquad\qquad (10.4c)$

在微元体内组分 A 的累积质量速率为

$$\frac{\partial \rho_A}{\partial t} dx dy dz \tag{10.5}$$

如果由于化学反应,单位体积内产生组分 A 的速率为 r_A,其单位为 $kg/(m^3 \cdot s)$,当 A 为反应物时,r_A 为负值。这样,在控制体内生成 A 的质量速率为

$$r_A dx dy dz \tag{10.6}$$

将式(10.4)~(10.6)代入式(10.1)并整理可得

$$\frac{\partial \rho_A}{\partial t} + \frac{\partial}{\partial x}(\rho_A v_x + j_{Ax}) + \frac{\partial}{\partial y}(\rho_A v_y + j_{Ay}) + \frac{\partial}{\partial z}(\rho_A v_z + j_{Az}) - r_A = 0 \tag{10.7}$$

由于 ρ_A 的实质导数表达式为

$$\frac{D\rho_A}{Dt} = \frac{\partial \rho_A}{\partial t} + v_x \frac{\partial \rho_A}{\partial x} + v_y \frac{\partial \rho_A}{\partial y} + v_z \frac{\partial \rho_A}{\partial z}$$

式(10.7)可写成如下等价的形式:

$$\frac{D\rho_A}{Dt} + \rho_A \left(\frac{\partial v_x}{\partial x} + \frac{\partial v_y}{\partial y} + \frac{\partial v_z}{\partial z} \right) + \frac{\partial j_{Ax}}{\partial x} + \frac{\partial j_{Ay}}{\partial y} + \frac{\partial j_{Az}}{\partial z} - r_A = 0 \tag{10.8}$$

在无总体流动或静止的双组分混合物中,通过扩散传输的组分 A 的质量通量为

$$j_A = -D_{AB} \rho \, \nabla w_A \tag{10.9}$$

由此可知

$$j_{Ax} = -D_{AB} \rho \frac{\partial w_A}{\partial x} \tag{10.10}$$

$$j_{Ay} = -D_{AB} \rho \frac{\partial w_A}{\partial y}$$

$$j_{Az} = -D_{AB} \rho \frac{\partial w_A}{\partial z}$$

将式(10.9)和式(10.10)代入式(10.8)中,可得到双组分混合物中组分 A 的连续性方程(质量传输方程)为

$$\frac{D(\rho w_A)}{Dt} + \nabla(\rho w_A v) = D_{AB} \nabla^2 (\rho w_A) + r_A \tag{10.11}$$

同理可知 B 的质量传输方程为

$$\frac{D(\rho w_B)}{Dt} + \nabla(\rho w_B v) = D_{AB} \nabla^2 (\rho w_B) + r_B \tag{10.12}$$

10.2　传质微分方程的几种不同形式

因为浓度及扩散通量都有不同的表达形式,与其相对应的质量传输微分方程也有多种不同形式。仅以组分 A 为例,还有以下几种形式:

(1) 以质量浓度表示的组分 A 的质量传输微分方程为

$$\frac{D\rho_A}{Dt} + \nabla(\rho_A v) = D_{AB} \nabla^2 \rho_A + r_A \tag{10.13}$$

(2) 以组分 A 的摩尔质量 M_A 去除式(10.11),可得以物质的量浓度表示的组分 A 的质量传输微分方程为

$$\frac{\mathrm{D}c_A}{\mathrm{D}t} + \nabla(c_A v) = D_{AB}\nabla^2 c_A + R_A \tag{10.14}$$

式中 R_A——单位微元体内由于化学反应所引起的组分 A 的生成速率 $[mol/(m^3 \cdot s)]$，
$R_A = r_A/M_A$。

（3）以质量通量表示的组分 A 的质量传输微分方程为

$$\frac{\mathrm{D}\rho_A}{\mathrm{D}t} + \nabla n_A - r_A = 0 \tag{10.15}$$

（4）以 M_A 去除式(10.15)可得用摩尔通量表示的组分 A 的质量传输微分方程为

$$\frac{\mathrm{D}c_A}{\mathrm{D}t} + \nabla N_A - R_A = 0 \tag{10.16}$$

10.3 传质微分方程的简化形式

式(10.13)和式(10.14)这两个方程都是最通用的表达式，都可用来描述扩散系统内的浓度分布。但仍感觉不是很方便，如果加上一些假设，则可使之得到简化。在下面的讨论中，假设扩散系数 D_{AB} 为常数。

（1）均质不可压缩流体。

此时混合物的总密度 $\rho =$ 常数，则 $\nabla v = 0$，故方程式(10.13)简化为

$$\frac{\mathrm{D}\rho_A}{\mathrm{D}t} - D_{AB}\nabla^2 \rho_A - r_A = 0 \tag{10.17}$$

（2）均质不可压缩流体没有化学反应的稳态传质。

此时 $v =$ 常数，$r_A = r_B = 0$，故方程式(10.13)和式(10.14)简化为

$$v \nabla \rho_A = D_{AB}\nabla^2 \rho_A \tag{10.18}$$

$$v \nabla c_A = D_{AB}\nabla^2 c_A \tag{10.19}$$

（3）总流动可忽略不计，且不可压缩流体没有化学反应的非稳态传质。

此时有 $v = 0$，$r_A = r_B = 0$，故方程式(10.13)和式(10.14)简化为

$$\frac{\partial \rho_A}{\partial t} = D_{AB}\nabla^2 \rho_A \tag{10.20}$$

$$\frac{\partial c_A}{\partial t} = D_{AB}\nabla^2 c_A \tag{10.21}$$

通常将式(10.20)和式(10.21)称为菲克第二定律。由于假定无总体流动，故上面两式适用于固体、静止液体或气体所组成的等摩尔逆扩散体系。

由于传质微分方程中的每一项都已写成了矢量形式，因此，在正交坐标系中都可使用。表 10.1 为式(10.21)的连续方程在各坐标系中的表达方式。

表 10.1　各坐标系中 A 的连续方程(式(10.21))

直角坐标	$\dfrac{\partial c_A}{\partial t}=D_{AB}\left(\dfrac{\partial^2 c_A}{\partial x^2}+\dfrac{\partial^2 c_A}{\partial y^2}+\dfrac{\partial^2 c_A}{\partial z^2}\right)$
柱坐标系	$\dfrac{\partial c_A}{\partial t}=D_{AB}\left[\dfrac{1}{r}\cdot\dfrac{\partial}{\partial r}\left(r\dfrac{\partial c_A}{\partial r}\right)+\dfrac{1}{r^2}\left(\dfrac{\partial^2 c_A}{\partial\theta^2}+\dfrac{\partial^2 c_A}{\partial z^2}\right)\right]$
球坐标系	$\dfrac{\partial c_A}{\partial t}=D_{AB}\left[\dfrac{1}{r}\cdot\dfrac{\partial^2}{\partial r^2}(r^2 c_A)+\dfrac{1}{r^2\sin\theta}\dfrac{\partial}{\partial\theta}\left(\sin\theta\dfrac{\partial c_A}{\partial\theta}\right)+\dfrac{1}{r^2\sin^2\theta}\dfrac{\partial^2 c_A}{\partial z\varphi^2}\right]$

10.4　定解条件

一个传输过程可以通过求解它的传质微分方程来加以描述,解方程时,要应用一些初始条件及边界条件以确定积分常数。

10.4.1　初始条件

传质过程的初始条件,就是扩散组分在所研究的时间范围内于初始时刻的浓度分布,既可是质量浓度,也可是物质的量浓度。扩散组分在初始时刻的浓度分布:

①当 $t=0$ 时,$c_A=c_A(x,y,z)$。

②比较简单的初始条件就是初始浓度为常数。

③以物质的量浓度表示,当 $t=0$ 时,$c_A=c_{A0}$。

④以质量浓度表示,当 $t=0$ 时,$\rho_A=\rho_{A0}$。

⑤对于浓度场不随时间变化的稳定传质,不需要初始条件。

10.4.2　边界条件

常见的边界条件有若干种。

1. 规定边界上的浓度值

这个浓度既可以用质量浓度 $\rho_A=\rho_{A1}$ 或质量分数 $w_A=w_{A1}$ 来表示,又可以用物质的量浓度 $c_A=c_{A1}$ 和摩尔分数 $x_A=x_{A1}$ 来表示,也可以用分压来表示,即 $p_A=p_{A1}=x_{A1}p$。最简单的是规定边界上的浓度保持常数。例如物体可以溶解在流体中并向外扩散,但溶解过程比向外扩散过程进行得迅速,因而紧贴物面处的浓度是饱和浓度 c_0,这样物面处的边界条件为 $c=c_0$;又若固体表面能吸收落到它上面的扩散物质 A,则在该物体表面的边界条件为 $c_A=0$。

2. 规定边界上的通量

规定边界上的质量通量 $n_A=n_{A1}$ 或摩尔通量 $N_A=N_{A1}$,也可以规定边界上的相对于质量平均速度的质量通量 $j_A=j_{A1}$ 或相对于摩尔平均速度的摩尔通量 $J_A=J_{A1}$。最简单的是规定边界上的通量等于常数。例如,若表面不能吸收落到它上面的物质 A,则边界条件为 $\dfrac{\partial c_A}{\partial n}=0$。

3. 规定边界上的对流传质系数及 A 组分浓度

当液体流过一个质量扩散的表面时,由于对流传质的作用,这个表面就向流体进行传质。此时,边界上的摩尔通量为

$$N_{A1} = k_c (c_{A1} - c_{Af}) \tag{10.22}$$

式中　c_{A1}——表面处组分 A 的浓度;

　　　c_{Af}——流体中组分 A 的浓度;

　　　k_c——对流传质系数。

4. 规定化学反应的速率

例如,若组分 A 经一级化学反应在边界上消失,则 $N_{A1} = k_1 c_{A1}$,其中 k_1 是第 1 级反应的速率常数(m/s)。当扩散组分通过一个瞬时反应而在边界上消失时,那个组分的浓度可假设为 0。

习　　题

1. 试写出菲克第一定律的四种形式的表达式,并证明对同一系统四种表达式中的扩散系数 D_{AB} 为同一数值,讨论各种形式菲克定律的特点和在什么情况下常用。

2. 试证明在 A、B 组成的双组分系统中,在一般情况下进行分子扩散时(有主体流动,且 $N_A \neq N_B$),在总浓度 c 恒定条件下下式成立:

$$D_{AB} = D_{BA}$$

3. 试导出菲克第二定律的表达式,并说明其适用条件。

第11章　扩散传质

学习要点

等物质逆向扩散：

$$N_A = \frac{D_{AB}}{L}(c_{A1} - c_{A2}) = \frac{cD_{AB}}{L}(x_{A1} - x_{A2})$$

$$N_A = \frac{D_{AB}}{RTL}(p_{A1} - p_{A2})$$

单向扩散：

$$N_A = -cD_{AB}\frac{dx_A}{dz} + x_A(N_A + N_B), \quad \frac{x_A}{x_{B1}} = \left(\frac{x_{B2}}{x_{B1}}\right)^{\frac{z-z_1}{z_2-z_1}}$$

气体通过金属膜的扩散：

$$N_A = -D_{AB}\frac{K_p}{\delta}(\sqrt{p_1} - \sqrt{p_2})$$

菲克第二定律：

$$\frac{\partial c_A}{\partial t} = D_{AB}\frac{\partial^2 c_A}{\partial x^2}$$

固相扩散系数：

$$D = D_0 e^{-Q/RT}$$

影响扩散的因素 $\begin{cases} 温度 \\ 固溶体类型 \\ 晶体结构 \\ 浓度 \\ \begin{matrix} 合金元素 \\ (可分为三种情况) \end{matrix} \begin{cases} 形成碳化物元素 \\ 不能形成稳定碳化物 \\ 不形成碳化物元素 \end{cases} \end{cases}$

扩散的原子理论 $\begin{cases} 间隙扩散机制 \\ 空位扩散机制 \end{cases}$

前两章给出了质量传输的基本概念和传质微分方程。本章将运用微分观点来分析不流动或停滞介质以及固体中以扩散方式进行的稳态和不稳态传质过程。对此,可以采用两种分析方法:

(1) 先取具有一定厚度的薄壳,建立某一组分的质量平衡方程,然后令其厚度趋于无穷小,即可得到微分方程。根据边界条件解微分方程,得出该组分在系统中的分布。

(2) 先写出通用的传质微分方程,然后通过具体问题的分析,消去一些无关项,可得到所求的微分方程,再解微分方程。

11.1 一维稳态扩散

为简单起见,首先讨论一维稳态分子扩散,即假设物体中各点浓度均不随时间而变化,即 $\dfrac{dc_A}{dt}=0$,并只沿空间一个坐标 z 而变化。在一定条件下,某些问题可以简化为一维稳态扩散问题。

11.1.1 等摩尔逆向扩散

由组分 A 和 B 组成的没有化学反应的双组分混合物,两组分相互扩散,且 A 组分的摩尔通量与另一种组分的摩尔通量大小相等,方向相反,即 $N_A = -N_B$。这种扩散称为等摩尔逆向扩散,或双组分等摩尔相互扩散。

对于没有化学反应的一维稳态传质($R_A = 0$),质量传输微分方程式 $\dfrac{Dc_A}{Dt} + \nabla N_A - R_A = 0$(式 10.16)就简化为

$$\frac{D}{Dz}N_A = 0 \tag{11.1}$$

这就表明,此时 N_A 沿传递途径 z 方向是一个常量。

在所有考察的没有总体流动、没有化学反应的不可压缩液体一维稳态传质的情况下,质量传输微分方程式 $\dfrac{\partial c_A}{\partial t} = D_{AB}\left(\dfrac{\partial^2 c_A}{\partial x^2} + \dfrac{\partial^2 c_A}{\partial y^2} + \dfrac{\partial^2 c_A}{\partial z^2}\right)$ 简化为

$$\frac{d^2 c_A}{dz^2} = 0 \tag{11.2a}$$

应用下列边界条件:

$$z = 0, \quad c_A = c_{A1} \tag{11.2b}$$

$$z = L, \quad c_A = c_{A2} \tag{11.2c}$$

其解为

$$c_A = \frac{c_{A2} - c_{A1}}{L} z + c_{A1} \tag{11.3}$$

由此可见,组分 A 的物质的量浓度分布为直线。同样可得组分 B 的物质的量浓度分布也是直线。

对于常温常压下的双组分系统,其摩尔通量的表达式为

$$N_A = -cD_{AB}\frac{dx_A}{dz} + x_A(N_A + N_B) \tag{11.4}$$

由于 $N_A = -N_B$，代入式(11.4)可得

$$N_A = -cD_{AB}\frac{dx_A}{dz} \tag{11.5}$$

因常温常压下的双组分系统，c(物质的量浓度和)可视为常量，故式(11.5)可改写为

$$N_A = -D_{AB}\frac{dc_A}{dz} \tag{11.6}$$

将式(11.3)对 z 求导并代入式(11.6)，可得

$$N_A = \frac{D_{AB}}{L}(c_{A1} - c_{A2}) = \frac{cD_{AB}}{L}(x_{A1} - x_{A2}) \tag{11.7}$$

对于满足理想气体方程的完全气体混合物而言，$c_A = \dfrac{p_A}{RT}$，故上式可改写为

$$N_A = \frac{D_{AB}}{RTL}(p_{A1} - p_{A2}) \tag{11.8}$$

式中　p_{A1}——组分 A 在 $z=0$ 处的分压强；

　　　p_{A2}——组分 A 在 $z=L$ 处的分压强。

式(11.7)和式(11.8)即为等摩尔逆向扩散方程。

由上述讨论可看出，等摩尔逆向扩散的质量传递与一维稳态导热相类似，故一维稳态导热结果均可应用，只要用 c_A 代替 T 和用 D_{AB} 代替 λ 就行了。保持常温表面的边界条件对应于发生扩散的可溶解表面的边界条件，而绝热表面的边界条件对应于不溶解表面的边界条件。在第一类边界条件下的两者结果对照见表 11.1。

等摩尔逆向扩散在工程实际中是经常遇到的。例如化工中双组分混合物的蒸馏操作，在两个组分的摩尔潜热基本相等时，每摩尔轻组分由液相进入气相的同时，约有一摩尔重组分反向进入液相，净摩尔通量近乎于 0，不是严格的等摩尔逆向扩散，但可近似按等摩尔逆向扩散处理。

11.1.2　组分 A 通过静止组分 B 的单向扩散

组分 A 通过静止的或不扩散的组分 B 的稳态扩散是经常遇到的，例如水膜表面的绝热蒸发即为典型例子。易挥发金属液体表面蒸发也属此类。

设有纯液体 A 的表面暴露于气体 B 中(图 11.1)，液体表面能向气体 B 不断蒸发，做稳态扩散，而气体 B 在液体 A 中的溶解度小到可以忽略不计，而且两者不会发生化学反应。假设系统是绝热的，总压强 p 保持不变。下面来分析其扩散过程。

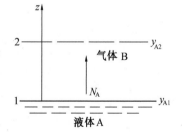

图 11.1　液体表面的蒸发

表 11.1　一维稳态导热与等摩尔逆向扩散的类比

分类		一维稳态导热	等摩尔逆向扩散
无限大平壁	方　程	$\dfrac{d^2 T}{dx^2}=0$　　$q=-\lambda\dfrac{dT}{dx}$	$\dfrac{d^2 c}{dx^2}=0$　　$N_A=-D_{AB}\dfrac{dc_A}{dz}$
	边界条件	$z=0$，$T=T_1$　$z=L$，$T=T_2$	$z=0$，$c_A=c_{A1}$　$z=L$，$c_A=c_{A2}$
	温度和浓度分布	$\dfrac{T-T_1}{T_2-T_1}=\dfrac{z}{L}$	$\dfrac{c_A-c_{A1}}{c_{A2}-c_{A1}}=\dfrac{z}{L}$
	通量密度	$q=\lambda\dfrac{T_1-T_2}{L}$	$N_A=D_{AB}\dfrac{c_{A1}-c_{A2}}{L}$
两同心圆柱间	方　程	$\dfrac{d}{dr}\left(r\dfrac{dT}{dr}\right)=0$　　$\Phi=-\lambda(2\pi r)\dfrac{dT}{dr}$	$\dfrac{d}{dr}\left(r\dfrac{dc_A}{dr}\right)=0$　　$J_A=-D_{AB}(2\pi r)\dfrac{dc_A}{dr}$
	边界条件	$r=r_i$，$T=T_i$　$r=r_0$，$T=T_0$	$r=r_i$，$c_A=c_{Ai}$　$r=r_0$，$c_A=c_{A0}$
	温度和浓度分布	$\dfrac{T-T_i}{T_0-T_i}=\dfrac{\ln\dfrac{r}{r_i}}{\ln\dfrac{r_0}{r_i}}$	$\dfrac{c_A-c_{Ai}}{c_{A0}-c_{Ai}}=\dfrac{\ln\dfrac{r}{r_i}}{\ln\dfrac{r_0}{r_i}}$
	通量密度	$\Phi=\dfrac{T_i-T_0}{\dfrac{1}{2\pi r L\lambda}\left(\ln\dfrac{r_0}{r_i}\right)}$	$J_A=\dfrac{c_{Ai}-c_{A0}}{\dfrac{1}{2\pi r L D_{AB}}\left(\ln\dfrac{r_0}{r_i}\right)}$
两同心球体间	方程	$\dfrac{d}{dr}\left(r^2\dfrac{dT}{dr}\right)=0$　　$\Phi=-\lambda(4\pi r^2)\dfrac{dT}{dr}$	$\dfrac{d}{dr}\left(r^2\dfrac{dc_A}{dr}\right)=0$　　$J_A=-D_{AB}(4\pi r^2)\dfrac{dc_A}{dr}$
	边界条件	$r=r_i$，$T=T_i$　$r=r_0$，$T=T_0$	$r=r_i$，$c_A=c_{Ai}$　$r=r_0$，$c_A=c_{A0}$
	温度和浓度分布	$\dfrac{T-T_i}{T_0-T_i}=\dfrac{\dfrac{1}{r}-\dfrac{1}{r_i}}{\dfrac{1}{r_0}-\dfrac{1}{r_i}}$	$\dfrac{c_A-c_{Ai}}{c_{A0}-c_{Ai}}=\dfrac{\dfrac{1}{r}-\dfrac{1}{r_i}}{\dfrac{1}{r_0}-\dfrac{1}{r_i}}$
	通量密度	$\Phi=\dfrac{T_i-T_0}{\dfrac{1}{4\pi r\lambda}\left(\dfrac{1}{r_i}-\dfrac{1}{r_0}\right)}$	$J_A=\dfrac{c_{Ai}-c_{A0}}{\dfrac{1}{4\pi D_{AB}}\left(\dfrac{1}{r_i}-\dfrac{1}{r_0}\right)}$

对于稳态一维无化学反应的分子扩散传质($R_A = 0$)，传质微分方程 $\dfrac{Dc_A}{Dt} + \nabla(N_A) - R_A = 0$ 可简化为

$$\frac{dN_A}{dz} = 0, \quad \frac{dN_B}{dz} = 0 \tag{11.9}$$

即在 z 方向的整个气相范围内，组分 A 和组分 B 的摩尔通量为常值。

由于气体 B 在液体 A 中是不溶解的（或溶解度很小可忽略不计），所以在 z_1 平面上 $N_B = 0$，因此在整个扩散方向上 $N_B = 0$，可见组分 B 是滞止气体。这种只有一个方向的扩散称为单向扩散。

此时组分 A 的摩尔通量表示为

$$N_A = -cD_{AB}\frac{dx_A}{dz} + x_A(N_A + N_B) \tag{11.10}$$

式中　x_A——气相组分 A 的摩尔分数。

当 $N_B = 0$ 时，式(11.10)简化为

$$N_A = -\frac{cD_{AB}}{1 - x_A}\frac{dx_A}{dz} \tag{11.11}$$

为了满足式(11.9)，在等温等压条件下（c 和 D_{AB} 均是常数）须有

$$\frac{d}{dz}\left[\frac{d\ln(1 - x_A)}{dz}\right] = 0 \tag{11.12a}$$

应用如下形式的边界条件：

$$z = z_1, \quad x_A = x_{A1} \tag{11.12b}$$

$$z = z_2, \quad x_A = x_{A2} \tag{11.12c}$$

将式(11.12a)积分可得

$$\ln(1 - x_A) = C_1 z + C_2 \tag{11.13}$$

将边界条件式(11.12b)和式(11.12c)代入式(11.3)，得

$$C_1 = \frac{1}{z_2 - z_1}\ln\frac{1 - x_{A2}}{1 - x_{A1}}$$

$$C_2 = \frac{z_2\ln(1 - x_{A1}) - z_1\ln(1 - x_{A2})}{z_2 - z_1}$$

再将上式代回式(11.13)中，最后可得浓度分布方程为

$$\frac{1 - x_A}{1 - x_{A1}} = \left(\frac{1 - x_{A2}}{1 - x_{A1}}\right)^{\frac{z - z_1}{z_2 - z_1}} \tag{11.14}$$

根据定义有 $x_B = 1 - x_A$，故

$$\frac{x_B}{x_{B1}} = \left(\frac{x_{B2}}{x_{B1}}\right)^{\frac{z - z_1}{z_2 - z_1}} \tag{11.15}$$

可以看出，通过静止气膜单向扩散时，组分物质的量浓度不再像等摩尔逆向扩散那样呈线性变化，而是按指数规律变化。

11.1.3　气体通过金属膜的扩散

设有一体系如图 11.2 所示，仅考虑在 z 方向上的扩散，气体氢通过一金属膜扩散，仍遵循菲克第一定律

$$N_A = -cD_{AB}\frac{dx_A}{dz} + x_A(N_A + N_B)$$

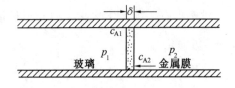

图 11.2　气体氢通过一金属膜的扩散

由于扩散组分 A 的浓度一般都很低，即 x_A 很小，故整体运动项 $x_A(N_A + N_B)$ 可以略去，如总浓度 c 可视为常数，则有

$$N_A = -D_{AB}\frac{dc_A}{dz} \tag{11.16}$$

由于薄膜很薄，很难测量氢的浓度在膜内的分布情况，实验所测定的只是氢气的稳态通量、氢气通过薄膜所产生的压力降以及薄膜的厚度。为求得扩散系数 D_{AB}，把气体在金属每一界面上的浓度 c_A 均看成是气体与金属平衡时的溶解度 S，则在每一个界面上均存在着下列平衡关系：

$$S_1 = K_p\sqrt{p_1} \tag{11.17}$$

$$S_2 = K_p\sqrt{p_2} \tag{11.18}$$

式中　K_p——反应 $\frac{1}{2}H_2 \rightleftharpoons H_{液}$，即膜内两侧的气体(分子状态)与其溶解于金属内的气体(原子状态)的平衡常数；

p_1、p_2——氢在薄膜两侧的分压强。

这样浓度梯度以压强表示为

$$\frac{dc_A}{dz} = \frac{S_1 - S_2}{\delta} = \frac{K_p}{\delta}(\sqrt{p_1} - \sqrt{p_2}) \tag{11.19}$$

于是

$$N_A = -D_{AB}\frac{K_p}{\delta}(\sqrt{p_1} - \sqrt{p_2}) \tag{11.20}$$

在讨论气体通过金属膜的扩散时，常用到渗透性 P' 的概念，它表示气体透过薄膜能力的大小。其定义为

$$P' = D_{AB}S = D_{AB}K_p\sqrt{p} \tag{11.21}$$

所以式(11.20)可写成

$$N_A = -\frac{P'_1 - P'_2}{\delta} \tag{11.22}$$

渗透性与温度的关系经常用下式来表示：

$$P' = Ae^{-Q_p/RT} \tag{11.23}$$

式中　Q_p——渗透活化能；

A——常数。

式(11.23)这种关系，已经包含了温度对 D_{AB} 和 K_p 的影响。

11.2* 非稳态扩散

在某些工程传质问题中，组分浓度分布不仅随位置变化，而且随时间变化，这类非稳态扩散问题的数学求解是复杂的。实用上，有一部分非稳态分子扩散问题(如扩散系数是常数，无总体流动，也无化学反应)往往可以表示成类似非稳态导热问题的形式，从而可以

用类似的数学方法求解。

11.2.1　忽略表面阻力的半无限大介质中的非稳态扩散

钢的表面渗碳及渗氮工艺中的固相扩散过程就属于一种典型的非稳态扩散过程,如图 11.3 所示。某一初始含碳量为 c_0 的钢,在某一温度下暴露于含有 CO_2 和 CO 的气体混合物中,气相中活性的碳原子[C]首先吸附在钢的表层然后向内部扩散。因渗碳层比工件的断面厚度小很多,因而断面厚度方向可视为无限大。

现考虑一初始浓度均匀分布、其值为 c_{A0} 的半无限厚介质(y、z 方向无限大,x 方向半无限大),当 $t>0$ 时,表面浓度为 c_{Aw},并维持不变。随时间增加,浓度变化将逐步深入介质的内部。扩散仅沿 x 方向进行。在整个扩散过程中,介质另一侧的浓度始终维持不变。菲克第二定律可简化为

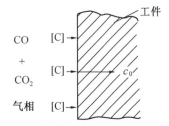

图 11.3　钢的表面渗碳

$$\frac{\partial c_A}{\partial t}=D_{AB}\frac{\partial^2 c_A}{\partial x^2} \tag{11.24}$$

初始条件　　　　　$t=0$,对所有 x 值,　$c_A=c_{A0}$ 　　　　(11.25a)

边界条件　　　　　$t>0$,$x=0$,　　$c_A=c_{Aw}$ 　　　　(11.25b)

　　　　　　　　　$t>0$,$x=\infty$,　$c_A=c_{A0}$ 　　　　(11.25c)

由式(11.24)和式(11.25a)~(11.25c)可知,此时的微分方程和边界条件与一维非稳态导热(以及一维非稳态流动)类似,故可以用分离变量法或拉普拉斯变换法求解。只要将温度换成浓度,将热扩散率换成扩散系数,则一维非稳态导热的解就可用于一维非稳态分子扩散过程。于是,组分 A 的浓度分布为

$$\frac{c_{Aw}-c_A}{c_{Aw}-c_{A0}}=\mathrm{erf}\left(\frac{x}{2\sqrt{D_{AB}t}}\right) \tag{11.26}$$

附录 6 中给出了高斯误差函数 $\mathrm{erf}(x)$ 的值。由式(11.26)可以计算任一时刻的浓度分布。不同时刻的浓度分布如图 11.4 所示。任何时刻 t 在 $x=0$ 处曲线的斜率为

$$\frac{\mathrm{d}c_A}{\mathrm{d}x}\bigg|_{x=0}=\frac{c_{Aw}-c_{A0}}{\sqrt{\pi D_{AB}t}} \tag{11.27}$$

距离 $\sqrt{\pi D_{AB}t}$ 为渗透深度。

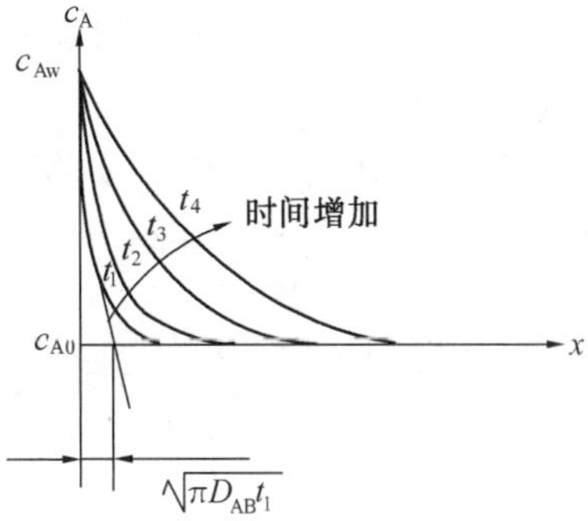

图 11.4　半无限大介质的非稳态扩散

【例 11.1】　碳初始质量分数 w_C 为 0.20%、厚为 0.5 cm 的低碳钢板,置于一定的温度下做渗碳处理 1 h。此时碳的表面质量分数 w_C 为 0.70%,如果碳在钢中的扩散系数为 1.0×10^{-11} m^2/s,试问在钢件表面下 0.01 cm、0.02 cm 和 0.04 cm 处碳的质量分数为多少?

解　因为在低碳钢中碳的总质量分数很低,可视为常数,故用质量分数来表示,有

$$\frac{c_{Aw}-c_A}{c_{Aw}-c_{A0}}=\frac{w_{Aw}-w_A}{w_{Aw}-w_{A0}}=\mathrm{erf}\left(\frac{x}{2\sqrt{D_{AB}t}}\right)$$

代入已知数据,则有

$$\frac{0.007-w_A}{0.007-0.002}=\mathrm{erf}\left(\frac{x}{2\sqrt{1\times10^{-11}\times3\ 600}}\right)=\mathrm{erf}\left(\frac{x}{3.79\times10^{-4}}\right)$$

即

$$w_A=0.007-0.005\mathrm{erf}\left(\frac{x}{3.79\times10^{-4}}\right)$$

在 $x=0.01$ cm 处

$$\mathrm{erf}\left(\frac{1\times10^{-4}}{3.79\times10^{-4}}\right)=\mathrm{erf}(0.264)=0.291$$

$$w_A=0.007-0.005\times0.291=0.005\ 5=0.55\%$$

在 $x=0.02$ cm 处

$$\mathrm{erf}\left(\frac{2\times10^{-4}}{3.79\times10^{-4}}\right)=\mathrm{erf}(0.528)=0.545$$

$$w_A=0.007-0.005\times0.54=0.004\ 3=0.43\%$$

在 $x=0.04$ cm 处

$$\mathrm{erf}\left(\frac{4\times10^{-4}}{3.79\times10^{-4}}\right)=\mathrm{erf}(1.055)=0.866$$

$$w_A=0.007-0.005\times0.866=0.002\ 7=0.27\%$$

即,碳的质量分数分别为 0.55%、0.43% 和 0.27%。

11.2.2 简单几何形状物体非稳态扩散及二维、三维非稳态扩散

对于简单几何形状物体中的非稳态扩散,应当满足下列条件:①分子扩散系数为常数,无总体流动,也无化学反应的传质过程,可用菲克第二定律来描述;②物体有初始均匀浓度 c_{A0};③边界处于一个新的状态,其浓度 $c_{A\infty}$ 值是不随时间而变化的常数。此时,非稳态导热的各种传热算法可用于非稳态扩散的计算上。

当满足上述三个条件后,二维和三维的非稳态分子扩散问题可类似于二维、三维非稳态导热。只需将温度 T 用组分 A 的浓度 c_A 替代即可。

11.3 影响扩散的因素

由菲克第一定律可以看出,单位时间内传质通量的大小取决于扩散系数 D 和浓度梯度,浓度梯度取决于有关边界条件。在一定的条件下,扩散的快慢主要取决于扩散系数,扩散系数取决于压力、温度和体系的有关条件,一般由实验测得。通常在压强为 1.013×10^5 Pa 时,气体扩散系数的数量级约为 10^{-5} m²/s;液体扩散系数的数量级为 $10^{-10}\sim10^{-9}$ m²/s;固体扩散系数的量级为 $10^{-10}\sim10^{-15}$ m²/s,详见附录 10。

11.3.1 气体扩散系数

气体的扩散系数取决于扩散物质和扩散介质的温度、压强,与浓度的关系较小。

11.3.2　液相扩散系数

液相扩散不仅与物质的种类、温度有关，而且随溶质的浓度而变化，只有稀溶液的扩散系数才可视为常数。液体具有比较松散的结构，组元在液体中的扩散系数比在固体中大几个数量级。液态铁合金中互扩散系数如图 11.5 所示。

11.3.3　固相扩散系数

钢表面的渗碳、渗氮，电子器件材料硅钢片及纯铁的脱氢等均属固相扩散。对固态物质的扩散研究主要有两个方面，一是气体或液体向固态物质中的扩散，另一个是借助粒子的运动在固体成分自身之间的扩散或纯金属原子的自身移动。

对于固相中的扩散，扩散系数 D 与温度和扩散激活能有关，可表示为

$$D = D_0 e^{-Q/RT} \tag{11.28}$$

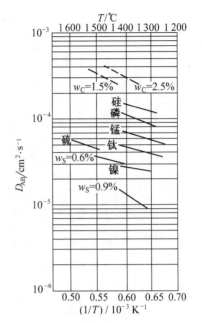

图 11.5　液态铁合金中合金元素的互扩散系数
——饱和铁中的扩散；
— —纯铁中的扩散

式中　　Q——扩散激活能；

　　　　D_0——扩散常数，也称频率因子；

　　　　R——气体常数；

　　　　T——热力学温度。

由概率论指出，在简单立方晶格内，自扩散系数可表示为

$$D_{AA} = \frac{1}{6} a^2 \beta \tag{11.29}$$

式中　　D_{AA}——自扩散系数，是指纯金属中原子曲折地通过晶格移动；

　　　　a——原子间距；

　　　　β——跳跃频率。

有色金属中的互扩散系数如图 11.6 所示。间隙元素在铁族物质中的互扩散系数如图 11.7 所示。

由式(11.28)和式(11.29)可知，温度及能够改变 D_0、Q 的因素都会影响扩散过程。

1. 温度

温度是影响扩散的最主要因素。

温度越高，原子的能量越大，越易发生迁移，扩散系数越大。例如，碳在 $\gamma - Fe$ 中扩散时，$D_\gamma = 2.0 \times 10^{-5}$ m²/s，$Q = 140 \times 10^3$ J/mol。

由式(11.28)可以算出在 927 ℃和 1 027 ℃时，碳的扩散系数分别为

$$D_{1\,200} = 2.0 \times 10^{-5} e^{\frac{-140 \times 10^3}{8.314 \times 1\,200}} = 1.61 \times 10^{-11} (m^2/s)$$

$$D_{1\,300} = 2.0 \times 10^{-5} e^{\frac{-140 \times 10^3}{8.314 \times 1\,300}} = 4.74 \times 10^{-11} (m^2/s)$$

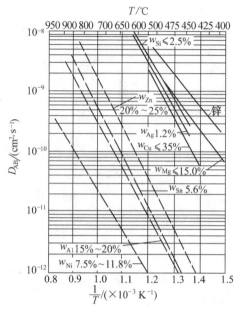

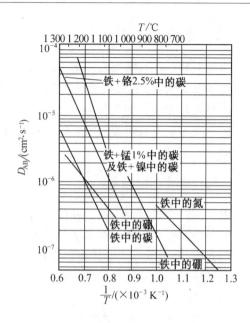

图 11.6 有色金属中的互扩散系数
——铝中的扩散;——— 铜中的扩散

图 11.7 间隙元素在铁族物质中的
互扩散系数

由此可见,温度从 927 ℃提高到 1 027 ℃就使扩散系数增大了 3 倍,即扩散速度加快了 3 倍,所以对生产上各种受扩散控制的过程,都要考虑温度的影响。

2.固溶体类型

不同类型的固溶体,原子的扩散机制是不同的,间隙原子的扩散激活能一般都较小,例如 C、N 等在钢中形成的间隙固溶体,其激活能比形成置换固溶体的 Ni、Cr 等要小得多,因而扩散速度大,所以钢件表面热处理时要获得同样浓度,渗碳、渗氮要比渗金属的周期短。

3.晶体结构

晶体结构对扩散也有影响,有些金属存在同素异构转变,当晶体结构改变后,扩散系数常随之发生较大的变化。例如,$\alpha-Fe$ 的自扩散系数大约是 $\gamma-Fe$ 的 240 倍。

4.浓度

无论是置换固溶体还是间隙固溶体,其组元的扩散系数都会随浓度变化而改变。如图 11.8 所示,扩散系数 D 是随浓度变化而增大的。

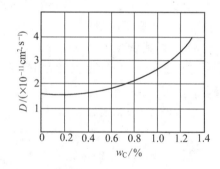

图 11.8 碳在铁中的扩散系数随浓度而变化的情况(927 ℃)

5.合金元素

在二元合金中加入第三元素时,扩散系数发生变化,以合金元素对 C 在 $\gamma-Fe$ 中的扩散系数影响为例,可分为三种情况。

（1）形成碳化物元素，如 W、Cr、Mo 等，由于它们和碳的亲合力较大，能够强烈地阻止碳的扩散，降低其扩散系数。

（2）不能形成稳定碳化物，但易于溶解到碳化物的元素，如 Mn 等对扩散影响不大。

（3）不形成碳化物元素，而溶于固溶体中的元素影响各不相同，如 Co、Ni 等提高碳的扩散系数，而 Si 则降低碳的扩散系数。

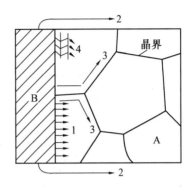

图 11.9　原子的扩散途径
1—体扩散；2—表面扩散；3—晶界扩散；4—位错扩散

6. 晶界扩散、表面扩散和位错扩散

固溶体中原子的扩散途径除了体扩散这个最基本的扩散过程之外，还有表面扩散、晶界扩散和位错扩散，如图 11.9 所示。后三种扩散都比第一种扩散快，称短路扩散。研究表明，晶界扩散系数至少是晶内的 10^4 倍，同时可以把位错看作管道，其存在使扩散沿着管道较快地进行。刃型位错的扩散激活能大致上是体扩散的一半。实际扩散过程中，这四种扩散途径是同时进行的，而在温度较低时，短路扩散所起的作用最大。

11.4* 扩散的原子理论

扩散定律只描述扩散的宏观规律，是一种表象理论。扩散的微观过程，是原子在晶体点阵中的迁移过程，宏观的扩散规律仅仅是大量的微观原子迁移的统计行为。因此，要深入研究扩散过程。还必须研究其微观机制，然后在此基础上研究统计行为，并把表象理论与微观机理联系起来，以便对扩散过程有较全面的认识。

已知晶体中的原子总是在平衡位置附近振动，当振动的振幅（强度）超过一定值时，就会脱离原来位置跳到另一位置，这个过程就是微观的扩散过程。对离子晶体来说，这种原子迁移的现象改变为离子迁移。

通常认为，晶体中原子扩散机制有间隙扩散、空位扩散、晶界扩散、位错扩散等。

11.4.1 间隙扩散机制

在间隙扩散机制中，在间隙位置上的原子，由这一间隙位置跳到相邻的另一间隙位置，扩散过程依靠扩散原子的这种不断跳跃完成。如钢中的碳和氢在奥氏体或铁素中的扩散是按这种机制进行的。

图 11.10(a) 所示为面心立方点阵中的间隙位置示意图，图 11.10(b) 所示为在该种点阵中(100)面上的间隙原子间隙扩散示意图，原来在间隙位置 1 的原子，假如由位置 1 跳到位置 2 时，必须经过母体原子 3 和 4 之间的通道，3 和 4 位置上的基体原子必须移开一定距离，它才能通过，这就要求间隙原子必须具有比其处于平衡位置时更高的能量，才有可能排开 3、4 两原子而迁移至位置 2，这种高于平衡位置的能量，称为激活能。图 11.11 所示为原子的吉布斯自由能与其位置的关系。

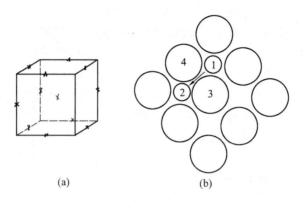

(a)　　　　　　　(b)

图 11.10　面心立方结构的八面体间隙及(100)晶面

11.4.2　空位扩散机制

　　根据热力学的观点,在任何晶体中,总有一些结点没有原子,即空位。晶体中空位的数量与温度及空位形成激活能有关,依靠空位的移动而进行的扩散称为空位扩散机制,其扩散过程如图 11.12 所示,与空位相邻原子由于热振动可能脱离原来位置而到空位中去,占据了点阵中的空位,而原来原子处位置就成为新的空位。

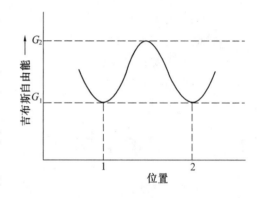

图 11.11　原子的吉布斯自由能与其位置的关系

　　图 11.12(a)所示为面心立方点阵密排面上原子以空位机制方式进行的扩散过程,图 11.12(b)所示为两原子间的间隙计算示意图。实验表明,Fe 原子的扩散比 C 原子的扩散慢得多,其原因在于:奥氏体点阵中每个 C原子周围总有一些非常靠近的间隙,而 Fe 提供的空位却很少,只有在其相邻处出现空位才能跃迁,这需要等待很长时间,因而扩散过程进行得很慢。

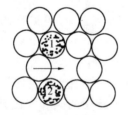　　　　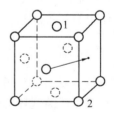

(a) 面心立方点阵密排面的空位迁移过程　　(b) 两原子间的间隙计算示意图

图 11.12　空位扩散机制的扩散过程示意图

习　　题

　　1. 比较分析并叙述等摩尔逆向扩散、单向扩散和气体通过金属膜扩散的基本概念和特征。

2. 简述气体扩散、液体扩散的基本概念及扩散系数的影响因素。

3. 写出固相扩散系数的数学表达式,并讨论影响扩散系数的因素。

4. 扩散的原子理论都有哪几种? 绘图并说明其理论模型。

5. 在稳态下气体混合物 A 和 B 进行稳定扩散。总压强为 101.325 kPa,温度为 278 K。两个平面的垂直距离为 0.1 m,两平面上的分压分别为 $p_{A1}=100\times133.3$ Pa 和 $p_{A2}=50\times133.3$ Pa。混合物的扩散系数为 1.85×10^{-5} m²/s,试计算下列条件下组分 A 和 B 的摩尔通量 N_A 和 N_B:

(1) 组分 B 不能穿过平面 S;

(2) 组分 A 和组分 B 都能穿过平面;

(3) 组分 A 扩散到平面 Z 与固体 C 发生反应:$\frac{1}{2}$A+C(固体)$\longrightarrow$B。

将以上计算所得 N_A 和 N_B 列表,并说明所得结果。

6. 将一块碳初始质量分数为 $w_C=0.2\%$ 的钢置于 1 193 K 的渗碳气氛中 2 h,在这种情况下碳的表面质量分数 $w_C=0.9\%$。已知碳在钢中的扩散系数为 1.0×10^{-11} m²/s,试问在钢件表面以下 0.1 mm、0.2 mm 和 0.4 mm 处的含碳组分各为多少?

7. 琼脂凝胶质量分数为 5.15% 的固体平板,温度为 278 K,厚为 10.16 mm,其中含有尿素,其浓度均匀为 0.1 kmol/m³。现仅在相距 10.16 mm 的平板两表面进行扩散。突然将固体平板浸入呈湍流流动的纯水中,因此表面的对流传质阻力可忽略不计,即对流传质系数 k_c^0 很大。尿素在琼脂中的扩散系数为 4.72×10^{-10} m²/s。试计算:

(1) 10 h 后平板中心和距表面 2 mm 处的浓度。

(2) 如将板厚减半,求 10 h 后平板中心处的浓度。

8. 钢加热时,若表面碳的质量分数立即降至 $w_C=0\%$,则脱碳后表层碳的质量分数分布可按下式计算:

$$\frac{w_C}{w_C'}=\mathrm{erf}\left(\frac{z}{2\sqrt{Dt}}\right)$$

其中 w_C 为与表面距离 z 处碳的质量分数,w_C' 为钢的原始碳的质量分数。求原始碳的质量分数为 $w_C'=1.3\%$ 的钢在 900 ℃ 保温 10 h 后碳的质量分数—距离曲线。

第 12 章 对流传质

学 习 要 点

对流传质通量：
$$N_A = k_c \Delta c_A$$

对流传质系数模型：

薄膜理论：
$$N_{Ay} = \frac{-D_{AB}}{\delta}(c_{As} - c_{A\infty})$$

渗透理论：
$$N_A = 2(c_{As} - c_{A0})\sqrt{\frac{D_{AB}}{\pi t_e}}$$

表面更新理论：
$$N_A = (c_{As} - c_{A\infty})\sqrt{D_{AB}S}$$

施密特数：
$$Sc = \frac{\nu}{D_{AB}} = \frac{\mu}{\rho D_{AB}}$$

舍伍德数：
$$Sh = \frac{k_c L}{D_{AB}}$$

路易斯数：
$$Le = \frac{a}{D_{AB}} = \frac{\lambda}{\rho c_p D_{AB}}$$

湍流动量通量：
$$\tau^e = -\varepsilon \frac{d(\rho v_x)}{dy}$$

湍流热量通量：
$$q^e = -\varepsilon_H \frac{d(\rho c_p T)}{dy}$$

湍流质量通量：
$$j_A^e = -\varepsilon_M \frac{d\rho_A}{dy}$$

平板的传质：
$$\begin{cases} j_D = 0.664 Re_L^{-0.5} \text{（层流）} \\ j_D = 0.036 Re_L^{-0.2} \text{（湍流）} \end{cases}$$

球的传质：
$$Sh = 2.0 + cRe^m Sc^{\frac{1}{3}}$$

管内湍流传质：
$$\frac{k_c d}{D_{AB}} = 0.023\ Re^{0.83} Sc^{\frac{1}{3}}$$

液滴和气泡内的传质：
$$k_c = \frac{3.75 \times 10^{-5} v_\infty}{1 + \frac{\mu_d}{\mu_c}}$$

12.1　对流传质的基本概念

对流传质是指在运动流体与固体壁面之间或不互溶运动流体之间发生的质量传输现象。对流传质不仅依靠扩散,而且依赖于流体各部分之间的宏观相对位移,如金属熔炼时吸气,熔剂精炼中氢、氧的迁移,固体燃料燃烧时的鼓风送氧等。

12.1.1　对流传质系数

对流传质比扩散传质复杂得多,与对流换热十分类似。对流传质过程中,质量传递与流体性质、流动状态(层流还是湍流)和流场的几何特性有关。对流传质通量可以用类似于对流换热中牛顿冷却公式的形式来表示,即

$$N_A = k_c \Delta c_A \tag{12.1}$$

式中　N_A——组分 A 的摩尔通量$[mol/(m^2 \cdot s)]$;

Δc_A——组分 A 的物质的量浓度差(mol/m^3),例如,若流体流过无限大平板,流动方向与平板平行,此时流体与平板表面之间存在浓度梯度,Δc_A 表示组分 A 的界面处与边界层外主流的浓度差,即 $\Delta c_A = c_{Aw} - c_{A\infty}$;

k_c——以 Δc_A 为基准的对流传质系数(m/s),为便于区别,当无总体流动时,用 k_c^0 表示对流传质系数。

式(12.1)即对流传质系数的定义式,其并未揭示影响对流传质系数的各种复杂因素,对流传质系数与传质过程中的许多因素有关。对流传质通量不仅取决于流体的物理性质、传质表面的形状,而且还与流动状态、流动产生的原因等有密切关系。研究对流传质的基本目的就是要用理论分析或实验方法,来具体给出各种场合下计算式(12.1)中 k_c 的关系式。

当运动着的流体流过固体表面时,由于流体黏性的作用,越靠近表面流速越低,通常贴壁处流体的流速等于零。也就是说,贴壁处流体是静止不动的。在静止流体中质量的传递只有扩散。因此对流传质通量就等于贴壁处流体的扩散传质通量。扩散传质通量可用菲克定律表示,在无总体流动、物质的量浓度和 c 为常数的条件下有

$$N_A = -D_{AB} \frac{dc_A}{dz}\bigg|_{z=0} \tag{12.2}$$

式中　$\dfrac{dc_A}{dz}\bigg|_{z=0}$——贴壁处组分 A 沿法向的浓度变化率。

由式(12.1)和式(12.2)可得

$$k_c^0 = -\frac{D_{AB}}{\Delta c_A} \frac{dc_A}{dz}\bigg|_{z=0} \tag{12.3}$$

理论求解的目的就是要从描述流体流动的基本方程和质量传输微分方程以及相应的定解条件中,解出贴壁处组分 A 沿法向的浓度变化率$\dfrac{dc_A}{dz}\bigg|_{z=0}$,然后利用式(12.3)求出无总体流动时对流传质系数的具体表达式。

12.1.2 施密特(Schmidt)数和路易斯(Lewis)数

在动量传输中应用雷诺数和欧拉数,在热量传输中应用普朗特数和努塞尔数,而相应地在对流传质中,也要应用一些特征数来表示传质特性。对于三种传输现象,扩散率的定义为

动量扩散率 $$\nu = \frac{\mu}{\rho}$$

热扩散率 $$a = \frac{\lambda}{\rho c_p}$$

质量扩散率 $$D_{AB}$$

它们的量纲均为 $\frac{L^2}{T}$。因此,这三个扩散率中任意两个的比值一定是无量纲的。动量扩散率与质量扩散率的比值称为施密特数(Sc),即

$$Sc = \frac{\nu}{D_{AB}} = \frac{\mu}{\rho D_{AB}} \tag{12.4}$$

Sc 与对流换热中的 Pr 具有类似的作用。

热扩散率与质量扩散率的比值称为路易斯数(Le),即

$$Le = \frac{a}{D_{AB}} = \frac{\lambda}{\rho c_p D_{AB}} \tag{12.5}$$

当某一过程同时涉及质量和热量传输时,就要用到 Le。施密特数和路易斯数都是流体物性参数的组合,所以它们表示了扩散体系的特性。

12.2* 传质系数模型

对流传质系数是计算对流传质速率的重要参数,而对流传质问题很难用理论分析求解,多数情况下是通过实验研究获得的经验系数来求解,这些经验系数只是在一定的实验条件下得出来的,也仅适用于一定的范围。因此,人们希望能够建立某种理论来阐述传质机理,并提出相应的传质系数模型。目前有薄膜理论、渗透理论和表面更新理论。

12.2.1 薄膜理论

与动量传输中的边界层相似,当流体流过一表面时,由于摩擦阻力的存在,在靠近表面处的流体中有一薄流,称为"有效边界层"。有效边界层特征为:①只能是层流流动,不与浓度均匀的主体湍流相混合,在层内属扩散传质;②薄层内浓度分布是稳定的。这种把对流传质的阻力归结于在界面上所形成的流体薄膜的观点,称为薄膜理论。

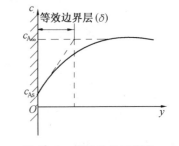

图 12.1 等效边界层模型

假设流体流过一表面时其浓度分布如图 12.1 所示。图中,c_{As} 为界面处被传输组分 A 的浓度,$c_{A\infty}$ 为浓度边界层外组分 A 的主流浓度。在浓度边界层内浓度为非线性

变化，故 $\dfrac{\mathrm{d}c_A}{\mathrm{d}y}$ 不为常数。

在 $y=0$ 处作浓度分布曲线的切线，此切线与浓度边界层外主流浓度 $c_{A\infty}$ 的延长线相交，再通过交点作一与边界平行的直线，此直线与界面之间的区域称为等效边界层，其厚度以 δ 表示，于是有

$$\left(\frac{\partial c_A}{\partial y}\right)\bigg|_{y=0}=\frac{c_{A\infty}-c_{As}}{\delta} \tag{12.6}$$

由于在界面处流体的流速为零，所以界面处只存在分子扩散，其传质通量为

$$N_{Ay}=-D_{AB}\left(\frac{\partial c_A}{\partial y}\right)\bigg|_{y=0}$$

即

$$N_{Ay}=-\frac{D_{AB}}{\delta}(c_{As}-c_{A\infty}) \tag{12.7}$$

如果通量用对流传质系数表示，则

$$N_{Ay}=k_c(c_{As}-c_{A\infty})$$

由此可见，$k_c=D_{AB}/\delta$，即 k_c 与 D_{AB} 的一次方成正比，与等效边界层厚度成反比。实际中 δ 不易确定，流体薄膜与界面间的传质也很难稳定，故薄膜理论只适用于在黏性较大同时不受强烈搅动影响情况下与固体表面间的传质。

12.2.2　渗透理论

渗透理论认为两相间的传质是靠着流体的体积元短暂地、重复地与界面相接触而实现的。体积元的这种运动是主流中湍流的扰动结果。溶质渗透理论如图 12.2 所示。当流体 1 和流体 2 相接触时，其中某一流体（如流体 2）由于湍流的扰动，使得某些体积元被带到与流体间的界面，并与流体 1 相接触，如流体 1 中某组分 A 的浓度大于与流体 2 相平衡的浓度，流体 1 中的该组分向流体 2 的体积元迁移。经过时间 t_e 以后，该体积元离开界面，另一体积元与界面接触，重复上述过程，就实现了传质。把体积元在界面处停留的时间 t_e 称为该微元体的寿命。由于微元体的寿命很短，组分 A 渗透到微元体中的深度小于微元体的厚度，组分 A 在微元体内还来不及达到稳态扩散，因此，微元体内所发生的传质均由非稳态的分子扩散来实现。在数学上可以把与界面接触的流体微元体视为半无限大物体，其初始和边界条件为

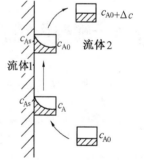

图 12.2　传质过程渗透理论模型

$$t=0, x\geqslant0, \quad c_A=c_{A0}$$
$$0\leqslant t\leqslant t_e, \quad x=0, \quad c_A=c_{As}$$
$$x\rightarrow\infty, \quad c_A=c_{A0}$$

对半无限大的非稳态扩散，由菲克第二定律导出单位时间的平均传质通量 N_A 为

$$N_A=\frac{2(c_{As}-c_{A0})\sqrt{D_{AB}t_e/\pi}}{t_e}=2(c_{As}-c_{A0})\sqrt{\frac{D_{AB}}{\pi t_e}} \tag{12.8}$$

如果用对流传质系数表示通量，则

$$N_A = k_c(c_{As} - c_{A\infty})$$

由此可见，$k_c = 2\sqrt{\dfrac{D_{AB}}{\pi t_e}}$，即 k_c 与 D_{AB} 的平方根成正比。这一点为舍伍德等人在填料塔及短湿壁塔中的实验数据所证实。渗透理论把 t_e 当作平均寿命，即每个体积元与界面接触时间都相同，但在实际应用中 t_e 是很难求得的。

12.2.3　表面更新理论

传统渗透理论认为流体的体积元与界面的接触时间相同，丹克沃茨则于 1951 年提出接触时间是各不相同的观点，它们变动的范围为从零到无穷大，并按统计规律分布。所推导出的单位时间的平均传质通量 N_A 为

$$N_A = (c_{As} - c_{A\infty})\sqrt{D_{AB}S} \tag{12.9}$$

式中　S——表面更新率，为待实验测定的常数。

由传质系数定义式知

$$N_A = k_c(c_{As} - c_{A\infty}) \tag{12.10}$$

比较式(12.9)和式(12.10)，则有

$$k_c = \sqrt{D_{AB}S} \tag{12.11}$$

从式(12.11)可知，k_c 与 D_{AB} 的平方根成正比，也与 S 的平方根成正比。这一结论和渗透理论是一致的。表面更新率 S 与流体动力学条件及系统的几何形状有关。当湍流流动强烈时，表面更新率必然增大，故 k_c 与 $\sqrt{S}$ 成正比是合乎逻辑的。

12.3　圆管内稳态层流传质

12.3.1　传质方程与边界条件

本节所讨论的是流动及传质均已充分发展的管内稳态层流传质。当双组分混合物在圆管内流动时，浓度边界层的形成和发展与在进口附近速度边界层和温度边界层的形成和发展类似。若流体一进入管内便立即与壁面进行对流传质，则浓度边界层就由入口处的零值逐渐增厚。经过一段距离 L_0，边界层在管中心处汇合，以后就进入传质的充分发展段。实验证明，一般层流流动的传质进口段长度为

$$L_0 = 0.05 dReSc \tag{12.12}$$

湍流流动时，传质的进口段长度为

$$L_0 = 50d \tag{12.13}$$

当没有化学反应时，不可压缩流体的质量传输微分方程式(10.21)变为

$$\frac{dc_A}{dt} = D_{AB}\nabla^2 c_A \tag{12.14}$$

其在柱坐标系中的表示形式为

$$\frac{\partial c_A}{\partial t} + v_r\frac{\partial c_A}{\partial r} + \frac{v_\theta}{r}\frac{\partial c_A}{\partial \theta} + v_z\frac{\partial c_A}{\partial z} = D_{AB}\left[\frac{1}{r}\frac{\partial}{\partial r}\left(r\frac{\partial c_A}{\partial r}\right) + \frac{1}{r^2}\frac{\partial^2 c_A}{\partial \theta^2} + \frac{\partial^2 c_A}{\partial z^2}\right] \tag{12.15}$$

在 z 轴与管轴线重合、传质速率较低的稳态对流传质情况下,式(12.15)可简化为

$$\frac{1}{r}\frac{\partial}{\partial r}\left(r\frac{\partial c_A}{\partial r}\right)=\frac{v_z}{D_{AB}}\frac{\partial c_A}{\partial z} \tag{12.16}$$

对于充分发展的管内层流,其速度分布已由动量传输得出,即

$$v_z=2v_m\left(1-\frac{r^2}{r_i^2}\right)$$

将此关系代入式(12.16)可得

$$\frac{1}{r}\frac{\partial}{\partial r}\left(r\frac{\partial c_A}{\partial r}\right)=\frac{2v_m}{D_{AB}}\left(1-\frac{r^2}{r_i^2}\right)\frac{\partial c_A}{\partial z} \tag{12.17a}$$

边界条件 $\qquad\qquad r=0,\qquad \dfrac{\partial c_A}{\partial r}$ （对称条件） $\qquad\qquad$ (12.17b)

$$r=r_i,\qquad N_A=常量\quad 或$$
$$c_A=常量 \tag{12.17c}$$

在管壁处(即 $r=r_i$)的边界条件类似于管内层流对流换热情况,通常分为两类:

(1) $N_A=$常量,例如多孔性管壁,组分 A 以恒定速率通过整个管壁进入流体中。

(2) $c_A=$常量,例如管壁覆盖着某种可溶性物质。

12.3.2　舍伍德(Sherwood)数

在对于管壁处组分 A 维持恒定的传质通量的情况下有

$$Sh=\frac{k_c d}{D_{AB}}=4.36 \tag{12.18}$$

式中　Sh——舍伍德数。

舍伍德数可以看作是扩散传质阻力和对流传质的阻力之比,类似于对流换热中的努塞尔数。

在对于管壁处组分 A 的浓度维持恒定的情况下,有
$$Sh=3.66 \tag{12.19}$$

12.4　动量、热量和质量传输的类比

12.4.1　湍流传输的类似性

扩散传输通常发生在固体、静止或层流流动的流体内。在湍流流体中,由于存在着大大小小的旋涡运动,所以除扩散传递外,还有湍流传递存在。旋涡的运动和交换,会引起流体微团的混合,从而可使动量、热量和质量的传递过程大大加剧。在流体紊乱十分强烈的情况下,湍流传输的强度大大地超过扩散传输的强度。此时,动量、热量和质量传输的通量也可以参照扩散传输的现象,将方程式(0.2)、式(0.4)和式(0.5)做如下处理:

对于湍流动量通量,可写成

$$\tau^e=-\varepsilon\frac{d(\rho v_x)}{dy} \tag{12.20}$$

式中　τ^e——湍流切应力或雷诺应力；

　　　ε——湍流黏度。

湍流热量通量,可写成

$$q^e = -\varepsilon_H \frac{d(\rho c_p T)}{dy} \tag{12.21}$$

式中　ε_H——湍流热量扩散系数。

组分 A 的湍流质量通量,可写成

$$j_A^e = -\varepsilon_M \frac{d\rho_A}{dy} \tag{12.22}$$

式中　ε_M——湍流质量扩散系数。

式(12.20)~(12.22)中湍流传输的动量通量、热量通量和质量通量 τ^e、q^e、j_A^e 的因次,分别与扩散传输时相应的通量 τ、q、j_A 的因次相同,它们的单位分别为 N/m^2、J/m^2、$kg/(m^2 \cdot s)$。各湍流扩散系数 ε、ε_H 和 ε_M 的因次也与扩散系数 ν、a、D_{AB} 的因次相同,单位为 m^2/s。在湍流传输过程中,ε、ε_H 和 ε_M 的数量级相同,因此,可采用类比的方法研究动量、热量和质量传输过程。在许多场合,可以采用类似的数学模型来描述三类传递过程的规律。在研究过程中已得悉,这三类传递过程的某些物理量之间还有一定关系。

需要注意的是:扩散系数 ν、a、D_{AB} 是物质的物理性质常数,它们仅与温度、压强及组成等因素有关。但湍流扩散系数 ε、ε_H 和 ε_M 则与流体的性质无关,而与湍动程度、流体在流道中所处的位置、内壁粗糙度等因素有关,因此湍流扩散系数较难确定。三种情况下的传输通量表达式见表 12.1。

表 12.1　动量、热量和质量传输的通量表达式

类别	仅有分子运动的传输过程	以湍流运动为主的传输过程	兼有分子运动和湍流运动的传输过程
动量通量	$\tau = -\nu \dfrac{d(\rho v_x)}{dy}$	$\tau^e = -\varepsilon \dfrac{d(\rho v_x)}{dy}$	$\tau_t = -(\nu + \varepsilon) \dfrac{d(\rho v_x)}{dy}$
热量通量	$q = -a \dfrac{d(\rho c_p T)}{dy}$	$q^e = -\varepsilon_H \dfrac{d(\rho c_p T)}{dy}$	$q_t = -(a + \varepsilon_H) \dfrac{d(\rho c_p T)}{dy}$
质量通量	$j_A = -D_{AB} \dfrac{d\rho_A}{dy}$	$j_A^e = -\varepsilon_M \dfrac{d\rho_A}{dy}$	$j_{At} = -(D_{AB} + \varepsilon_M) \dfrac{d\rho_A}{dy}$

12.4.2　三种传输现象的类比

由于湍流流动的机理十分复杂,湍流扩散系数 ε、ε_H 和 ε_M 都很难用纯数学方法求得,工程上通常采用类比法来解湍流流动问题,即根据摩擦系数由类比关系推算出传热系数及传质系数,由此通过比较简洁的方法来解决复杂的问题。

在讨论传输现象相似性时,都要求体系满足以下 5 个条件:①常物性;②体系内不产生能量和质量,即不发生化学反应;③无辐射能量的吸收与发射;④无黏性损耗;⑤速度分布不受传质的影响,即只有低速率的传质存在。

1. 雷诺类比

在热量传输中,已经给出对流换热系数 h 与阻力系数 C_f 的关系,当 $Pr = 1$ 时,有

$$\frac{h}{\rho c_p v_\infty} = \frac{C_f}{2} = St \tag{12.23}$$

式中，St——斯坦顿（Stanton）数，$St = Nu/(RePr)$。

根据传输现象的相似性，将雷诺类比用到质量传输过程中去。当流体沿平板做层流流动，如 $Sc = 1$ 时，边界层内浓度分布与速度分布的关系为

$$\frac{\partial}{\partial y}\left(\frac{c_A - c_{As}}{c_{A\infty} - c_{As}}\right)\bigg|_{y=0} = \frac{\partial}{\partial y}\left(\frac{v_x}{v_\infty}\right)\bigg|_{y=0} \tag{12.24}$$

紧贴壁面 $y = 0$ 处的通量可表示为

$$N_{Ay} = -D_{AB}\frac{\partial}{\partial y}(c_A - c_{As})\bigg|_{y=0} = k_c(c_{As} - c_{A\infty}) \tag{12.25}$$

联立以上两式，得

$$k_c = \frac{\mu}{\rho v_\infty}\left(\frac{\partial v_x}{\partial y}\right)\bigg|_{y=0}$$

而

$$C_f = \frac{t_s}{\frac{\rho v_\infty^2}{2}} = \frac{2\mu\left(\frac{\partial v_x}{\partial y}\right)\bigg|_{y=0}}{\rho v_\infty^2}$$

所以

$$\left(\frac{\partial v_x}{\partial y}\right)\bigg|_{y=0} = \frac{C_f \rho v_\infty^2}{2\mu}$$

代入可得

$$\frac{k_c}{v_\infty} = \frac{C_f}{2}St_D \tag{12.26}$$

式中 St_D——传质斯坦顿数。

由此可见，式(12.23)与式(12.26)是类似的。

2. 普朗特类比

普朗特假设紊流流动是由层流底层与湍流核心区组成的，对于层流底层来说，动量和质量的湍流扩散率可以忽略不计，从而导出与对流换热普朗特类比相似的对流传质普朗特类比关系式，即

$$\frac{k_c}{v_\infty} = \frac{\sqrt{C_f/2}}{1 + 5\sqrt{C_f/2}(Sc-1)} \tag{12.27}$$

将式(12.27)等号两边重新整理并乘以 $\dfrac{v_\infty L}{D_{AB}}$，其中 L 是特征长度，得

$$\frac{k_c}{v_\infty}\frac{v_\infty L}{D_{AB}} = \frac{(C_f/2)(v_\infty L/D_{AB})}{1 + 5\sqrt{C_f/2}(Sc-1)}$$

或

$$Sh_L = \frac{(C_f/2)ReSc}{1 + 5\sqrt{C_f/2}(Sc-1)} \tag{12.28}$$

3. 冯－卡门类比

冯－卡门认为湍流流动是由层流底层、过渡层和湍流核心区组成，从而导出质量传输的冯－卡门类比关系式，即

$$\frac{k_c}{v_\infty} = \frac{C_f/2}{1 + 5\sqrt{C_f/2}\{Sc-1+\ln[(1+5Sc)/6]\}} \tag{12.29}$$

或
$$Sh_L = \frac{(C_f/2)ReSc}{1+5\sqrt{C_f/2}\{Sc-1+\ln[(1+5Sc)/6]\}}$$
(12.30)

4. 奇尔顿－科尔伯思类比

奇尔顿－科尔伯思认为满足传质实验数据的最好关联式为

$$\frac{k_c}{v_\infty} = \frac{C_f/2}{Sc^{2/3}}$$

或
$$j_D = \frac{C_f/2}{Sc^{2/3}} = \frac{C_f}{2}$$
(12.31)

式(12.31)对于气体或液体而言,当 $0.6 < Sc < 2\,500$ 时都是正确的。j_D 为传质的 j 因子,它与前面所定义的换热 j 因子相似。虽然式(12.31)是一个根据层流和湍流的实验数据而建立的经验方程,但是它满足下述平板层流边界层的精确解:

$$Sh_x = 0.332Re_x^{1/2}Sc^{1/3}$$

完整的奇尔顿－科尔伯思类比关系式为

$$j_H = j_D = \frac{C_f}{2}$$
(12.32)

式(12.32)把三种传输现象联系在一起,它对于平板流动是准确的,而对于其他没有形状阻力存在的几何形体也是适用的。但是,对有形状阻力的体系应改为

$$j_H = j_D \neq \frac{C_f}{2}$$

或
$$\frac{h}{\rho v_\infty c_p}(Pr)^{2/3} = \frac{k_c}{v_\infty}(Sc)^{2/3}$$
(12.33)

式(12.33)把对流换热和对流传质关联在一个表达式中,因此可以通过一种传输现象的已知数据,来确定另一种传输现象的未知系数。对于气体或液体而言,式(12.33)适用条件为 $0.6 < Sc < 2\,500$;$0.6 < Pr < 100$。

【例 12.1】 湿球温度计的头部包上湿纱布置于压强为 1×10^5 Pa 的空气中,温度计读数 T_s 为 18 ℃。它所指示的温度是少量液体蒸发到大量未饱和蒸汽的稳态平衡温度。此湿度下的物性参数为:水的蒸汽压为 0.02×10^5 Pa,蒸发潜热为 2 478 kJ/kg,$C_{H_2O,s} = 87 \times 10^{-5}$ kmol/m³,$C_{H_2O,\infty} = 0$,空气密度为 1.216 kg/m³,质量热容为 1.005 kJ/(kg·℃),$Pr = 0.72$,$Sc = 0.61$。试求空气温度 T_∞ 为多少?

解 水蒸发时通量为

$$N_{H_2O} = k_c(C_{H_2O,s} - C_{H_2O,\infty})$$
(A)

水蒸发所需的能量,是由对流换热提供的,即

$$q = h(T_\infty - T_s) = LM_{H_2O}N_{H_2O}$$

式中　L——表面温度下水的蒸发潜热。

由此可知

$$T_\infty = \frac{LM_{H_2O}N_{H_2O}}{h} + T_s$$

将式(A)代入,可得

$$T_\infty = LM_{H_2O}\frac{k_c}{h}(C_{H_2O,s} - C_{H_2O,\infty}) + T_s$$

应用奇尔顿一科尔伯恩的 j 因子,可求出

$$j_H = j_D$$

即有

$$\frac{h}{\rho v_\infty c_p}(Pr)^{2/3} = \frac{k_c}{v_\infty}(Sc)^{2/3}$$

于是

$$\frac{k_c}{h} = \frac{1}{\rho c_p}\left(\frac{Pr}{Sc}\right)^{2/3}$$

所以

$$T_\infty = \frac{LM_{H_2O}}{\rho c_p}\left(\frac{Pr}{Sc}\right)^{2/3}(C_{H_2O,s} - C_{H_2O,\infty}) + T_s$$

$$= \frac{2\,478 \times 18}{1.216 \times 1.005} \times \left(\frac{0.72}{0.61}\right)^{2/3} \times (87 \times 10^{-5} - 0) + 18 = 53.5\ (℃)$$

12.5 对流传质系数的关联式

对流传质系数的分析解法和类比解法,仅适用于解决一些比较简单的问题,目前工程技术设计中大部分问题仍要借助于实验数据来建立对流传质的关联式。

12.5.1 平板和球的传质

1.平板

研究人员对自由液面的蒸发或从一个易挥发的平坦固体表面进入可控空气流中的升华现象进行了测定,发现所得的数据与层流和湍流边界层的下述理论解一致,即

$$Sh_L = 0.664 Re_L^{1/2} Sc^{1/3} \quad \text{（层流）} \tag{12.34}$$

$$Sh_L = 0.036 Re_L^{0.8} Sc^{1/3} \quad \text{（湍流）} \tag{12.35}$$

引用 j 因子的表达式为

$$j_D = \frac{k_c}{v_\infty}Sc^{2/3} = \left(\frac{k_c L}{D_{AB}}\right)\left(\frac{\mu}{\rho v_\infty L}\right)\left(\frac{\rho D_{AB}}{\mu}\right)\left(\frac{\mu}{\rho D_{AB}}\right)^{2/3} = \frac{Sh_L}{Re Sc^{1/3}} \tag{12.36}$$

式(12.34)和式(12.35)又可写成

$$j_D = 0.664 Re_L^{-0.5} \quad \text{（层流）} \tag{12.37}$$

$$j_D = 0.036 Re_L^{-0.2} \quad \text{（湍流）} \tag{12.38}$$

上述各式的应用条件是 $0.6 < Sc < 2\,500$。当 $0.6 < Pr < 100$ 时,$j_H = j_D = \dfrac{C_f}{2}$。

2.单个球体

对单个球体来说,把传质的舍伍德数表示成两项:一项是由纯扩散引起的传质;另一项是由强制对流引起的传质,即

$$Sh = 2.0 + cRe^m Sc^{1/3} \tag{12.39}$$

式中 c、m——关联常数。

当 Re 很小时,Sh 值应当接近于 2.0。各种传质条件下的舍伍德数计算方法见表 12.2。

表 12.2 各种传质条件下的舍伍德数计算方法

向液体进行传质	$100 \leqslant Re \leqslant 700$ $1\,200 \leqslant Sc \leqslant 1\,525$	$Sh = 2.0 + 0.95\,Re^{1/2}Sc^{1/3}$
向气体进行传质	$2 \leqslant Re \leqslant 800$ $0.6 \leqslant Sc \leqslant 2.7$	$Sh = 2.0 + 0.55Re^{1/2}Sc^{1/3}$
强制对流传质和自然对流传质同时存在	$1 \leqslant Re \leqslant 3 \times 10^4$ $0.6 \leqslant Sc \leqslant 3\,200$	$Sh = Sh_{nc} + 0.347(ReSc^{1/2})^{0.62}$ 当 $Gr_D Sc < 10^8$ 时： $Sh_{nc} = 2.0 + 0.569\,(Gr_D Sc)^{0.25}$ 当 $Gr_D Sc > 10^8$ 时： $Sh_{nc} = 2.0 + 0.025\,4(Gr_D Sc)^{1/3}Sc^{0.244}$ 式中，$Gr_D = \dfrac{g d_p^2 \Delta \rho_A}{\nu^2 \rho}$，$d_p$ 为球的直径

12.5.2 管内湍流传质

吉利兰和舍伍德对于几种不同液体蒸发到空气中去的情况进行了研究，并将实验数据整理成下列关联式：

$$\frac{k_c d}{D_{AB}} \frac{p_{B,lm}}{p} = 0.023 Re^{0.83} Sc^{0.44} \tag{12.40}$$

式中　d——管径；

　　　D_{AB}——蒸汽在气相中的扩散系数；

　　　$p_{B,lm}$——非扩散组分 B 的对数平均分压强；

　　　p——总压强；

　　　Re、Sc——空气的雷诺数和施密特数。

式（12.40）的适用范围是 $2\,000 < Re < 35\,000$，$0.6 < Sc < 2.5$。

后来，林顿和舍伍德在研究苯酸、醇酸和 β－萘酸的溶解时，又把 Sc 范围做了扩大。把吉利兰和舍伍德的结果以及林顿和舍伍德的结果予以合并，可以得到

$$\frac{k_c d}{D_{AB}} = 0.023 Re^{0.83} Sc^{1/3} \tag{12.41}$$

式（12.41）的适用范围是 $2\,000 < Re < 70\,000$，$1\,000 < Sc < 2\,260$。

12.5.3 液滴和气泡内的传质

液滴或气泡由形成到消失整个过程的生存期存在着三个截然不同的阶段。首先，液滴或气泡在筛孔或喷嘴处形成、长大，然后脱离孔板或喷嘴，这是液滴或气泡的形成阶段；脱离后，液滴或气泡在连续相中降落（或上升）时有一短暂的加速过程，这是液滴或气泡的放出阶段；经放出后，液滴或气泡即以稳定的速度在连续相中自由降落或上升，并与分散的其他液滴或气泡聚结在一起，于是液滴或气泡即行减少，这是液滴或气泡的聚结阶段。

当雷诺数大到一定数值后，液滴或气泡内部即出现内循环，这种现象是由液滴或气泡

与连续相之间的摩擦引起的。环流速度正比于液滴或气泡直径和连续相流体的黏度,而与液滴或气泡流体的黏度成反比。当液滴或气泡的雷诺数较小时,内部呈层流内循环现象,流线如图12.3 所示。在液滴或气泡内仅环形区 A 是静止的,而其他区域大体上是沿 B 至 C,再由 C 至 D 的方向进行循环。

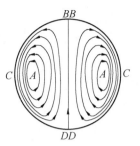

图 12.3　上升液滴或气泡的循环形式

当液滴或气泡的雷诺数较大时,液滴或气泡内部呈湍流内循环,且在降落或上升过程出现摆动现象。这是因为呈湍流状态时,液滴或气泡内不仅有切向作用力,还有径向作用力,前者可使液滴或气泡产生内循环,后者会使液滴或气泡变形,产生摆动。

当液滴中呈湍流内循环流型,并不计滴外连续相的传质阻力时,传质系数可近似用下式计算:

$$k_c = \frac{3.75 \times 10^{-5} v_\infty}{1 + \dfrac{\mu_d}{\mu_c}} \tag{12.42}$$

式中　v_∞——液滴相对于连续相的运动速度;

　　　μ_d、μ_c——液滴和连续相流体的动力黏度。

习　　题

1.试述对流传质的基本概念,并讨论影响对流传质的因素。

2.请比较传质系数的薄膜理论、渗透理论和表面更新理论的异同点。

3.一流体流过一块可轻微溶解的薄平板,在板的上方将有扩散发生。假设流体的速度与板平行,其值为 $u = ay$。式中 y 为离开平板的距离,a 为常数。试证明当附加某些简化条件以后,描述此传质过程的微分方程为

$$D_{AB}\left(\frac{\partial c_A}{\partial x^2} + \frac{\partial^2 c_A}{\partial y^2}\right) = ay\frac{\partial c_A}{\partial x}$$

并列出所做的简化假设条件。

4.欲测定常压下热空气的温度,估计其温度在 100 ℃以上,但现在温度计只能用来测定 100 ℃以下的温度。因此在温度计头上先缠以湿纱布,然后再放到气流中去。在整个测定过程中纱布完全润湿,当到达稳定状态后湿球温度计上读数为 32 ℃,试求热空气的真实温度。计算时可近似取 $Sc/Pr = 0.6/0.7$。

5.常压下 45 ℃的空气以 1 m/s 的速度预先通过直径为 25 mm、长度为 2 m 的金属管道,然后进入与该管道连接的具有相同直径的萘管,于是萘由管壁向空气中传质。如萘管长度为 0.6 m,试求出口气体中萘的浓度以及针对全萘管的传质速率。在 45 ℃及 101.3 kPa 下,萘在空气中的扩散系数为 6.87×10^{-6} m²/s,萘的饱和浓度为 2.80×10^{-5} kmol/m^{-3}。

6. 干空气以 5 m/s 的速度吹过 0.3 m×0.3 m 的浅盛水盘,在空气温度 20 ℃、水温 15 ℃的条件下,问水的蒸发速率为多少? 已知 $D=0.244$ cm²/s。

7. 20 ℃的空气以 3.1 m/s 的速度平行于水面流动,水的温度为 15 ℃,水面长 0.1 m, 求水的蒸发速率。已知空气中水蒸气分压强 $p_{A\infty}=777$ Pa,总压强为 98 070 Pa。(传质边界层温度可取水温和空气温度的平均值 17.5 ℃,17.5 ℃时空气的运动黏度系数 $\nu=15.5\times10^{-6}$ m²/s。)

第13章　相间传质

学习要点

双重阻力传质理论(双膜理论)

某组分从一个相的内部向界面上传输,然后穿过界面向第二相传输,最后向第二相内部传输。

气相－液相反应中的扩散

液相传质控制——无化学反应阻力。

气相传质控制——无液膜传质阻力。

界面化学反应控制——无液膜传质阻力。

扩散速度控制——有液膜传质阻力,有气膜传质阻力,无化学反应阻力。

各过程综合控制——有液膜传质阻力,有气膜传质阻力,有化学反应阻力。

气相－固相反应中的扩散

未反应核模型——化学反应发生在未反应核和反应产物层的分界面上。

层状模型——化学反应发生在一定厚度的层内。

拟均相模型——化学反应发生在颗粒内的全部区域。

相变扩散

相变扩散速度取决于化学反应和原子扩散两个因素。

气体在多孔材料中的扩散

普通扩散——孔径远大于分子平均自由程,遵循菲克定律。

克努森扩散——毛细孔直径很小,不遵循菲克定律。

质量传输现象广泛存在于材料加工及冶金生产过程中。例如,钢铁材料的表面渗碳、渗氮处理,钢液的氧化脱碳,纯铁、硅钢片的脱碳,铝合金、铜合金的精炼除氢,晶体生长,金属的凝固,焊接熔池内的传质等。这些过程的传输现象,有的发生在单相内,如溶液中溶质的扩散及钢的表面渗碳;有的存在于异相之间,如钢的氧化脱碳时存在液相和气相或固相等。若是单相内的质量传输问题,则利用前述的分子传质及对流传质理论可以进行分析和计算。而许多传质过程都涉及两相或多相,即除存在单相内部的传质,还存在相间传质。本章将应用扩散传质和对流传质的概念推导出相间传质理论,分析几种常见的实际传质问题。

13.1　双重阻力传质理论(双膜理论)

以气-液相的界面传质过程为例,相间传质过程分为三步。首先某组分从一个相的内部向界面上传输,然后穿过界面向第二相传输,最后向第二相内部传输。为保持平衡,第二相的同一组分也会迁移,从而保持动态平衡过程。该理论称为双重阻力传质理论(双膜理论)。该理论的得出有两点重要的假设,一是两相间的传质速率受位于界面两侧的边界层的扩散阻力所控制;二是扩散组分穿过界面时没有任何阻力。图 13.1 以气相分压强梯度和液相浓度梯度表示了组分 A 从气相到液相的传质过程。图中,p_{AG} 和 p_{A1} 分别表示组分 A 在气相主体状态和界面处的分压;而 c_{A1} 和 c_{AL} 则表示组分 A 在液相的界面和主体状态处的浓度。

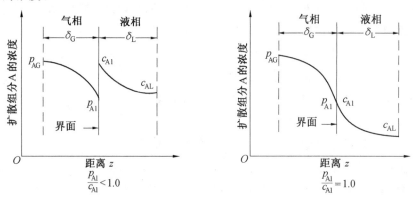

图 13.1　互相接触的两相之间的浓度梯度

如组分 A 为稳态传质,在界面两侧 z 方向上的传质可用下式描述:

气相 $$N_{Az} = k_G(p_{AG} - p_{A1}) \tag{13.1}$$

液相 $$N_{Az} = k_L(c_{A1} - c_{AL}) \tag{13.2}$$

式中　k_G——气相对流传质系数;

　　　k_L——液相对流传质系数。

气相中的分压差($p_{AG} - p_{A1}$)是使组分 A 由气相的主体状态向两相界面传输所需的驱动力;液相中的浓度差($c_{A1} - c_{AL}$)是使组分 A 由界面继续向液相内部传输所需的驱动力。

在稳态条件下,第一相中的质量通量必然等于第二相中的质量通量,则有

$$N_{Az} = k_G(p_{AG} - p_{A1}) = -k_L(c_{AL} - c_{A1})$$

两个对流传质系数的比值为

$$-\frac{k_L}{k_G} = \frac{p_{AG} - p_{A1}}{c_{AL} - c_{A1}} \tag{13.3}$$

实际上人们很难测量到界面上的分压 p_{A1} 和浓度 c_{A1},比较方便的办法是应用以主体分压 p_{AG} 和浓度 c_{AL} 来表示的总传质系数。总传质系数可用驱动力分压的形式确定。该系数 K_G 必须包括两相中的全部扩散阻力,其定义式为

$$N_A = K_G(p_{AG} - p_A^*) \tag{13.4}$$

式中　p_{AG}——气相的主体状态的分压强;

　　　p_A^*——组分 A 与液相主体浓度 c_{AL} 平衡的分压强;

　　　K_G——基于分压强驱动力的总传质系数。

因为与 c_{AL} 相平衡的只有一个压强值,所以 p_A^* 是同 c_{AL} 本身一样的一种量度。总传质系数也可用浓度驱动力来表示,其定义式为

$$N_A = K_L(c_A^* - c_{AL}) \tag{13.5}$$

式中　c_A^*——组分 A 与 p_{AG} 平衡的浓度;

　　　K_L——基于液相浓度驱动力的总传质系数。

图 13.2 给出了每一相的驱动力和总的驱动力。每一个相的传质阻力和总传质阻力的比值为

$$\frac{\text{气相中的阻力}}{\text{两相中的总阻力}} = \frac{\Delta p_{AG}}{\Delta p_{A\text{总}}} = \frac{1/k_G}{1/K_G} \tag{13.6}$$

和

$$\frac{\text{液相中的阻力}}{\text{两相中的总阻力}} = \frac{\Delta c_{AL}}{\Delta c_{A\text{总}}} = \frac{1/k_L}{1/K_L} \tag{13.7}$$

如果在界面上的压强与浓度之间平衡关系为线性,就可求出总传质系数与单相传质系数之间的关系,其平衡关系表示如下:

$$p_{A1} = mc_{A1} \tag{13.8}$$

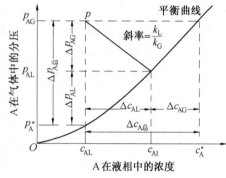

图 13.2　双膜理论的浓度驱动力

式中　m——比例常数,在低浓度下比例常数 m 就是亨利常数 H。

利用式(13.8)可以将气相、液相的浓度互相关联起来,即

$$p_{AG} = mc_A^*, \quad p_A^* = mc_{AL}, \quad p_{A1} = mc_{A1}$$

将式(13.4)重新排列后,可得

$$\frac{1}{K_G} = \frac{p_{AG} - p_A^*}{N_{Az}} = \frac{p_{AG} - p_{A1}}{N_{Az}} + \frac{p_{A1} - p_A^*}{N_{Az}} \tag{13.9}$$

或用 m 表示,则为

$$\frac{1}{K_G} = \frac{p_{AG} - p_{A1}}{N_{Az}} + \frac{m(c_{A1} - c_{AL})}{N_{Az}} = \frac{1}{k_G} + \frac{m}{k_L} \tag{13.10}$$

对于 k_L 也可导出一个类似的表达式,即

$$\frac{1}{K_L} = \frac{1}{mk_G} + \frac{1}{k_L} \tag{13.11}$$

由式(13.10)和式(13.11)可知,每一个相的阻力的相对大小与气体的溶解度有关。对一个含有可溶性气体的体系,如氨溶于水中时 m 很小,从式(13.10)可知,气相阻力基本上与此体系的总阻力相等,这样传质的主要阻力是在气相,通常把这样的体系称为气相控制体系。对一个含有溶解度小的气体的体系,如二氧化碳溶解于水中,m 值很大,从式(13.11)可知,气相的传质阻力可以忽略不计,此时总的传质阻力基本上等于液相的传质阻力,这样的体系称为液相控制体系。在大多数情况下,两个相的阻力都重要,在计算总阻力时需要同时考虑。

双膜理论是薄膜理论在两相传质中的应用,因此不可避免地带有薄膜理论的不足之处,在实际应用中要注意适用条件。

13.2 气相—液相反应中的扩散

材料加工及冶金过程中气—液扩散是十分重要的。例如有色合金溶液的精炼过程中吹氩和真空处理、转炉中的氧气吹炼、电炉中的碳氧反应等,都发生气—液两相之间的扩散。

气体一般以原子状态溶于熔融金属时,其溶解度随温度升高而增加,所以金属在熔化和浇注时会吸收大量气体,而在凝固时则放出大部分气体。没来得及排出的气体将使金属性能恶化。根据平方根定律,双原子气体(如 N_2、H_2 等)的溶解度与气体压力的平方根成正比,如 $N_2(g) \Leftrightarrow 2N(L)$,则平衡常数 $K' = [N]^2/p_{N_2}$,所以氮在液体金属中的平衡浓度为

$$[N] = \sqrt{K'}\sqrt{p_{N_2}} = K\sqrt{p_{N_2}} \tag{13.12}$$

金属液的吸气与排气大致包括如下过程:①气相中的传质;②液相中的传质;③界面化学反应;④新相(气泡)生成。

上述各个过程均可能单独控制总过程的总速率,以熔融金属吸气传质过程为例,如图13.3所示。

1. 液相传质控制——液膜控制总速率

液膜控制传质的特点是无化学反应阻力,即 $p^* = p_i$,且无气膜传质阻力,即 $p_i = p$,如图 13.3(a)所示,其中 p^* 为与 c_i 平衡时的气体压强,该条件下 $p^* = p_i = p$,界面积为 A 时气体吸收速率为

$$J = \frac{D_{液}}{\delta_{液}} A(c_i - c) \tag{13.13}$$

2. 气相传质控制——气膜控制总速率

气膜控制传质的特点是无液膜传质阻力,即 $c = c_i$,且无化学反应阻力,即 $p^* = p_i$,如图 13.3(b)所示,故气体吸收速率为

$$J = \frac{D_{气}}{\delta_{气}} A(p - p^*) \tag{13.14}$$

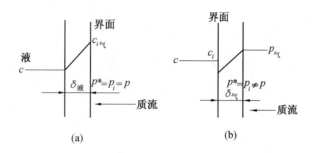

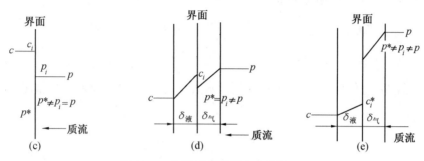

图 13.3　气液反应过程速率分析

3. 受界面化学反应控制——界面化学反应控制总速率

界面化学反应控制传质的特点是无液膜传质阻力，即 $c=c_i$；且无气膜传质阻力，即 $p_i=p$；有化学反应阻力，即 $p^* \neq p_i$，如图 13.3(c) 所示。

4. 受两相中的扩散速度控制——扩散控制总速率

扩散控制传质的特点是有液膜传质阻力，即 $c \neq c_i$；有气膜传质阻力，即 $p \neq p_i$；无化学反应阻力，即 $p_i = p^*$。其传质阻力系数为

$$1/K = m/k_L + 1/k_G \tag{13.15}$$

$$J = KA(c_i - c) \tag{13.16}$$

如图 13.3(d) 所示。

5. 受各个过程综合控制——混合控制总速率

混合控制传质的特点是既有液膜传质阻力，即 $c \neq c_i$；又有化学反应阻力，即 $p^* \neq p_i$；还有气膜传质阻力，即 $p_i \neq p$，如图 13.3(e) 所示。其传质阻力系数为

$$1/K = m/k_L + 1/k_G + 1/k_+ \tag{13.17}$$

式中　k_+——化学反应速率常数。

一般铁液或钢水吸气都是由扩散控制。其普遍应用式为

$$j = \frac{D}{\delta}(c_i - c) \tag{13.18}$$

对于静止液体可以应用双膜理论进行分析。对于有搅拌作用的过程，如中频炉熔炼中特有的电磁搅拌现象，用渗透理论或表面更新理论进行分析较为合适。此时有

$$j = 2\sqrt{\frac{D}{\pi t}}(c_i - c) \tag{13.19}$$

或 $$j = 2\sqrt{DS}(c_i - c) \tag{13.20}$$

【例 13.1】 为了能在 1 500 ℃下从熔融的铜中除去氢,用 101 325 Pa(1 atm)的纯氩除气。铜液中产生反应$[H] = \frac{1}{2}H_2(g)$,氢扩散进入氩气泡,上浮后排除。$[H]$表示溶解于铜液中的氢。在 1 150 ℃和 101.3 kPa 氢气压强下,氢在铜中的溶解度为 7.0 cm^3/kg。假设各相内的传质系数(即 k_G 和 k_L)可以认为彼此大致相等,试判定该脱氢过程是气相控制还是液相控制。

解 首先求出铜液中氢的浓度为

$$c_{HL} = \frac{7.0}{1\,000} \times \frac{1}{22.4} \times \frac{8.4}{1\,000} \times 1\,000 = 0.026\,2 \text{ (mol/L)}$$

这里假设铜液的密度为 8.40 g/cm^3。

计算得到反应$[H] = \frac{1}{2}H_2(g)$的平衡常数为 $K_G = 0.026\,2/\sqrt{1} = 0.026\,2$,由 $p_{H1} - p_H^* = m(c_{H1} - c_{HL})$可得

$$m = \frac{p_{H1} - p_H^*}{c_{H1} - c_{HL}} = \frac{p_H^* - p_{H1}}{c_{HL} - c_{H1}}$$

已知 $p_H^* = 1, c_{HL} = 0.026\,2$。$m$ 值的大小可做如下估计:

如界面上的 p_{H1} 很小,$p_{H1} \to 0, c_{H1} \to 0$,则

$$m = \frac{1}{0.026\,2} = 38$$

如界面上的 p_{H1} 很大,设 $p_{H1} = 0.9 \times 101\,325$ Pa,则

$$c_{H1} = 0.026\,2 \times \sqrt{0.9} = 0.024\,8 \text{ (mol/L)}$$

$$m = \frac{p_H^* - p_{H1}}{c_{HL} - c_{H1}} = \frac{1 - 0.9}{0.026\,2 - 0.024\,8} = 71.4$$

不论氢在界面上的压强大小,m 值均大于 1,所以

$$\frac{1}{K_G} = \frac{1}{K_G} + \frac{m}{k_L} \approx \frac{m}{k_L} (\text{因 } k_G \approx k_L)$$

故该过程被液相中的传质过程所控制。

13.3　气相－固相反应中的扩散

材料加工及冶金过程中许多反应是属于气－固相反应,例如热处理炉中钢件气体渗碳、高炉中铁矿石还原、石灰石分解及焦炭燃烧等。气－固反应中的物质转移常用平板、圆柱体、球体等简单模型或充填层等多种模型进行研究。目前已建立了多种气－固反应模型,主要包括未反应核模型、层状模型、拟均相模型及中间模型等。建立这些反应模型的几点假设如下:

(1)层状模型假定颗粒内不存在反应界面,化学反应只在一定厚度的层内进行。

(2)拟均相模型假定化学反应发生在颗粒内的全部区域,并伴随有非稳态扩散,但边

界层内的扩散忽略不计。

（3）未反应核模型是假定化学反应发生在未反应核和反应产物层的分界面（没有厚度）上，同时要考虑气相边界层的传质过程。

较有代表性的是未反应核模型，其他模型尚未用于反应装置的解析。

下面简单分析在固体燃料与氧分子燃烧反应过程中的气－固贯通传质的速率，以说明这类问题的基本研究方法。图 13.4 所示为固体碳与氧燃烧反应的状况。

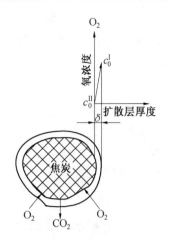

图 13.4　固体碳与氧燃烧反应时表面扩散过程

（1）气体中 O_2 向固体碳表面的传输，或 CO_2 分子从固体碳表面向外的传输。设气流核心部分氧浓度为 c_0^{I}，固体碳表面氧浓度为 c_0^{II}，则氧分子向表面的传输速率为

$$j_{O_2} = k_G(c_0^{\mathrm{I}} - c_0^{\mathrm{II}}) = \frac{D}{\delta}(c_0^{\mathrm{I}} - c_0^{\mathrm{II}}) \tag{13.21}$$

对于直径为 d 的球形料块

$$\delta = \frac{2d}{\sqrt{Re}} \tag{13.22}$$

（2）在燃料块表面，氧分子通过燃烧后形成的灰分层向反应前沿面扩散，其扩散速率为

$$j'_{O_2} = \frac{D'}{\delta_{\text{灰}}}(c_{s2} - c_{\infty 2}) \tag{13.23}$$

式中　c_{s2}——灰层表面（相界面）上的氧分子浓度；

$c_{\infty 2}$——固相内反应前沿面上的氧分子浓度。

由于高温下反应速度很快，所有氧化剂分子扩散到前沿面立即被还原，故 $c_{\infty 2} \to 0$，则

$$j'_{O_2} = \frac{D'}{\delta_{\text{灰}}} c_{s2} \tag{13.24}$$

若忽略 $\delta_{\text{灰}}$，则燃料块表面即为反应前沿面，此时前沿面的化学反应速率即可代表固相内的传输速率，即

$$j'_{O_2} = k_+ c_{s2} \tag{13.25}$$

同时可以认为固相表面氧浓度 c_{s2} 即与该表面上气相内的氧浓度 c_0^{II} 相同，即 $c_0^{\mathrm{II}} = c_{s2}$，故

$$j'_{O_2} = k_+ c_0^{\mathrm{II}} \tag{13.26}$$

当燃烧过程处于稳态时，$j_{O_2} = j'_{O_2} = j$，故得出固体碳氧化燃烧速率为

$$j = \frac{c_0^{\mathrm{I}}}{1/k_G + 1/k_+} \tag{13.27}$$

当温度较高时，$k_+ \gg k_G$，则

$$j \approx k_G c_0^{\mathrm{I}} \tag{13.28}$$

反应速率取决于气相中氧化剂分子的对流传质速率,称为扩散型燃烧过程。提高气流速度、增加氧化剂浓度及增大对流传质的因素,均可使扩散型的燃烧过程强化。当温度较低时 $k_+ \ll k_G$,则

$$j = k_+ c_0^{\mathrm{I}} \tag{13.29}$$

过程速率由化学反应速率决定,称为动力型燃烧过程或称反应控制过程,升高温度成为强化动力型燃烧的主要措施。

13.4 相变扩散

13.4.1 相变扩散的基本概念

通过扩散自金属表面向内部渗入某种元素时,如果渗入元素在金属中溶解度有限,则渗入元素的浓度超过溶解度后,便会形成中间相或另一种固溶体,从而使金属表层分成两层:出现新相层和不出现新相层。这种通过扩散而形成新相的现象,称为相变扩散,这种相变扩散也属反应扩散的一种。

如纯铁渗硼时,由 Fe－B 相图可知,硼在 Fe 中的溶解度很小,即使在 910 ℃也仅为 0.002%,通过浓度起伏形成晶核比较困难,B 原子首先在金属表面吸附,然后沿晶界、相界、位错等处进行短程扩散,并在晶界或晶体缺陷处偏聚,当浓度达到 8.8%,且满足能量起伏的条件时,以化学反应的方式优先在这些部位形核,生成 Fe_2B 相。随着 Fe_2B 相的长大,[B]的输送距离增大,活性[B]向内部迁移阻力增大,在表面形成较高浓度的含[B]区,即达到 16.2%时,开始形成 FeB 相核心。纯铁渗硼后其表层的硼质量分数分布曲线如图 13.5 所示,3Cr2W8V 钢 920 ℃、4 h 渗硼后的组织如图 13.6 所示,白色齿状为硼化物层。

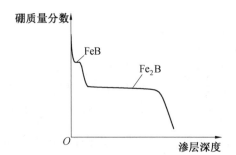

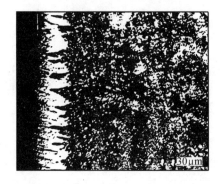

图 13.5　表层硼质量分数分布曲线示意图　　　图 13.6　3Cr2W8V 钢 920 ℃渗硼后的组织

13.4.2 相变扩散速率

相变扩散速率取决于化学反应和原子扩散两个因素,如果单纯由原子扩散过程控制整个过程,相变与扩散有如下关系:

$$\frac{\mathrm{d}X}{\mathrm{d}t} = D \frac{c_s}{c_B X \nu} \tag{13.30}$$

式中 c_s——扩散元素在金属表面的浓度；

c_B——与扩散元素组成的化合物元素在金属中的浓度；

ν——与金属结构等因素有关的常数；

X——扩散层的厚度。

层的厚度与时间的关系为

$$X^2 = \frac{2Dc_s}{\nu c_B}t \qquad (13.31)$$

由原子扩散控制的相变扩散浓度与时间具有抛物线关系,反应速率随着扩散元素表面浓度增大而增大。

由表面反应控制相变扩散过程时,反应速率与层的厚度无关,其关系为

$$\frac{dX}{dt} = \frac{k_+}{\nu c_B}$$

$$X = \frac{k_+}{\nu c_B}t \qquad (13.32)$$

式中 k_+——化学反应速率常数。

式(13.32)表明层的厚度与时间呈直线关系。

实际上,相变扩散最初由于层较浅,不以原子扩散为主,过程由表面反应所支配,层的增加服从直线关系;随着层厚度的增加,原子扩散逐步成为过程的主要矛盾,层厚度的增加则服从抛物线规律,如图 13.7 所示。

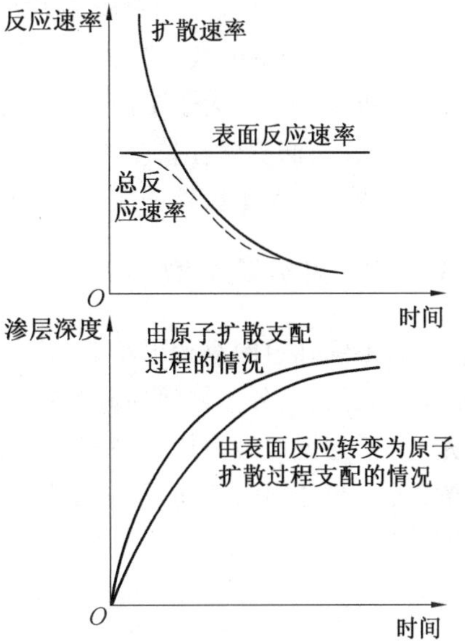

图 13.7 渗层厚度、反应速度随时间的变化规律曲线

13.5* 气体在多孔材料中的扩散系数

气体或液体进入固态物质孔隙的扩散在化工和冶金中是常见的现象,例如矿石的还原和焙烧、蒸汽渗入铸造砂型、粉末冶金制品的脱气等。其中,固态物质的物理结构或孔隙特征对过程的速率起决定性作用。

气体在多孔介质中的扩散属于普通扩散还是属于克努森扩散,这要取决于多孔介质孔径 d 与气体分子平均自由程 $\bar{l}$ 之间的相对大小。

13.5.1 普通扩散

当孔径远大于分子平均自由程($d/\bar{l} > 100$)时,扩散仍遵循菲克定律,属于普通扩散。在一般的扩散传质中,扩散通量是以物质 A 在单位时间内垂直通过单位截面积的量来表示的。但在多孔介质内,物质 A 的扩散面积只是多孔介质的自由截面积(孔截面积),而不是介质的总截面积。多孔介质的孔隙是不规则的,扩散路径迂回曲折,物质 A 的扩散距离大于两表面间的垂直距离。因此,物质在多孔介质中的扩散系数,应采用有效扩散系数,即

$$D_{AB}^* = \frac{D_{AB}\omega}{\tau} \qquad (13.33)$$

式中　D_{AB}^*——有效扩散系数(m^2/s);

　　　D_{AB}——双组分混合物的一般分子扩散系数(m^2/s);

　　　ω——多孔介质的孔隙率,即孔隙度;

　　　τ——曲折因数,即曲折度。

曲折度是一个大于 1 的数,用来校正扩散方向所增加的距离。实际的扩散路程曲折多变,不仅与曲折路程长度有关,并且受到固体中小孔的复杂结构的影响,所以此值必须由实验测定。对于松散介质,$\tau = 1.5 \sim 2.0$;对于压实的多孔介质,$\tau = 7 \sim 8$。

13.5.2　克努森扩散

当毛细孔道的直径很小($\bar{l}/d > 10$),气体通过孔道时,碰撞主要发生在流体分子与孔道壁面之间,而分子之间的碰撞扩散退居次要地位,扩散不遵循菲克定律,属于克努森扩散。分子与壁面碰撞机会多于分子之间的碰撞机会。此时,物质沿孔扩散的阻力主要取决于分子与壁面的碰撞,而分子间的碰撞阻力可忽略不计。根据气体分子运动学说,克努森扩散系数为

$$D_K = \frac{2}{3}\bar{r}\,\bar{v}_A$$

式中　D_K——克努森扩散系数(m^2/s);

　　　$\bar{r}$——平均孔半径(m);

　　　$\bar{v}_A$——组分 A 的分子均方根速度(m/s)。

由于

$$\bar{v}_A = \sqrt{\frac{8RT}{\pi M_A}} \qquad (13.34)$$

所以

$$D_K = 97.0\bar{r}\left(\frac{T}{M_A}\right)^{\frac{1}{2}} \qquad (13.35)$$

式中　M_A——组分 A 的摩尔质量;

　　　T——热力学温度。

对于克努森扩散,同样应考虑实际扩散截面积的减少和扩散路径的增长,采用有效扩散系数

$$D_{K,1} = \frac{D_K\omega}{\tau} \qquad (13.36)$$

如果普通扩散与克努森扩散都起作用,即孔内分子间的碰撞和分子与壁面的碰撞均不能忽略,则此种扩散称为过渡区扩散,其有效扩散系数 D 可以近似地表示为

$$D = \frac{1}{\dfrac{1}{D_{AB}} + \dfrac{1}{D_K}}\frac{\omega}{\tau} \qquad (13.37)$$

在计算多孔介质的扩散系数时,首先要判定属于何种扩散,通常用如下两种判定方法:①比较计算所得 D_{AB} 和 D_K,如 $D_{AB} \ll D_K$,为普通扩散,反之则是克努森扩散;②另一种方法是计算分子平均自由程,将它与孔径做比较。

根据分子运动学,气体分子的 $\bar{l}$ 可用下式计算:

$$\bar{l} = \frac{3.2\mu}{p}\left(\frac{RT}{2\pi M}\right)^{1/2} \tag{13.38}$$

式中　p——压强(Pa);

　　　M——摩尔质量(kg/mol);

　　　μ——动力黏度(Pa·s);

　　　R——气体常数 8.314[J/(mol·K)]。

另一计算公式为

$$\bar{l} = \frac{1}{\sqrt{2}\pi d^2 n} \tag{13.39}$$

式中　d——分子的碰撞直径(cm);

　　　n——分子数密度(cm^{-3})。

【例 13.2】　铸钢时金属蒸气向砂型中扩散,试计算在 1 600 ℃下,锰蒸气通过二氧化硅砂的扩散系数。假定砂型内仅存在氩气(Ar),1 600 ℃下锰蒸气在氩气中的扩散系数 $D_{Mn-Ar} = 3.4$ cm^2/s;砂型的孔隙度 $\omega = 0.45$,平均半径 $\bar{r} = 0.005$ cm。已知锰蒸气的 $d = 0.24$ nm,$n = 0.448$ nm^{-3}。

解　首先判断属于何种扩散。利用式(13.39)计算分子平均自由程 $\bar{l}$ 得

$$\bar{l}_{Mn} = \frac{1}{\sqrt{2}}\left[\pi(0.24 \times 10^7)^2 \times 0.448 \times 10^{21}\right]^{-1} = 8.7 \times 10^{-7}(cm)$$

比较 $\bar{l}$ 和 $2r$,可判定该扩散属于普通扩散。

同样可按照 D_{Mn-Ar} 和 D_K 的相对大小来判断为何种扩散。已知 $T = 1\ 600 + 273 = 1\ 873$(K);$M_{Mn} = 55$。利用式(13.35)得

$$D_K = 97\bar{r}\sqrt{\frac{T}{M_{Mn}}} = 97 \times 0.005 \times \sqrt{\frac{1\ 873}{55}} = 283\ (cm^2/s)$$

由此可知,$D_K \gg D_{Mn-Ar}$,故认为该扩散属于普通扩散。

研究表明,在高温下金属蒸气通过压坯的扩散,曲折度 τ 在 3～6 之间,现取平均值 $\tau = 4$,因此有效扩散系数为

$$D_{Mn-Ar,1} = \frac{D_{Mn-Ar}\omega}{\tau} = \frac{3.4 \times 0.45}{4} = 0.383\ (cm^2/s)$$

这说明通过多孔介质的有效扩散系数比自由气相中的相应扩散系数小得多,在本例中约为 1/10。

习　　题

1. 试述气相－液相反应中的扩散和气相－固相反应中的扩散特征及反应控制因素。

2. 在一个液相氧化反应器中,如果将 1 m^3 的空气分散成半径为 r(cm)的气泡,气液界面传质面积 A 为多少? 当反应速度主要取决于传质速度时,反应速度与什么有关? 当传质过程顺畅时,液相中氧浓度及反应速率的变化趋势如何? 为什么?

3. Richardson 在研究钢铁冶金中两流体界面两侧的速度分布时,得出如下关系:

$$k_2/k_1 = \left[\frac{\nu_1}{\nu_2}\right]^{0.5} \left[\frac{D_2}{D_1}\right]^{0.7}$$

式中　k_1、k_2——熔渣及金属的传质系数；

　　　ν_1、ν_2——熔渣及金属的运动黏度；

　　　D_1、D_2——熔渣及金属的扩散系数。

已知:熔渣 $\mu_1 = 0.02$ Pa·s,$\rho_1 = 3.5 \times 10^3$ kg/cm³,$D_1 = 10^{-9} \sim 10^{-11}$ m²/s;钢液 $\mu_2 = 0.0025$ Pa·s,$\rho_2 = 7.2 \times 10^3$ kg/cm³,$D_2 = 10^{-8} \sim 10^{-9}$ m²/s;元素在钢渣两相的平衡常数 $= \dfrac{c_{i1}}{c_{i2}} = 10$,问该过程传质速率的控制环节是什么？可采取什么样的措施来加速传质？

实 验

实验一 伯努利方程实验

1. 实验目的

（1）观察液体在管道中流动时能量守恒和转换的物理现象。

（2）测绘玻璃水管管路上测压管水头线及总水头线。

2. 实验原理

若液体在管内的流动是稳定流,分别取有效截面 1—1 和 2—2,则相对于同一水平基准面,若用能量头表示,其实际流体总流的伯努利方程为

$$z_1+\frac{p_1}{\rho g}+\frac{\alpha_1 v_1^2}{2g}=z_2+\frac{p_2}{\rho g}+\frac{\alpha_2 v_2^2}{2g}+h_{w1-2}$$

z、$\frac{p}{\rho g}$、$\frac{\alpha v^2}{2g}$ 每一项都是长度单位,都表示了一个高度（即 z 为位置水头,$\frac{p}{\rho g}$ 为压强水头,$\frac{\alpha v^2}{2g}$ 为速度水头,h_{w1-2} 为 1—1 和 2—2 的断面间的水头损失）。连接总流各断面 $\left(z+\frac{p}{\rho g}\right)$ 的顶点而形成的线即为测压管水头线;连接总流各断面 $\left(z+\frac{p}{\rho g}+\frac{\alpha v^2}{2g}\right)$ 的顶点而形成的线即为总水头线。从这两条线的走向可以说明各种水头沿流程变化的规律。

3. 实验装置

实验装置如图 s1.1 所示。

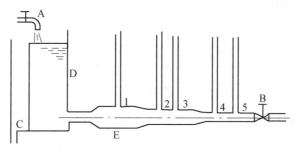

图 s1.1 伯努利方程实验装置

A,B—阀门;C—溢流孔;D—水箱;E—玻璃实验管;

1,2,3,4,5—测压管

4.实验步骤

(1)选定测量位置水头的水平基准面。

(2)关闭阀门 A,开启阀门 A,稳定水箱液面(保持最高水位并溢流)。根据连通器原理,此时水箱液面与测压管内液面为同一水平面,以此校正所选测量基准面是否水平。同时,检查实验管和测压管是否有气泡。

(3)将各断面内径及间距尺寸记录下来(根据有关的实验仪器图纸或测量),并填入记录表 s1.1 及表 s1.2 中。

(4)打开阀门 B,检查水箱液面是否稳定。调节阀门 B 的大小,观察各测压管液面的变化和各测压管液面高度差的变化。

(5)固定阀门 B 于某一开启度,测量并记录基准面到各测压管中液面的高度(即各测压管水头)。

(6)在测记各测压管水头的同时,用秒表和量筒测定流量,测出时间间隔 t 内流过的流体总体积 V。并重复上述实验步骤 1~2 次。

(7)调节阀门 B 于另一开启度,重复上述实验步骤(5)和(6)。

5.实验报告要求

(1)根据记录及公式 $q_v = \dfrac{V}{t}$,计算出流量并填写在表 s1.1 中。

(2)计算各断面平均流速 $v = \dfrac{q_v}{A}$ 及相应的速度水头 $\dfrac{\alpha v^2}{2g}$。其中,动能修正系数可取 1,这样既方便计算,又对实验结果影响不大。

(3)根据各测压管水头及速度水头计算断面总水头,填写表 s1.2。并按比例在图 s1.2 绘制出测压管水头线及总水头线。

(4)比较两种不同流量下总水头线及测压管水头线的走向,分析各水头的变化规律。

6.实验问题分析

(1)为什么总水头线总是下降,而测压管水头线有下降也有上升?

(2)调节阀门 B,测压管水头线将怎样变化?为什么?

(3)如果突然关闭阀门 B,测压管液面将发生什么现象?

实 验 报 告

实验名称__伯努利方程实验__　　评　　语_____

班　　级_____　　姓　　名_____

同 组 人_____　　完成日期___年___月___日

1. 实验目的

2. 实验原理

3. 实验装置(简图)

4. 实验步骤

5. 实验结果与问题分析

表 s1.1 各开启度下的平均流量

开启度 1					开启度 2				
测次	时间 /s	体积 /cm³	流量 /(cm³·s⁻¹)	平均流量 /(cm³·s⁻¹)	测次	时间 /s	体积 /cm³	流量 /(cm³·s⁻¹)	平均流量 /(cm³·s⁻¹)
1					1				
2					2				
3					3				

表 s1.2 水头计算

开启度	各 断 面 数 据 计 算								各断面间数据计算	
	断面编号	内径 /cm	面积 /cm²	速度 /(cm·s⁻¹)	位置水头 /cm	速度水头 /cm	测压管水头 /cm	总水头 cm	间距 /cm	h_r /cm
开启度 1	1 2 3 4 5								L_{1-2} L_{2-3} L_{3-4} L_{4-5}	
开启度 2	1 2 3 4 5								L_{1-2} L_{2-3} L_{3-4} L_{4-5}	

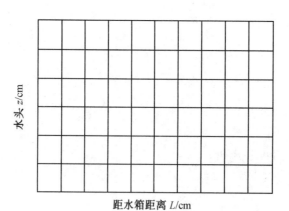

图 s1.2 实验所得测压管水头线及总水头线

实验二　　流速和流量的测定实验

1. 实验目的

（1）了解文丘里流量计以及毕托管的测速原理。

（2）测定文丘里流量计的流量系数 μ 及毕托管的流速系数 φ。

2. 实验原理

图 s2.1 所示为文丘里流量计，只要测出两测压管液面高度差 h，就能方便地计算所测流体的流速和流量。基准面为 0—0，有效断面为 1—1 和 2—2，暂不考虑水头损失，若用能量头表示，其伯努利方程为

$$0 + \frac{p_1}{\rho g} + \frac{\alpha_1 v_1^2}{2g} = 0 + \frac{p_2}{\rho g} + \frac{\alpha_2 v_2^2}{2g} + 0$$

取 $\alpha = 1$，即

$$\frac{v_2^2}{2g} - \frac{v_1^2}{2g} = \frac{p_1}{\rho g} - \frac{p_2}{\rho g} = h$$

又因为 $v_2 = v_1 \dfrac{d_1^2}{d_2^2}$，代入上式化简后可得

$$v_1 = \sqrt{\frac{2gh}{(d_1/d_2)^4 - 1}}$$

则流量为

$$Q' = A_1 v_1 = \frac{1}{4} \pi d_1^2 \sqrt{\frac{2gh}{(d_1/d_2)^4 - 1}}$$

设 $\dfrac{1}{4} \pi d_1^2 \sqrt{\dfrac{2g}{(d_1/d_2)^4 - 1}} = K$，称为流量计常数，则可得 $Q' = K\sqrt{h}$，考虑水头损失，乘以一个小于 1 的系数（流量系数 μ），则流量公式为

$$Q = \mu K \sqrt{h}$$

图 s2.2 所示为毕托管，弯管内液面比测压管液面高出 h，即为 A 点的速度水头 $\dfrac{\alpha v^2}{2g}$。若取动能修正系数 $\alpha = 1$，则有

$$h = v^2 / 2g$$

所以

$$v = \sqrt{2gh}$$

考虑到弯管对管内流动的影响，可以乘以流速系数 φ，即

$$v = \varphi \sqrt{2gh}$$

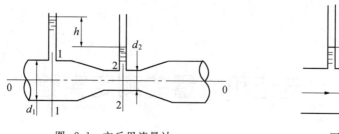

图 s2.1　文丘里流量计　　　　　图 s2.2　毕托管

3.实验装置

实验装置如图 s2.3 所示。

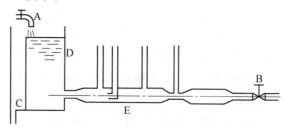

图 s2.3　测定流速流量实验装置
A,B—阀门;C—溢流孔;D—水箱;E—玻璃管

4.实验步骤

（1）打开阀门 A 和 B,保持最高水位并溢流,消除各管中气泡。

（2）调节阀门 B,观察测压管液面高度及各测压管液面高度差的变化。

（3）固定阀门 B 的开启度,测量并记录各测压管液面高度差 h。同时,用秒表和量筒测流量,重复 1~2 次,将测量结果填入表 s2.1 中。

（4）改变阀门 B 的开启度,重复步骤（3）。

5.实验报告要求

（1）测定文丘里流量计的流量系数 μ。

① 根据记录及有关数据,将计算结果填入表 s2.1 中。

② 根据实测流量 Q 和用文丘里流量计确定的流量 q'_v,计算文丘里流量计的流量系数,即 $\mu = Q/Q'$。

（2）测毕托管的流速系数 φ。

①根据记录及有关数据,将计算结果填入表 s2.2。

②实测流速 v 和毕托管的流速 v',计算毕托管的流速系数,即 $\varphi = v/v'$。

6. 实验问题分析

(1) 实验时,若将文丘里流量计和毕托管改为倾斜放置,试问各测压管内液面高度差是否会变化?

(2) 随流量增加,各测压管液面和液面高度差怎么变化? 为什么?

(3) 如果毕托管的弯度不正对流动方向,那么所测出的流速是否能代表管内的流速? 为什么?

实 验 报 告

实验名称<u>流速和流量的测定实验</u>　　评　　语_____

班　　级_____　　　　姓　　名_____

同 组 人_____　　　　完成日期____年____月____日

1. 实验目的

2. 实验原理

3. 实验装置（简图）

4. 实验步骤

5. 实验结果与问题分析

表 s2.1　测量值及计算所得流量系数 μ

阀门开度	体积法测定流量 Q					管道内径/cm	喉管内径/cm	管道断面面积/cm²	流量计常数 (K)	测压管液面高度差/cm	流量 q'_v /(cm³·s⁻¹)	流量系数 μ (Q/Q')
	测次	时间/s	体积/cm³	流量/(cm³·s⁻¹)	平均流量/(cm³·s⁻¹)							
1	1											
	2											
	3											
2	1											
	2											
	3											

表 s2.2　测量值及计算所得流速系数 φ

阀门开度	体积法测定流量 Q					管道内径/cm	管道断面积/cm²	断面平均流速 v /(cm·s⁻¹)	毕托管液面高度差/cm	流速 v' /(cm·s⁻¹)	流速系数 φ (v/v')
	测次	时间/s	体积/cm³	流量/(cm³·s⁻¹)	平均流量/(cm³·s⁻¹)						
1	1										
	2										
	3										
2	1										
	2										
	3										

实验三 雷诺实验

1.实验目的

(1) 观察各种流态。
(2) 测定流态与雷诺数的关系。
(3) 观察层流时管道断面流速分布。

2.实验原理

流体运动状态分为层流和湍流。雷诺数 $Re = dv/\nu$ 是判断其状态的基本依据。流态转变时的雷诺数值称为雷诺数。通常,将湍流转变为层流时的雷诺数称为下临界雷诺数 Re_c,其数值为 2 320;而层流转变为湍流时的雷诺数称为上临界雷诺数 Re_c',其值约为 13 800,但比较不固定。

因此,当流体 $Re < Re_c$ 时,其流态一定是层流;当 $Re > Re_c'$ 时,其流态一定是湍流;但当 $Re_c < Re < Re_c'$ 时,流体流态可能是层流,也可能是湍流。但即使是层流,也不稳定,稍有振动即变为湍流,故通常将 Re_c 作为判别流体流态的临界值。对于圆管有压流动,当 $Re < 2$ 320 时为层流,当 Re 在 2 320~10 000 之间时流动状态逐渐转变为湍流。

3.实验装置

实验装置如第 4 章图 4.1 所示。

4.实验步骤

(1) 开启阀门 1,使水箱中液面保持稳定。关闭 8,消除管内气泡。

(2) 稍开启 8,使管内流速很小,维持层流状态。同时开启 4,让颜色水进入管内并成一条细直线,与周围水互不掺混,如图 4.1(a)所示。

(3) 调节 8 使流量逐渐增大,直至有色流束在管内开始波动,呈现波浪状,但不与周围水流相混,如图 4.1(b)所示。

(4) 继续增大流量,有色流束抖动剧烈并向周围扩散,开始与周围水掺混在一起,整个管内水流质点杂乱无章,呈现出湍流状态,如图 4.1(c)所示。

(5) 调节 8 使流量逐渐变小,观察上述步骤(2)~(4)的相反过程。

（6）关闭 4，待管内水流清澈后关闭 8，然后开启一下 4，注入少量有色水使管内水流局部被染色。再缓慢开启 8，让管内为层流流动。从染色水的流动状况观察层流时流速在管道截面上的分布，重复 2～3 次。

（7）开大 8，然后细心缓慢调节至小流量，使有色流束由紊乱、波动变为直线。在直线刚出现时，测定流量并填入表 s3.1 中，重复 2～3 次。

（8）用不同直径的实验管，重复实验步骤（7）。

（9）测记实验管内径和水温，查出水的运动黏性系数值。

5.实验报告要求

（1）根据记录数据，计算 Re_c。

（2）根据平均流速计算 Re_c，计算公式如下：

$$v = \frac{Q}{\frac{1}{4}\pi d^2}, \quad Re = \frac{vd}{\nu} = \frac{4Q}{\pi\nu d}$$

6.实验问题分析

（1）实验中流体做层流运动时，断面流速是否呈抛物面分布？

（2）比较不同管径所得 Re_c 值，理论上它们应否相等？

实 验 报 告

实验名称_____雷诺实验_____ 评　　语_____
班　　级_____ 姓　　名_____
同　组　人_____ 完成日期____年____月____日

1.实验目的

2.实验原理

3.实验装置(简图)

4.实验步骤

5.实验结果与问题分析

表 s3.1　所测数据及计算雷诺数

管道内径	流量变化情况	实验序号	时间/s	体积/cm³	流量/(cm³·s⁻¹)	平均流量/(cm³·s⁻¹)	雷诺数
d_1	由小变大	1					
		2					
		3					
		4					
d_2	由大变小	1					
		2					
		3					
		4					

注:水温＝　　℃　　　　　ν＝　　　　cm²/s

实验四　水头损失实验

1. 实验目的

(1) 观察管路的沿程水头损失和局部水头损失。

(2) 测定管路摩擦阻力系数 λ,确定沿程损失 h_1 与管内流速 v 的关系。

(3) 测定管路上突然扩大(缩小)的局部损失,并确定其局部阻力系数 ξ。

2. 实验装置

实验装置如图 s4.1 所示。

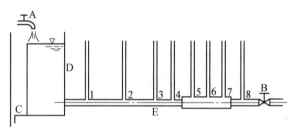

图 s4.1　水头损失实验装置

A,B—阀门;C—溢流孔;D—水箱;E—玻璃实验管;

1~8—测压管

3. 实验原理

由于流体的沿程阻力为 $h_1 = \lambda \dfrac{L v^2}{2dg}$ mmH$_2$O,可知管道的摩擦阻力系数为 $\lambda = \dfrac{2gd}{v^2 L} h_1$。因此,实验中只要测出流体的沿程水头损失,就能得出管道的摩擦阻力系数 λ 以及 h_1 与 v 的关系。

同样,因流体的局部损失为 $h_r = \xi \dfrac{v^2}{2g}$ mmH$_2$O,故管道的局部阻力系数为 $\xi = h_r \dfrac{2g}{v^2}$。由于实验中管路水平安装,且两断面相距较近,其沿程损失可忽略,因此对于局部装置前后测压断面(图 s4.1 中 4 和 6)的伯努利方程为

$$\frac{p_A}{\rho g} + \frac{\alpha_4 v_4^2}{2g} = \frac{p_a}{\rho g} + \frac{\alpha_6 v_6^2}{2g} + h_w$$

因为 $\alpha_4 = \alpha_6 = 1$，所以局部损失为

$$h_r = h_w = \frac{p_4 - p_6}{\rho g} + \frac{v_4^2 - v_6^2}{2g}$$

又因为 $h_r = \xi \dfrac{v_6^2}{2g}$，且 $\dfrac{p_4 - p_6}{\rho g}$ 为测压管 4 和 6 液面的高度差 Δh，则

$$\xi = \frac{2g\Delta h + (v_4^2 - v_6^2)}{v_6^2}$$

显然，Δh 和流速 v 均可测得，故局部装置的阻力系数能方便地求出。

4. 实验步骤

（1）开启 A，保持水箱液面稳定。开启 B，消除管内所有气泡。

（2）调节 B 使流量增大或减小，观察各测压管液面高度的变化和各测压管间液面高度差的变化。

（3）缓慢调节 B，按 6～8 个间隔值使流量由小至大。对各间隔值，测定流量及测压管 1 和 3、4 和 6、6 和 8 液面的高度差，填入表 s4.1 中。

（4）测定实验管各断面内径、测压管 1 和 3 之间的间距和水温，查出水的运动黏度值，填入表 s4.2 中。

5. 实验报告要求

（1）记录计算数据，在图 s4.2 中绘出 h_1 与 v 的关系图，分析其规律。

（2）实验所得局部阻力系数 ξ 值与资料中 ξ 值比较，分析实验误差。

6. 实验问题分析

（1）如何解释测压管 4 的液面常常低于测压管 6 的液面？

（2）突然扩大和突然缩小的局部阻力系数是否相等？为什么？

（3）流态从层流到湍流，摩擦阻力系数 λ 与雷诺数 Re 的关系将如何变化？从实验的数据中能否粗略地看出其规律？

实 验 报 告

实验名称　　水头损失实验　　　　　评　　语　　　　　　　　　　

班　　级　　　　　　　　　　　　　姓　　名　　　　　　　　　　

同 组 人　　　　　　　　　　　　　完成日期　　年　　月　　日

1.实验目的

2.实验原理

3.实验装置(简图)

4.实验步骤

5.实验结果与问题分析

表 s4.1 摩擦阻力系数的计算

实验次序	流 量			摩 擦 阻 力 系 数 λ 的 计 算							
	时间 /s	体积 /cm³	流量 /(cm³·s⁻¹)	水头损失 h_{l1-3} /cm	管内径 /cm	断面积 /cm²	间距 L_{1-3} /cm	运动黏度 /(cm²·s⁻¹)	流速 /(cm·s⁻¹)	雷诺数	摩擦阻力系数
1											
2											
3											
4											
5											
6											
7											
8											
9											
10											
11											
12											
13											
14											
15											

表 s4.2　局部阻力系数的计算

实验次序	突然放大 ξ 计算							突然缩小 ξ 计算						
	液面高度差 Δh_{4-6}/cm	管内径 d_4/cm	流速 v_4/(cm·s^{-1})	管内径 d_6/cm	流速 v_6/(cm·s^{-1})	ξ 值	平均 ξ 值	液面高度差 Δh_{6-8}/cm	管内径 d_6/cm	流速 v_6/(cm·s^{-1})	管内径 d_8/cm	流速 v_8/(cm·s^{-1})	ξ 值	平均 ξ 值
1														
2														
3														
4														
5														
6														
7														
8														
9														
10														
11														
12														
13														
14														
15														

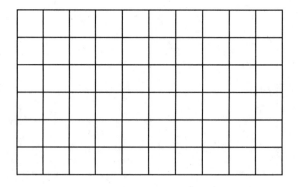

图 s4.2　实验所得 lg h_1 与 lg v 的关系图

实验五　传热实验

1. 实验目的

(1) 掌握传热系数 K、对流换热系数 h 和热导率 λ 的测定方法。

(2) 比较保温管、裸管和水套管的热流量 Φ，并进行讨论。

(3) 掌握热电偶测温方法。

2. 实验原理

根据传热基本方程、牛顿冷却定律以及圆筒壁的热传导方程，已知传热设备的结构尺寸，只要测得热流量 Φ 以及各有关温度，即可算出传热系数 K、对流换热系数 h 和热导率 λ。

(1) 测定汽－水套管的传热系数 K 为

$$K = \frac{\Phi}{A \cdot \Delta T_{\mathrm{m}}} \quad [\mathrm{W/(m^2 \cdot ℃)}]$$

式中　A——传热面积（$\mathrm{m^2}$）；

　　　ΔT_{m}——冷、热流体的平均温差（℃）；

　　　Φ——热流量（W）。

$$\Phi = Q_{\mathrm{m汽}} \times L$$

式中　$Q_{\mathrm{m汽}}$——冷凝液质量流量（$\mathrm{kg/s}$）；

　　　L——冷凝液潜热（$\mathrm{J/kg}$）。

(2) 测定裸管的自然对流换热系数 h 为

$$h = \frac{\Phi}{A(T_{\mathrm{w}} - T_{\mathrm{f}})} \quad [\mathrm{W/(m^2 \cdot ℃)}]$$

式中　T_{w}、T_{f}——分别为壁温和空气温度（℃）。

(3) 测定保温材料的热导率 λ 为

$$\lambda = \frac{\Phi b}{A_{\mathrm{m}}(T_2 - T_1)} \quad [\mathrm{W/(m \cdot ℃)}]$$

式中　T_2、T_1——分别为保温层两侧的温度（℃）；

　　　b——保温层的厚度（m）；

　　　A_{m}——保温层内外壁的平均面积（$\mathrm{m^2}$）。

3. 实验装置及流程

该装置主体设备为"三根管":汽—水套管、裸管和保温管。这"三根管"与锅炉、汽包、高位槽和 UJ—36 电位差计等组成整个测试系统,如图 s5.1 所示。

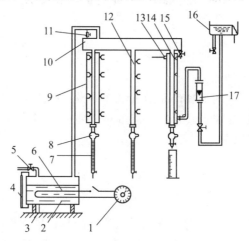

图 s5.1　传热实验装置图

1—调压器;2—锅炉;3—放液阀;4—液面计;5—加水阀;6—电热棒;7—计量管;8—三通;9—保温管;10—汽包;11—放气阀;12—裸管;13—冷却水出口;14—汽—水套管;15—放液阀;16—高位槽;17—流量计;⊂-热电偶埋放位置—热电偶埋放位置

工艺流程如下:将锅炉内产生的水蒸气送入汽包,然后在三根管并联的紫铜管内同时冷凝,冷凝液由计量管或量筒收集,以测冷凝速率。三根紫铜管外情况不同:一根管外用珍珠岩保温;另一根是裸管;还有一根管外是来自高位槽的冷却水,为一套管式换热器。可定性观察到三个设备冷凝速率的差异,并测传热系数 K、对流换热系数 h 和热导率 λ。

各设备结构尺寸如下:

(1) 汽—水套管。内管为 $\phi18$ mm×20 mm 紫铜管;套管为 $\phi33$ mm×3.25 mm 钢管;管长 $L=0.6$ m。

(2) 裸管。传热管为 $\phi19$ mm×1.6 mm 紫铜管;管长 $L=0.67$ m。

(3) 保温管。内管为 $\phi18$ mm×2 mm 紫铜管;外管为 $\phi60$ mm×5 mm 有机玻璃管;管长 $L=0.6$ m。

4. 实验步骤及注意事项

(1) 熟悉设备流程,检查各阀门的开关情况,排放汽包中的冷凝水。

(2) 打开锅炉进水阀,加水至液面计高度的 2/3。

（3）将电热棒接上电源，并将调压器从 0 调至 220 V，待有蒸汽后，再将调压器电压调低（160～180 V）。

（4）打开套管换热器冷却水进口阀，调节冷却水流量为某一值，该值不宜过大，一般为 100～200 L/h。

（5）待过程稳定后，同时测量各设备单位时间的冷凝液量、壁温及水温，填入表 s5.1 中。

（6）重复步骤（5），直至数据重复性较好为止。

（7）实验结束，切断加热电源，关闭冷却水阀及 UJ－36 电位差计。

（8）实验中注意观察锅炉水位，使液面不低于其 1/2 高度。

（9）注意系统不凝气及冷凝水的排放情况。

（10）锅炉水位靠冷凝回水维持，应保持冷凝回水畅通。

5. 实验报告要求

（1）将原始实验数据列成表格。

（2）根据实验结果计算 K、h、λ，与经验数据比较并分析讨论。

6. 实验问题分析

（1）比较三根传热管的传热速率，说明原因。

（2）在测定传热系数 K 时，按现实验流程，用管内冷凝液测定热流量与用管外冷却水测定热流量，哪种方法更准确？为什么？如果改变流程，使蒸汽走管外，冷却水走管内，用哪种方法更准确？

（3）汽包上装有不凝气排放口和冷凝液排放口，注意两口的安装位置特点，并分析其作用。

（4）冷却水流向的改变对 h 是否有影响？

（5）由于室内空气扰动的影响，裸管自然对流换热系数 h 的实测值应比理论值高还是低？

实 验 报 告

实验名称＿＿＿传热实验＿＿＿　　评　　语＿＿＿＿＿＿＿＿＿

班　　级＿＿＿＿＿＿＿＿＿　　姓　　名＿＿＿＿＿＿＿＿＿

同 组 人＿＿＿＿＿＿＿＿＿　　完成日期＿＿＿年＿＿＿月＿＿＿日

1.实验目的

2.实验原理

3.实验装置(简图)

4.实验步骤

5.实验结果与问题分析

表 s5.1　传热系数 K、对流换热系数 h 和热导率 λ 的传热与计算

参数	传热面积 /m²	冷凝水量 /(kg·s⁻¹)	水温/℃	壁温/℃		计算值
				T_1	T_2	
汽一水管 （K）						
裸　管 （h）						
保温管 （λ）						

实验六　填料塔中液相传质系数测定

1. 实验目的

测定填料塔中的液相传质系数(或传质单元高度)及其与液体喷淋密度的关系。

2. 实验原理

根据关于气液两相之间传质的双膜理论,溶解度小的(即难溶)气体的吸收或解吸过程,其传质阻力主要在液相,这时液相总传质系数 K_L 接近于液相传质系数 k_L。因此,应用难溶气体的吸收或解吸过程测定填料塔的液相传质系数 K_L 或液相传质单元高度 H_L 是通常采用的方法。就气体在水中的溶解度而论,H_2、O_2、N_2 及 CO_2 等都属难溶气体。此外,实验证明,对于液相传质,吸收和解吸的传质系数是相同的。为了方便,本实验采用 O_2 从水中解吸的过程,测定填料塔的液相传质系数。具体的就是应用氮气作为载气,在常温、常压下吹出水中的溶解氧,从而测定不同喷淋密度下的液相传质系数。

填料塔中液相传质系数受液体喷淋密度的影响大,而气速则在拦液点以下并无影响。因此,本实验中主要改变水的流量以测定其传质系数。

填料塔的液相体积传质系数 K_{LV} 约与液体喷淋密度的 $0.6 \sim 0.8$ 次方成正比。下面推荐一个综合性的经验公式供参考:

$$\frac{K_{LV}}{D} = B\left(\frac{L}{\mu}\right)^{0.75}(Sc_L)^{0.5} \qquad (1)$$

或

$$H_L = \frac{1}{B}\left(\frac{L}{\mu}\right)^{0.25}(Sc_L)^{0.5} \qquad (2)$$

式中　B——系数;

$Sc_L = \dfrac{\mu}{\rho D}$,施密特数,无因次;

μ——液体的动力黏度(Pa/s);

ρ——液体的密度(kg/m³);

K_{LV}——液体体积传质系数(m³/s);

D——溶解气在液体中的分子扩散系数(m²/s);

L——液体的质量喷淋密度[kg/(m²·s)]。

应该注意的是此式并非特征数式,同时按此式,K_{LV} 与填料尺寸无关,这一经验式适用于拉西环之类的填料。

3. 实验装置

实验装置如图 s6.1 所示,其中所用填料塔是内径 50 mm 的玻璃塔柱,内装 6 mm×6 mm 用压延不锈钢薄片制成的环型填料,或 6 mm×6 mm 的磁拉西环填料,填料层高 0.5 m。

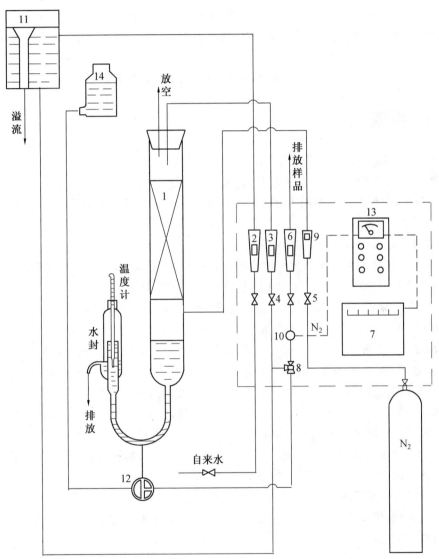

图 s6.1　填料塔中液相传质系数的测定实验装置

1—填料塔;2,3,6,9—转子流量计;4,5—阀门;7—记录仪;8—三通阀;10—电极;

11—高位水槽;12—三通旋塞;13—测氧仪;14—标准水样瓶

实验用的测量仪表都装在仪表柜上,实验水经转子流量计 2 供给高位水槽 11,再经转子流量计 3 通入塔顶,水量用阀门 4 调节,塔底水靠重力排出,并利用水封保持塔底水面恒定。在排出口用温度计测量水温。氮气由钢瓶气供给,用阀门 5 调节流量,经转子流量计 9 通入塔底。塔在常压下操作。

为了测定传质系数,除测定水和氮气的流量外,还必须分析进塔和出塔水的溶解氧浓度。本实验采用极谱法测氧仪,测氧仪由电极 10 和电器线路组成,并用记录仪 7 记录,由于测氧仪每次只能分析一个水样,故用三通阀 8 变换进入测氧仪的水样(塔顶、塔底和饱和水)。水样的流量由接在电极后面的转子流量计 6 计量,测氧仪要求流量保持不变。测氧仪使用时,需用饱和水进行标定,其输出(记录仪的指示值)作为已知给定值。由于测氧仪的输出与水中溶解氧浓度呈线性关系,所以其他水样的溶氧浓度可由记录仪输出按正比关系换算。

氮气中的含氧量按 0 计。塔顶出口气体中含氧量可根据物料计算求得。

4. 实验步骤

(1)熟悉实验装置的流程并了解自始至终的实验方法。

(2)首先制取饱和水,将实验水装瓶,通入空气鼓泡 3~5 min,使至饱和,然后再静置 10 min 左右,即可使用。不同温度下的饱和水中溶解氧浓度可查附录 14(由此可确定操作条件下的平衡关系)。

(3)打开记录仪,用饱和水标定测氧仪。

(4)打开自来水龙头向高水位槽给水,当高位水槽有溢流以后,即可向塔顶通水,用阀门 4 调节流量,注意供给高位水槽的水量略多于所需水量。

(5)旋开阀门 5 向塔内通氮气,氮气流量在整个实验中保持恒定,控制在指定刻度上。水量从 10~60 L/h 改变 6 次。一般从小流量向大流量变化为宜。将数据记录于表 s6.1 中。

(6)在高位水槽有水以后,就可以通过三通阀 8 向测氧仪供塔顶水样。在操作过程中,水样分析可有两种方法,一种是先分析塔顶,然后分析塔底水,每改变一次水的流量,就通过记录仪观察塔底水中的溶解氧浓度趋于稳定的过程。这样做就认为塔顶水中的溶解氧是恒定的。另一种方法是,每改变一次水流量,分析一次塔顶,然后再分析塔底水。在塔顶水样变化时这种方法是可取的。

实验中的数据要记录于表 s6.1 中,包括进塔水流量、水温,氮气流量和进塔、出塔水中的溶解氧浓度以及空气饱和水的温度和浓度。

(7)实验结束后,停水、气,并停测氧仪和记录仪。

注意,测氧仪零点、灵敏度是事先调整好的,其旋钮都不要变动。实验时电极电压应始终保持给定的值。

5. 实验报告要求

要求实验报告中列出一组数据的计算过程和结果,并将 K_{LV} 和 H_L 与对应的喷淋密度 L 值标绘在双对数坐标纸上,考察 K_{LV} 或 H_L 与 L 的关系。

6.实验问题分析

(1) 简要说明饱和水在实验中的作用。

(2) 绘图表示平衡线和操作线之间的关系。并说明不同喷淋密度下的操作线有何变化？

实 验 报 告

实验名称　填料塔中液相传质系数测定　评　　语＿＿＿＿＿＿＿＿＿

班　　级＿＿＿＿＿＿＿＿＿＿＿＿　姓　　名＿＿＿＿＿＿＿＿＿

同　组　人＿＿＿＿＿＿＿＿＿＿＿　完成日期＿＿＿年＿＿月＿＿日

1.实验目的

2.实验原理

3.实验装置(简图)

4.实验步骤

5.实验结果与问题分析

表 s6.1　填料塔中液相传质系数实验数据

填料塔直径：　　　mm;填料层高：　　　m;填料尺寸：
饱和水样温度：　　　℃;室温：　　　℃;
实验水密度：　　　kg/m³;黏度：　　　Pa/s
饱和水溶解氧的体积分数：　　　;记录仪指示：　　　mV;

序号	喷淋量 L / L·h⁻¹ kg·m⁻²·h⁻¹	载气量 G / kmol·m⁻²·h⁻¹	操作温度 / ℃	塔底水含氧量 x_2 体积分数 mL	塔底水含氧量 x_2 摩尔分数	塔顶水含氧量 x_1 体积分数 mL	塔顶水含氧量 x_1 摩尔分数	塔顶常压气体中氧含量与平衡液相平衡常数 y_1	与 y_1 平衡液相黏度平衡常数 摩尔分数	x_1-x_2	Δx_1	Δx_2	$\ln\dfrac{\Delta x_1}{\Delta x_2}$	传质单元数 $N_{\mathrm{OL}}=\dfrac{x_1-x_2}{\Delta xm}$	传质系数 K_{L} / kmol·m⁻²·h⁻¹	溶液总物的质量 / kmol·m⁻²	液相传质系数 K_{LV} / L/h
1																	
2																	
3																	
4																	
5																	
6																	
7																	

附　　录

附录 1　几种常见物质在标准大气压下的物理性质

液体种类	温度 T /℃	密度 $\rho/(\text{kg} \cdot \text{m}^{-3})$	相对密度 d	黏度 μ /$(\times 10^4 \text{Pa} \cdot \text{s})$	饱和蒸气压 p_v/kPa	体积模量 $K/(\times 10^{-6} \text{Pa})$
水蒸气	20	0.747	—	0.101	—	—
四氯化碳	20	1 588	1.59	9.7	12.1	1 100
原　油	20	856	0.86	72	—	—
汽　油	20	678	0.68	2.9	55	—
甘　油	20	1 258	1.26	14 900	0.000 014	4 350
空　气	20	1.205	—	0.18	—	—
二氧化碳	20	1.84	—	0.148	—	—
一氧化碳	20	1.16	—	0.182	—	—
水　银	20	13 550	13.56	15.6	0.000 17	26 200
水	20	998	0.998	10.1	2.34	2 070
熔化生铁	20	7 000	7.01	—	—	—

附录 2　几种对称平面图形的 A、y_C、J_C 之值

几何图形名称	图形形状及有关尺寸	面积 A	形心坐标 y_C	面积二次矩 J_C
矩形		bh	$\dfrac{1}{2}h$	$\dfrac{1}{12}bh^3$
三角形		$\dfrac{1}{2}bh$	$\dfrac{2}{3}h$	$\dfrac{1}{36}bh^3$
梯形		$\dfrac{1}{2}h(a+b)$	$\dfrac{1}{3}h\dfrac{a+2b}{a+b}$	$\dfrac{h^3}{36}\dfrac{a^2+4ab+b^2}{a+b}$
圆形		πr^2	r	$\dfrac{\pi}{4}r^4$
半圆形		$\dfrac{\pi}{2}r^2$	$\dfrac{4r}{3\pi}$	$\dfrac{(9\pi^2-64)}{72\pi}r^4$

附录 3 金属材料的密度、质量定压热容和热导率

材料名称	密度 ρ/(kg·m⁻³)	质量定压热容 c_p/(J·kg⁻¹·℃⁻¹)	20	−100	0	100	200	300	400	600	800	1 000	1 200
纯铝	2 710	902	236	243	236	240	238	234	223	215			
杜拉铝(96Al−4Cu,微量 Mg)	2 790	881	169	124	160	188	188	193					
铝合金(92Al−8Mg)	2 610	904	107	86	102	123	148						
铝合金(87Al−13Si)	2 660	871	162	139	158	173	176	180					
铍	1 850	1758	219	382	213	170	145	129	118				
纯铜	8 930	386	398	421	401	393	389	384	379	366	352		
铝青铜(90Cu−10Al)	8 360	420	56		49	57	66						
青铜(89Cu−11Sn)	8 800	343	24.8		24	28.4	33.2						
黄铜(70Cu−30Zn)	8 440	377	109	90	106	131	143	145	148				
铜合金(60Cu−40Ni)	8 920	410	22.2	19	22.2	23.4							
黄金	19 300	127	315	331	318	313	310	305	300	287			
纯铁	7 870	455	81.1	96.7	83.5	72.1	63.5	56.5	50.3	39.4	29.6	29.4	31.6
灰铸铁($w_C \approx 3\%$)	7 570	470	39.2		28.5	32.4	35.8	37.2	36.6	20.8	19.2		
碳钢($w_C \approx 0.5\%$)	7 840	465	49.8		50.5	47.5	44.8	42.0	39.4	34.0	29.0		
碳钢($w_C \approx 1.5\%$)	7 750	470	36.7		36.8	36.6	36.2	35.7	34.7	31.7	27.8		
铬钢($w_{Cr} \approx 5\%$)	7 830	460	36.1		36.3	35.2	34.7	33.5	31.4	23.0	27.2	27.2	27.2
铬钢($w_{Cr} \approx 13\%$)	7 740	460	26.8		26.5	27.0	27.0	27.0	27.6	28.4	29.0	29.0	
铬钢($w_{Cr} \approx 17\%$)	7 710	460	22		22	22.2	22.6	22.6	23.3	24.0	24.8	25.5	
铬钢($w_{Cr} \approx 26\%$)	7 650	460	22.6		22.6	23.8	25.5	27.2	28.5	31.8	35.1	38	
铬镍钢(17~19Cr/9~13Ni)	7 830	460	14.7	11.8	14.3	16.1	17.5	18.8	20.2	22.8	25.5	28.2	30.9
镍钢($w_{Ni} \approx 1\%$)	7 900	460	45.5	40.8	45.2	46.8	46.1	44.1	41.2	35.7			
镍钢($w_{Ni} \approx 3.5\%$)	7 910	460	36.5	30.7	36.0	38.8	39.7	39.2	37.8				
镍钢($w_{Ni} \approx 25\%$)	8 030	460	13.0										
镍钢($w_{Ni} \approx 35\%$)	8 110	460	13.8	10.9	13.4	15.4	17.1	18.6	20.1	23.1			
镍钢($w_{Ni} \approx 50\%$)	8 260	460	19.6	17.3	19.4	20.5	21.0	21.1	21.3	22.5			
锰钢(12~13Mn/3Ni)	7 800	487	13.6			14.8	16.0	17.1	18.3				
锰钢($w_{Mn} \approx 0.4\%$)	7 860	440	51.2			51.0	50.0	47.0	43.5	35.5	27		
钨钢($w_W \approx 5\%\sim6\%$)	8 070	436	18.7		18.4	19.7	21.0	22.3	23.6	24.9	26.3		
铅	11 340	123	35.3	37.2	35.5	34.3	32.8	31.5					
镁	1 730	1020	156	160	157	154	152	150					
钼	9 590	255	133	146	139	135	131	127	123	116	100	103	93.7
镍	8 900	444	91.4	144	94	82.8	74.2	67.3	64.6	69.0	73.3	77.6	81.9
铂	21 450	133	71.4	73.3	71.5	71.6	72.0	72.8	73.6	76.6	80.0	84.2	88.9
银	10 500	234	427	431	428	422	415	407	399	384			
锡	7 310	228	67	75	68.2	63.2	60.9						
钛	4 500	520	22	23.3	22.4	20.7	19.9	19.5	19.4	19.9			
铀	19 070	116	27.4	24.3	27	29.1	31.1	33.4	35.7	40.6	45.6		
锌	7 140	388	121	123	122	117	112						
锆	6 570	276	22.9	26.5	23.2	21.8	21.2	29.9	21.4	22.3	24.5	26.4	28.0
钨	19 350	134	179	204	182	166	153	142	134	125	119	114	110

附录4　几种保温、耐火材料的热导率与温度的关系

材料名称	材料最高允许温度 $T/℃$	密　　度 $\rho/(kg \cdot m^{-3})$	热导率 $\lambda/(W \cdot m^{-1} \cdot ℃^{-1})$
超细玻璃棉毡、管	400	18～20	$0.033+0.000\,23T$[①]
矿渣棉	550～600	350	$0.067\,4+0.000\,215T$
水泥蛭石制品	800	420～450	$0.103+0.000\,198T$
水泥珍珠岩制品	600	300～400	$0.065+0.000\,105T$
粉煤灰泡沫砖	300	500	$0.099+0.000\,2T$
水泥泡沫砖	250	450	$0.1+0.000\,2T$
A级硅藻土制品	900	500	$0.039\,5+0.000\,19T$
B级硅藻土制品	900	550	$0.047\,7+0.000\,2T$
膨胀珍珠岩	1\,000	55	$0.042\,4+0.000\,137T$
微孔硅酸钙制品	650	≤250	$0.041+0.000\,2T$
耐火黏土砖	1\,350～1\,450	1\,800～2\,040	$(0.7～0.84)+0.000\,58T$
轻质耐火黏土砖	1\,250～1\,300	800～1\,300	$(0.29～0.41)+0.000\,26T$
超轻质耐火黏土砖1	1150～1300	240～610	$0.093+0.000\,16T$
超轻质耐火黏土砖2	1\,100	270～330	$0.058+0.000\,17T$
硅砖	1\,700	1\,900～1\,950	$0.93+0.000\,7T$
镁砖	1\,600～1\,700	2\,300～2\,600	$2.1+0.000\,19T$
铬砖	1\,600～1\,700	2\,600～2\,800	$4.7+0.000\,17T$

①T表示材料的平均摄氏温度

附录5 无限长圆柱与球的非稳态导热线算图

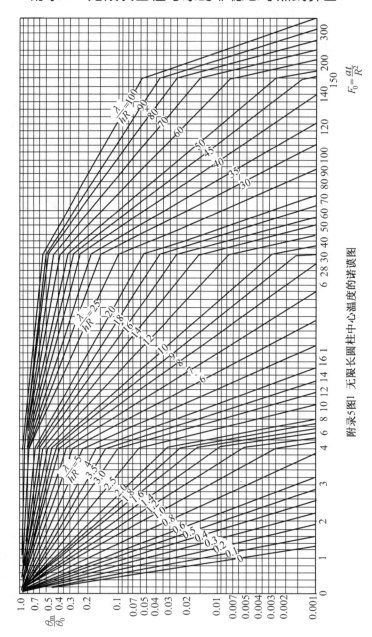

附录5图1 无限长圆柱中心温度的诺谟图

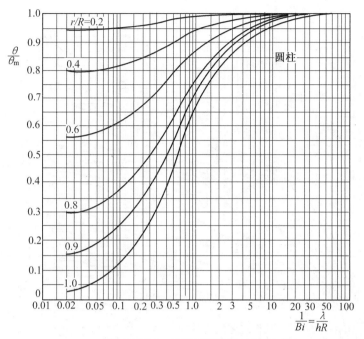

附录 5 图 2　无限长圆柱的 $\theta/\theta_{\mathrm{m}}$ 曲线

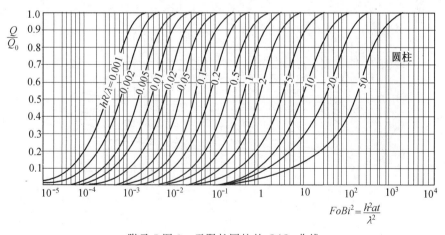

附录 5 图 3　无限长圆柱的 Q/Q_0 曲线

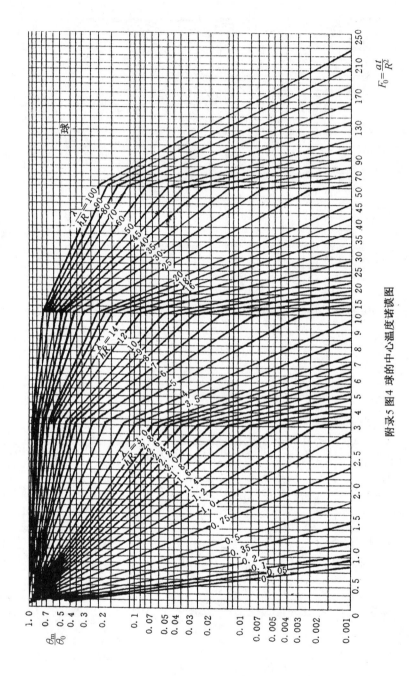

附录5 图4 球的中心温度诺谟图

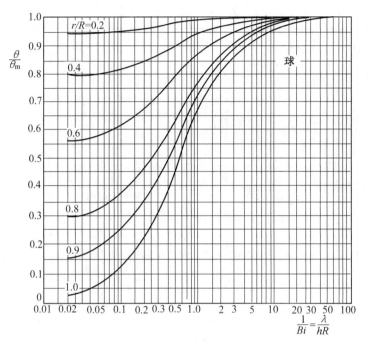

附录 5 图 5　球的 $\dfrac{\theta}{\theta_{\mathrm{m}}}$ 曲线

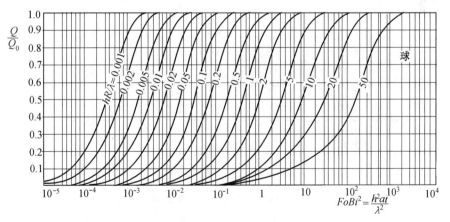

附录 5 图 6　球的 $\dfrac{Q}{Q_0}$ 曲线

附录 6　高斯误差函数表

$$\text{erf}(x) = \frac{2}{\sqrt{\pi}} \int_0^x e^{-\eta^2} \, d\eta$$

x	$\text{erf}(x)$	x	$\text{erf}(x)$	x	$\text{erf}(x)$	x	$\text{erf}(x)$	x	$\text{erf}(x)$
0.0	0.000 00	0.38	0.409 01	0.76	0.717 54	1.28	0.929 73	2.10	0.997 02
0.02	0.022 56	0.40	0.428 39	0.78	0.730 01	1.32	0.938 06	2.20	0.998 14
0.04	0.045 11	0.42	0.447 49	0.80	0.742 10	1.36	0.945 56	2.30	0.998 86
0.06	0.067 62	0.44	0.466 22	0.82	0.753 81	1.40	0.952 28	2.40	0.999 31
0.08	0.090 08	0.46	0.484 66	0.84	0.765 14	1.44	0.958 30	2.50	0.999 59
0.10	0.112 46	0.48	0.502 75	0.86	0.776 10	1.48	0.963 65	2.60	0.999 76
0.12	0.134 76	0.50	0.520 50	0.88	0.786 69	1.52	0.968 41	2.70	0.999 87
0.14	0.156 95	0.52	0.537 90	0.90	0.796 91	1.56	0.972 63	2.80	0.999 93
0.16	0.179 01	0.54	0.554 94	0.92	0.806 77	1.60	0.976 35	2.90	0.999 96
0.18	0.200 94	0.56	0.571 62	0.94	0.816 27	1.64	0.979 62	3.00	0.999 98
0.20	0.222 70	0.58	0.587 92	0.96	0.825 42	1.68	0.982 49	3.20	0.999 99
0.22	0.244 30	0.60	0.603 86	0.98	0.834 23	1.72	0.985 00	3.40	1.000 00
0.24	0.265 70	0.62	0.619 41	1.00	0.842 70	1.76	0.987 19	3.60	1.000 00
0.26	0.286 90	0.64	0.634 59	1.04	0.858 65	1.80	0.989 09		
0.28	0.307 88	0.66	0.649 38	1.08	0.873 33	1.84	0.990 74		
0.30	0.328 63	0.68	0.662 78	1.12	0.880 79	1.88	0.992 16		
0.32	0.349 13	0.70	0.677 80	1.16	0.899 10	1.92	0.993 38		
0.34	0.369 36	0.72	0.691 43	1.20	0.910 31	1.96	0.994 43		
0.36	0.389 33	0.74	0.704 68	1.24	0.920 50	2.00	0.995 32		

附录 7　干空气的热物理性质

（$p=760$ mmHg$=1.013\,25\times10^5$ Pa）

$T/℃$	ρ /(kg·m⁻³)	c_p /(kJ·kg⁻¹·℃⁻¹)	$\lambda/(\times10^2$ W·m⁻¹·℃⁻¹)	$a/(\times10^6$ m²·s⁻¹)	$\mu/(\times10^6$ Pa·s)	$\nu/(\times10^6$ m²·s⁻¹)	Pr
−50	1.584	1.013	2.04	12.7	14.6	9.23	0.728
−40	1.515	1.013	2.12	13.8	15.2	10.04	0.728
−30	1.453	1.013	2.20	14.9	15.7	10.80	0.723
−20	1.395	1.009	2.23	16.2	16.2	11.61	0.716
−10	1.342	1.009	2.36	17.4	16.7	12.43	0.712
0	1.293	1.005	2.44	18.8	17.2	13.28	0.707
10	1.247	1.005	2.51	20.0	17.6	14.16	0.705
20	1.205	1.005	2.59	21.4	18.1	15.06	0.703
30	1.165	1.005	2.67	22.9	18.6	16.00	0.701
40	1.128	1.005	2.76	24.3	19.1	16.96	0.699
50	1.093	1.005	2.83	25.7	19.6	17.95	0.698
60	1.060	1.005	2.90	27.2	20.1	18.97	0.696
70	1.029	1.009	2.96	28.6	20.6	20.02	0.694
80	1.000	1.009	3.05	30.2	21.1	21.09	0.692
90	0.972	1.009	3.13	31.9	21.5	22.10	0.690
100	0.946	1.009	3.21	33.6	21.9	23.13	0.688
120	0.898	1.009	3.34	36.8	22.8	25.45	0.686
140	0.854	1.013	3.49	40.3	23.7	27.30	0.684
160	0.815	1.017	3.64	43.9	24.5	30.09	0.682
180	0.779	1.022	3.78	47.5	25.3	32.49	0.681
200	0.746	1.026	3.93	51.4	26.0	34.85	0.680
250	0.674	1.038	4.27	61.0	27.4	40.61	0.677
300	0.615	1.047	4.60	71.6	29.7	48.33	0.674
350	0.566	1.059	4.91	81.9	31.4	55.46	0.676
400	0.524	1.068	5.21	93.1	33.0	63.09	0.678
500	0.456	1.093	5.74	115.3	36.2	79.38	0.687
600	0.404	1.114	6.22	138.3	39.1	96.89	0.699
700	0.362	1.135	6.71	163.4	41.8	115.4	0.706
800	0.329	1.156	7.18	188.8	43.3	134.8	0.713
900	0.301	1.172	7.63	216.2	46.7	155.1	0.717
1 000	0.277	1.185	8.07	245.9	49.0	177.1	0.719
1 100	0.257	1.197	8.50	276.2	51.2	199.3	0.722
1 200	0.239	1.210	9.15	316.5	53.5	233.7	0.724

附录8　某些常用材料的黑度

材　　料	温度/℃	ε	材　　料	温度/℃	ε
铝			红　　砖	20	0.88~0.93
铝（工业用铝板）	100	0.09	耐火黏土砖	1 000	0.75
铝（严重氧化）	100~550	0.2~0.33	硅　　砖	1 000	0.8~0.85
钢			普通耐火砖	1 100	0.59
钢（表面抛光）	150~500	0.14~0.32	混　凝　土	40	0.94
钢（表面粗糙）	40~370	0.94	石　棉　板	40	0.96
钼			碳	100	0.81
钼（表面抛光）	550~1 100	0.11~0.18	碳　　黑	20~400	0.95~0.97
钼（钼　　丝）	550~1 800	0.08~0.29	固体表面涂炭黑	50~1 000	0.96
钼（光亮镍铬丝）	50~1 000	0.65~0.79	水（厚度大于0.1 mm）	40	0.96
不锈钢（经重复	230~130	0.5~0.7	盐浴表面	1 200~1 300	0.89
加热和冷却后）				800~900	0.81
紫铜（表面氧化）	40	0.76		500~600	0.74
紫铜（表面抛光）	200	0.21			
紫铜（表面生锈）	40~250	0.95			

附录9　炉墙外表面对车间的综合换热系数 $h_\Sigma [\mathrm{W}/(\mathrm{m}^2 \cdot ℃)]$（车间温度 20 ℃）

炉墙外表面温度/℃	侧　墙		水　平　面			
			炉　顶		架空炉底	
	钢板或涂灰漆表面	铝板或涂铝粉漆表面	钢板或涂灰漆表面	铝板或涂铝粉漆表面	钢板或涂灰漆表面	铝板或涂铝粉漆表面
30	9.48	7.26	10.72	8.51	7.82	5.61
35	10.09	7.82	11.47	9.20	8.26	5.99
40	10.59	8.27	12.07	9.75	8.63	6.30
45	11.04	8.65	12.60	10.21	8.96	6.57
50	11.44	8.99	13.08	10.63	9.26	6.81
55	11.81	9.30	13.52	11.00	9.55	7.04
60	12.17	9.59	13.93	11.35	9.83	7.25
65	12.50	9.86	14.32	11.68	10.09	7.45
70	12.83	10.12	14.69	11.98	10.35	7.65
75	13.14	10.37	15.05	12.27	10.61	7.84
80	13.45	10.61	15.40	12.55	10.86	8.02
85	13.75	10.84	15.74	12.82	11.11	8.02
90	14.04	11.06	16.07	13.08	11.35	8.37
95	14.34	11.28	16.40	13.34	11.60	8.54
100	14.62	11.49	16.72	13.59	11.84	8.71
105	14.91	11.70	17.04	13.83	12.09	8.88
110	15.20	11.91	17.35	14.07	12.33	9.05
115	15.48	12.11	17.66	14.30	12.58	9.21
120	15.76	12.32	17.97	14.53	12.82	9.38
125	16.04	12.52	18.28	14.76	13.07	9.54
130	16.33	12.71	18.59	14.98	13.31	9.70

附录 10　二元体系的质量扩散系数

附录 10 表 1　气体中的二元质量扩散系数

体　系	T/K	$D_{AB}p/(cm^2 \cdot Pa \cdot s^{-1})$	体　系	T/K	$D_{AB}p/(cm^2 \cdot Pa \cdot s^{-1})$
空气			氮	298	1.601
氨	273	2.006	氧化氮	298	1.185
苯胺	298	0.735	丙烷	298	0.874
苯	298	0.974	水	298	1.661
溴	293	0.923	一氧化碳		
二氧化碳	273	1.378	乙烯	273	1.530
二硫化碳	273	0.894	氢	273	6.595
氯	273	1.256	氮	288	1.945
联（二）苯	491	1.621	氧	273	1.874
醋酸乙酯	273	0.718	氦		
乙醇	298	1.337	氩	273	6.493
乙醚	293	0.908	苯	298	3.890
碘	298	0.845	乙醇	298	5.004
甲醇	298	1.641	氢	293	16.613
汞	614	4.791	氖	293	12.460
萘	298	0.619	水	298	9.198
硝基苯	298	0.879	氢		
正辛烷	298	0.610	氨	293	8.600
氧	273	1.773	氩	293	7.800
醋酸丙醇	315	0.932	苯	273	3.211
二氧化硫	273	1.236	乙烷	273	4.447
甲苯	298	0.855	甲烷	273	6.331
水	298	2.634	氧	273	7.061
氨			水	293	8.611
乙烯	293	1.793	氮		
氖	293	3.333	氨	293	2.441
二氧化碳			乙烯	298	1.651
苯	318	0.724	氢	288	7.527
二硫化碳	318	0.724	碘	273	0.709
醋酸乙酯	319	0.675	氧	273	1.834
乙醇	273	0.702	氧		
乙醚	273	0.548	氨	293	2.563
氢	273	5.572	苯	296	0.951
甲烷	273	1.550	乙烯	293	1.844
甲醇	298.6	1.064			

附录 10 表 2　固体中的二元扩散系数

溶　质	固　体	温度/K	扩散系数/(cm²·s⁻¹)
氦	派热克斯玻璃	293	4.49×10^{-11}
氦	派热克斯玻璃	773	2.00×10^{-8}
氢	镍	358	1.16×10^{-8}
氢	铁	293	2.59×10^{-9}
铋	铅	293	1.10×10^{-16}
汞	铝	293	2.50×10^{-15}
锑	银	293	3.51×10^{-21}
铝	铜	293	1.30×10^{-30}
镉	铜	293	2.71×10^{-15}

附录11 在大气压下烟气的热物理性质

（烟气中组成成分：$\varphi_{CO_2}=0.13$；$\varphi_{H_2O}=0.11$；$\varphi_{N_2}=0.76$）

$T/℃$	$\rho/(kg \cdot m^{-3})$	$c_p/(kJ \cdot kg^{-1} \cdot ℃^{-1})$	$\lambda/(\times 10^2 W \cdot m^{-1} \cdot ℃^{-1})$	$a/(\times 10^6 m^2 \cdot s^{-1})$	$\mu/(\times 10^5 Pa \cdot s)$	$\nu/(\times 10^6 m^2 \cdot s^{-1})$	Pr
0	1.295	1.042	2.28	16.9	15.8	12.20	0.72
100	0.950	1.068	3.13	30.8	20.4	21.54	0.69
200	0.748	1.097	4.01	48.9	24.5	32.80	0.67
300	0.617	1.122	4.84	69.9	28.2	45.81	0.65
400	0.525	1.151	5.70	94.3	31.7	60.38	0.64
500	0.457	1.185	6.56	121.1	34.8	76.30	0.63
600	0.405	1.214	7.42	150.9	37.9	93.61	0.62
700	0.363	1.239	8.27	183.8	40.7	112.1	0.61
800	0.330	1.264	9.15	219.7	43.4	131.8	0.60
900	0.301	1.290	10.00	258.0	45.9	152.5	0.59
1 000	0.275	1.306	10.90	303.4	48.4	174.3	0.58
1 100	0.257	1.323	11.75	345.5	50.7	197.1	0.57
1 200	0.240	1.340	12.62	392.4	53.0	221.0	0.56

附录 12　液态金属的热物理性质

金属名称	$T/℃$	ρ /(kg· m^{-3})	λ/(W· m^{-1}·℃$^{-1}$)	c_p/(kJ· kg^{-1}·℃$^{-1}$)	a/(×10^6 m^2·s^{-1})	ν/(×10^8 m^2·s^{-1})	Pr/×10^2
水　银 熔点－38.9 ℃ 沸点 357 ℃	20	13 550	7.90	0.139 0	4.36	11.4	2.72
	100	13 350	8.95	0.137 3	4.89	9.4	1.92
	150	13 230	9.65	0.137 3	5.30	8.6	1.62
	200	13 120	10.3	0.137 3	5.72	8.0	1.40
	300	12 880	11.7	0.137 3	6.64	7.1	1.07
锡 熔点 231.9 ℃ 沸点 2 270 ℃	250	6 980	34.1	0.255	19.2	27.0	1.41
	300	6 940	33.7	0.255	19.0	24.0	1.26
	400	6 860	33.1	0.255	18.9	20.0	1.06
	500	6 790	32.6	0.255	18.8	17.3	0.92
铋 熔点 271 ℃ 沸点 1 477 ℃	300	10 030	13.0	0.151	8.61	17.1	1.98
	400	9 910	14.4	0.151	9.72	14.2	1.46
	500	9 785	15.8	0.151	10.8	12.2	1.13
	600	9 660	17.2	0.151	11.9	10.8	0.91
锂 熔点 179 ℃ 沸点 1 317 ℃	200	515	37.2	4.187	17.2	111.0	6.43
	300	505	39.0	4.187	18.3	92.7	5.03
	400	495	41.9	4.187	20.3	81.7	4.04
	500	484	45.3	4.187	22.3	73.4	3.28
铋铅(w_{Bi}=56.5%) 熔点 123.5 ℃ 沸点 1 670 ℃	150	10 550	9.8	0.146	6.39	28.9	4.50
	200	10 490	10.3	0.146	6.67	24.3	3.64
	300	10 360	11.4	0.146	7.50	18.7	2.50
	400	10 240	12.6	0.146	8.33	15.7	1.87
	500	10 120	14.0		9.44	13.6	1.44
钠钾(w_{Na}=25%) 熔点－11 ℃ 沸点 784 ℃	100	851	23.2	1.143	23.9	60.7	2.51
	200	828	24.5	1.072	27.6	45.2	1.64
	300	808	25.8	1.038	31.0	36.6	1.18
	400	778	27.1	1.005	34.7	30.8	0.89
	500	753	28.4	0.967	39.0	26.7	0.69
	600	729	29.6	0.934	43.6	23.7	0.54
	700	704	30.9	0.900	48.8	21.4	0.44
钠 熔点 97.8 ℃ 沸点 883 ℃	150	916	84.9	1.356	68.3	59.4	0.87
	200	903	81.4	1.327	67.8	50.6	0.75
	300	878	70.9	1.281	63.0	39.4	0.63
	400	854	63.9	1.273	58.9	33.0	0.56
	500	829	57.0	1.273	54.2	28.9	0.53
钾 熔点 64 ℃ 沸点 760 ℃	100	819	46.6	0.805	70.7	55	0.78
	250	783	44.8	0.783	73.1	38.5	0.53
	400	747	39.4	0.769	68.6	29.6	0.43
	750	678	28.4	0.775	54.2	20.2	0.37

附录 13　饱和水的热物理性质

$T/℃$	p /($\times 10^{-5}$Pa)	ρ /(kg·m^{-3})	h /(kJ·kg^{-1})	c_p/(kJ·kg^{-1}·℃$^{-1}$)	λ/($\times 10^2$ W·m^{-1}·℃$^{-1}$)	a/($\times 10^8$ m^2·s^{-1})	μ/($\times 10^6$ Pa·s)	ν/($\times 10^6$ m^2·s^{-1})	α_v/($\times 10$ K^{-1})	σ /(N·m^{-1})	Pr
0	0.006 11	999.9	0	4.212	55.1	13.1	1788	1.789	−0.81	756.4	13.67
10	0.012 27	999.7	42.04	4.191	57.4	13.7	1306	1.305	+0.87	741.6	9.52
20	0.023 38	998.2	83.91	4.183	59.9	14.3	1004	1.006	2.09	726.9	7.02
30	0.042 41	995.7	125.7	4.174	61.8	14.9	801.5	0.805	3.05	712.2	5.42
40	0.073 75	992.2	167.5	4.174	63.5	15.3	653.3	0.659	3.87	696.5	4.31
50	0.123 35	988.1	209.3	4.174	64.8	15.7	549.4	0.556	4.49	676.9	3.54
60	0.199 2	983.1	257.3	4.179	65.9	16.0	469.1	0.478	5.11	662.2	2.99
70	0.311 6	977.8	293.0	4.187	66.8	16.3	406.1	0.415	5.70	643.5	2.55
80	0.473 6	971.8	355.0	4.195	67.4	16.6	355.1	0.365	6.32	625.9	2.21
90	0.701 1	965.3	377.0	4.208	68.0	16.8	314.9	0.326	6.95	607.2	1.95
100	1.013	958.4	419.1	4.220	68.3	16.9	282.5	0.295	7.52	588.6	1.75
110	1.43	951.0	461.4	4.233	68.5	17.0	259.0	0.272	8.08	569.0	1.60
120	1.98	943.1	503.7	4.250	68.6	17.1	237.4	0.252	8.61	548.4	1.47
130	2.70	934.8	546.4	4.266	68.6	17.2	217.8	0.233	9.19	528.8	1.36
140	3.61	926.1	589.1	4.287	68.5	17.2	201.1	0.217	9.72	507.2	1.26
150	4.76	917.0	632.2	4.313	68.4	17.3	186.4	0.203	10.3	486.6	1.17
160	6.18	907.0	675.4	4.346	68.3	17.3	173.6	0.191	10.7	466.0	1.10
170	7.92	897.3	719.3	4.380	67.9	17.2	162.3	0.181	11.3	443.4	1.05
180	10.03	886.9	763.3	4.417	67.4	17.2	153.0	0.173	11.9	422.8	1.00
190	12.55	876.0	807.8	4.459	67.0	17.1	144.2	0.165	12.6	400.2	0.96
200	15.55	863.0	852.8	4.505	66.3	17.0	136.4	0.158	13.3	376.7	0.93
210	19.08	852.3	897.7	4.555	65.5	16.9	130.5	0.153	14.1	354.1	0.91
220	23.20	840.3	943.7	4.614	64.5	16.6	124.6	0.148	14.8	331.6	0.89
230	27.98	827.3	990.2	4.681	63.7	16.4	119.7	0.145	15.9	310.0	0.88
240	33.48	813.6	1 037.5	4.756	62.8	16.2	114.8	0.141	16.8	285.5	0.87
250	39.78	799.0	1 085.7	4.844	61.8	15.9	109.9	0.137	18.1	261.9	0.86
260	46.94	784.0	1 135.7	4.949	60.5	15.6	105.9	0.135	19.7	237.4	0.87
270	55.05	767.9	1 185.7	5.070	59.0	15.1	102.0	0.133	21.6	214.8	0.88
280	64.19	750.7	1 236.8	5.230	57.4	14.6	98.1	0.131	23.7	191.3	0.90
290	74.45	732.3	1 290.0	5.485	55.8	13.9	94.2	0.126	26.2	168.7	0.93
300	85.92	712.5	1 344.9	5.736	54.0	13.2	91.2	0.129	29.2	144.2	0.97
310	98.70	619.1	1 402.2	6.071	52.3	12.5	88.3	0.128	32.9	120.7	1.03
320	112.90	667.1	1 462.1	6.574	50.6	11.5	85.3	0.128	38.2	98.10	1.11
330	128.65	640.2	1 526.2	7.244	48.4	10.4	81.4	0.127	43.3	76.71	1.22
340	146.08	610.1	1 594.8	8.165	45.7	9.17	77.5	0.127	53.4	56.70	1.39
350	165.37	574.4	1 671.4	9.504	43.0	7.88	72.6	0.126	66.8	38.16	1.60
360	186.74	528.0	1 761.5	13.984	39.5	5.36	66.7	0.126	109	20.21	2.35
370	210.58	450.5	1 892.5	40.321	33.7	1.86	56.9	0.126	164	4.709	6.79

附录14　各种温度下饱和水中溶解氧浓度

温度/℃	溶解氧/(mg·L⁻¹)	温度/℃	溶解氧/(mg·L⁻¹)
0	14.64	18	9.46
1	14.22	19	9.27
2	13.82	20	9.08
3	13.44	21	8.90
4	13.09	22	8.73
5	12.74	23	8.57
6	12.42	24	8.41
7	12.11	25	8.25
8	11.81	26	8.11
9	11.53	27	7.96
10	11.26	28	7.82
11	11.01	29	7.69
12	10.77	30	7.56
13	10.53	31	7.43
14	10.30	32	7.30
15	10.08	33	7.18
16	9.86	34	7.07
17	9.66	35	6.95

参 考 文 献

[1] 周亨达.工程流体力学[M].北京:冶金工业出版社,1988.

[2] 高殿荣,吴晓明.工程流体力学[M].北京:机械工业出版社,1999.

[3] 吴树森.材料加工冶金传输原理[M].2版.北京:机械工业出版社,2019.

[4] 程啸凡.工程流体力学[M].北京:冶金工业出版社,1986.

[5] 吉泽升,张雪龙,武云启.热处理炉[M].哈尔滨:哈尔滨工程大学出版社,1999.

[6] 王补宣.工程传热传质学(上册)[M].北京:科学出版社,1982.

[7] 帕坦卡 S V.传热和流体流动的数值方法[M].郭宽良,译.合肥:安徽科学技术出
版社,1984.

[8] 陶文铨.数值传热学[M].西安:西安交通大学出版社,1988.

[9] 章熙民,任泽霖,梅飞鸣.传热学[M].新一版.北京:中国建筑工业出版社,1993.

[10] 孔珑.工程流体力学[M].北京:水利电力出版社,1979.

[11] 顾毓珍.湍流传热导论[M].上海:上海科学技术出版社,1964.

[12] 王丰.相似理论及其在传热学中的应用[M].北京:高等教育出版社,1990.

[13] 斯帕罗 E M,塞斯 R D.辐射传热[M].顾传保,张学学,译.北京:高等教育出版
社,1984.

[14] 埃克特 E R G,德雷克 R M.传热与传质分析[M].抗青,译.北京:科学出版社,1983.

[15] 陈钟颀.传热学专题讲座[M].北京:高等教育出版社,1989.

[16] 杨贤荣,马庆芳.辐射换热角系数手册[M].北京:国防工业出版社,1982.

[17] 章熙民,任泽霖,梅飞鸣.传热学[M].2版.北京:中国建筑工业出版社,1985.

[18] 李诗久.工程流体力学[M].北京:机械工业出版社,1991.

[19] 沈颐身,李保卫,吴懋林.冶金传输原理基础[M].北京:冶金工业出版社,2000.

[20] 贾绍义,柴诚敬.化工传质与分离过程[M].北京:化学工业出版社,2001.

[21] 陆美娟.化工原理(上册)[M].北京:化学工业出版社,2001.

[22] 王志魁.化工原理[M].2版.北京:化学工业出版社,1998.

[23] JI Zesheng. Effect of rare earth on B－Al permeating and computer kinetic
simulation of permeation layer forming[J]. Transactions of Nonferrous Met-
als Society of China,1999,9(4):791－795.

[24] JI Zesheng, LI Qingfen, LI Donghua. Formation and growth model of B－Al
permeation layer of Steel 45[J]. Transactions of Nonferrous Metals Society of
China,2002,12(1):67－70.

[25] 王洪.流体力学及传热学基础[M].北京:机械工业出版社,1999.

[26] 杨世铭,陶文铨.传热学[M].3版.北京:高等教育出版社,1998.

[27] 戴锅生.传热学[M].2版.北京:高等教育出版社,1999.